"十二五"普通高等教育本科国家级规划配套教材

激光原理学习指导
（第 2 版）

高以智　姚敏玉　张洪明　霍　力　编著

国防工业出版社

·北京·

内 容 简 介

本书密切配合"十二五"普通高等教育本科国家级规划教材《激光原理》第7版的主要内容。全书共分六章:激光的基本原理;开放式光腔与高斯光束;电磁场和物质的共振相互作用;激光振荡特性;激光放大特性;激光器特性的控制。每章配有内容提要、思考题、例题和习题。部分习题给出不同程度的解题提示。书后附有习题的参考答案。

本书适于高等学校中与光电子技术有关的专业师生参考,也可供自学激光原理或相关课程的学生以及准备考研的学生参考。

图书在版编目(CIP)数据

激光原理学习指导/高以智等编著. ‒2 版. —北京:国防工业出版社,2020.9 重印
 ISBN 978‑7‑118‑09669‑9

Ⅰ.①激… Ⅱ.①高… Ⅲ.①激光理论 Ⅳ.
①TN241

中国版本图书馆 CIP 数据核字(2014)第 270510 号

※

国防工业出版社 出版发行

(北京市海淀区紫竹院南路 23 号　邮政编码 100048)
天津嘉恒印务有限公司印刷
新华书店经售

*

开本 880×1230　1/32　印张 7⅞　字数 199 千字
2020 年 9 月第 2 版第 4 次印刷　印数 3001—5000 册　定价 28.00 元

(本书如有印装错误,我社负责调换)

国防书店:(010)88540777　　书店传真:(010)88540776
发行业务:(010)88540717　　发行传真:(010)88540762

前　言

　　本书与《激光原理》第 7 版同属"十二五"普通高等教育本科国家级规划成套教材,是配合《激光原理》课程(或相关课程)学习的教学指导书。全书内容与周炳琨、高以智、陈倜嵘、陈家骅、霍力编著并由国防工业出版社出版的《激光原理》第 7 版主要内容配套。每章分设"内容提要""思考题""例题"和"习题"。"内容提要"对《激光原理》一书中相关章节的主要内容作了简要概括。"思考题"可帮助读者对《激光原理》中的主要内容和主要概念加深理解。附有解题步骤的"例题"有助于提高读者的解题能力。"习题"力求反映激光原理中的各类问题,其中包括较简单的习题和难度较大的综合性习题。部分习题附有不同程度的解题提示(解题思路,解题步骤,关键公式,解题要点等)供读者参考。书后附有相关习题的参考答案(证明题、设计实验的题、讨论性质的题及要求作图的题未给答案),答案均经作者验证。所给数字答案仅供读者参考,由于解题方法和计算中近似程度的不同,读者所得答案可能会略有差别。全书符号与《激光原理》第 7 版基本一致。

　　本书对学习其他激光类教材的读者也有很好的参考作用。

　　本书第一章、第二章由张洪明编写,第三章、第五章由高以智编写,第四章由姚敏玉编写,第六章由姚敏玉及霍力编写。

　　由于作者水平有限,书中可能还存在一些缺点和错误,殷切希望读者批评指正。

目 录

第一章 激光的基本原理 ⋯⋯⋯⋯⋯⋯⋯⋯⋯⋯⋯⋯⋯⋯⋯⋯ 1
内容提要 ⋯⋯⋯⋯⋯⋯⋯⋯⋯⋯⋯⋯⋯⋯⋯⋯⋯⋯⋯⋯⋯ 1
思考题 ⋯⋯⋯⋯⋯⋯⋯⋯⋯⋯⋯⋯⋯⋯⋯⋯⋯⋯⋯⋯⋯⋯ 7
例题 ⋯⋯⋯⋯⋯⋯⋯⋯⋯⋯⋯⋯⋯⋯⋯⋯⋯⋯⋯⋯⋯⋯⋯ 8
习题 ⋯⋯⋯⋯⋯⋯⋯⋯⋯⋯⋯⋯⋯⋯⋯⋯⋯⋯⋯⋯⋯⋯⋯ 10

第二章 开放式光腔与高斯光束 ⋯⋯⋯⋯⋯⋯⋯⋯⋯⋯⋯ 14
内容提要 ⋯⋯⋯⋯⋯⋯⋯⋯⋯⋯⋯⋯⋯⋯⋯⋯⋯⋯⋯⋯⋯ 14
思考题 ⋯⋯⋯⋯⋯⋯⋯⋯⋯⋯⋯⋯⋯⋯⋯⋯⋯⋯⋯⋯⋯⋯ 40
例题 ⋯⋯⋯⋯⋯⋯⋯⋯⋯⋯⋯⋯⋯⋯⋯⋯⋯⋯⋯⋯⋯⋯⋯ 42
习题 ⋯⋯⋯⋯⋯⋯⋯⋯⋯⋯⋯⋯⋯⋯⋯⋯⋯⋯⋯⋯⋯⋯⋯ 52

第三章 电磁场和物质的共振相互作用 ⋯⋯⋯⋯⋯⋯⋯⋯ 89
内容提要 ⋯⋯⋯⋯⋯⋯⋯⋯⋯⋯⋯⋯⋯⋯⋯⋯⋯⋯⋯⋯⋯ 89
思考题 ⋯⋯⋯⋯⋯⋯⋯⋯⋯⋯⋯⋯⋯⋯⋯⋯⋯⋯⋯⋯⋯⋯ 99
例题 ⋯⋯⋯⋯⋯⋯⋯⋯⋯⋯⋯⋯⋯⋯⋯⋯⋯⋯⋯⋯⋯⋯⋯ 102
习题 ⋯⋯⋯⋯⋯⋯⋯⋯⋯⋯⋯⋯⋯⋯⋯⋯⋯⋯⋯⋯⋯⋯⋯ 113

第四章 激光振荡特性 ⋯⋯⋯⋯⋯⋯⋯⋯⋯⋯⋯⋯⋯⋯⋯⋯ 128
内容提要 ⋯⋯⋯⋯⋯⋯⋯⋯⋯⋯⋯⋯⋯⋯⋯⋯⋯⋯⋯⋯⋯ 128
思考题 ⋯⋯⋯⋯⋯⋯⋯⋯⋯⋯⋯⋯⋯⋯⋯⋯⋯⋯⋯⋯⋯⋯ 136
例题 ⋯⋯⋯⋯⋯⋯⋯⋯⋯⋯⋯⋯⋯⋯⋯⋯⋯⋯⋯⋯⋯⋯⋯ 138
习题 ⋯⋯⋯⋯⋯⋯⋯⋯⋯⋯⋯⋯⋯⋯⋯⋯⋯⋯⋯⋯⋯⋯⋯ 145

第五章 激光放大特性 ⋯⋯⋯⋯⋯⋯⋯⋯⋯⋯⋯⋯⋯⋯⋯⋯ 161
内容提要 ⋯⋯⋯⋯⋯⋯⋯⋯⋯⋯⋯⋯⋯⋯⋯⋯⋯⋯⋯⋯⋯ 161
思考题 ⋯⋯⋯⋯⋯⋯⋯⋯⋯⋯⋯⋯⋯⋯⋯⋯⋯⋯⋯⋯⋯⋯ 165
例题 ⋯⋯⋯⋯⋯⋯⋯⋯⋯⋯⋯⋯⋯⋯⋯⋯⋯⋯⋯⋯⋯⋯⋯ 167

习题……………………………………………………… 175
第六章　激光器特性的控制……………………………… 189
　　内容提要……………………………………………… 189
　　思考题………………………………………………… 203
　　例题…………………………………………………… 205
　　习题…………………………………………………… 213
习题参考答案……………………………………………… 226
附录　常用物理常数……………………………………… 243
参考文献…………………………………………………… 244

第一章 激光的基本原理

内 容 提 要

一、相干性的光子描述

1. 光子的基本性质

（1）光子的能量

$$\varepsilon = h\nu \tag{1.1}$$

式中：h 为普朗克常数。

（2）光子运动质量

$$m = \frac{\varepsilon}{c^2} = \frac{h\nu}{c^2} \tag{1.2}$$

光子的静止质量为零。

（3）光子的动量

$$\boldsymbol{P} = mc\boldsymbol{n}_0 = \frac{h\nu}{c}\boldsymbol{n}_0 = \frac{h}{2\pi} \times \frac{2\pi}{\lambda}\boldsymbol{n}_0 = \hbar\boldsymbol{k} \tag{1.3}$$

式中

$$\hbar = \frac{h}{2\pi}$$

$$\boldsymbol{k} = \frac{2\pi}{\lambda}\boldsymbol{n}_0$$

$\boldsymbol{n}_0$ 为光子运动方向上的单位矢量。

（4）光子具有两种可能的独立偏振状态，对应于光波场的两个独立偏振方向。

（5）光子具有自旋，并且自旋量子数为整数。

2. 光波模式和光子状态相格

在体积为 V 的空腔内,处在频率 ν 附近频带 $\mathrm{d}\nu$ 内的模式数为

$$N_\nu = \frac{8\pi\nu^2}{c^3} V \mathrm{d}\nu \tag{1.4}$$

在 x、y、z、P_x、P_y、P_z 所支撑的六维相空间中,一个光子态占有的相空间体积元为 h^3。该体积元称作相格。一个光波模在相空间占有一个相格。所以一个光子态等效于一个光波模。

3. 光子的相干性

如果在空间体积 V_c 内各点的光波场都具有相干性,则 V_c 称为相干体积。V_c 又可表示为垂直于光传播方向的截面上的相干面积 A_c 和沿传播方向的相干长度 L_c 的乘积,即

$$V_c = A_c L_c \tag{1.5}$$

上式也可以写成

$$V_c = A_c \tau_c c \tag{1.6}$$

式中:c 为光速;$\tau_c = L_c/c$ 为相干时间。

$$\tau_c = \Delta t = \frac{1}{\Delta \nu} \tag{1.7}$$

式中:Δt 为发光物质原子的激发态寿命;$\Delta\nu$ 为发出光波的频带宽度。

一个光波模或光子态占有的空间体积等于相干体积,所以同态光子(同模光波)相干。

4. 光子简并度

相干光强是描述光的相干性的参量之一。从相干性的光子描述出发,相干光强决定于具有相干性的光子的数目或同态光子的数目。处于同一光子态的光子数称为光子简并度 $\bar{n}$。光子简并度具有以下几种相同的含义:同态光子数、同一模式内的光子数、处于相干体积内的光子数、处于同一相格内的光子数。

二、光的受激辐射基本概念

1. 黑体辐射的普朗克公式

在热力学温度(即绝对温度)T 的热平衡情况下,黑体辐射分配到

腔内每个模式上的平均能量为

$$E = \frac{h\nu}{e^{\frac{h\nu}{k_b T}} - 1} \quad (1.8)$$

式中：k_b 为玻尔兹曼常数。腔内单位体积中频率处于 ν 附近单位频率间隔内的光波模式数 n_ν 为

$$n_\nu = \frac{N_\nu}{V d\nu} = \frac{8\pi\nu^2}{c^3} \quad (1.9)$$

于是，黑体辐射普朗克公式为

$$\rho_\nu = \frac{8\pi h \nu^3}{c^3} \cdot \frac{1}{e^{\frac{h\nu}{k_b T}} - 1} \quad (1.10)$$

单色能量密度 ρ_ν 表示单位体积内，频率处于 ν 附近的单位频率间隔中的电磁辐射能量，其单位为 $J \cdot m^{-3} \cdot s$。

2. 受激辐射和自发辐射概念

考虑原子（分子、离子）的两个能级，其高、低能级的能量差

$$E_2 - E_1 = h\nu$$

单位体积内处于两能级的原子数分别为 n_2 和 n_1，如图 1.1 所示。

1) 自发辐射

处于高能级 E_2 的一个原子自发地向低能级 E_1 跃迁，并发射一个能量为 $h\nu$ 的光子，这种过程称为自发跃迁。由原子自发跃迁发出的光波称为自发辐射。自发跃迁过程用自发跃迁概率 A_{21} 描述，它定义为单位时间内 n_2 个高能态原子中发生自发跃迁的原子数与 n_2 的比值

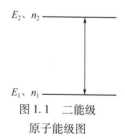

图 1.1 二能级原子能级图

$$A_{21} = \left(\frac{dn_{21}}{dt}\right)_{sp} \frac{1}{n_2} \quad (1.11)$$

式中：$(dn_{21})_{sp}$ 表示单位体积中在 dt 时间内由于自发跃迁而由 E_2 向 E_1 跃迁的原子数。对于图 1.1 所示的二能级系统，A_{21} 就是原子在能级 E_2 的平均自发辐射寿命 τ_{s_2} 的倒数。

$$A_{21} = \frac{1}{\tau_{s_2}} \tag{1.12}$$

2）受激吸收

处于低能态 E_1 的一个原子，在频率为 ν 的辐射场作用（激励）下，吸收一个能量为 $h\nu$ 的光子并向 E_2 能态跃迁，这种过程称为受激吸收跃迁。用受激吸收跃迁概率 W_{12} 描述这一过程，即

$$W_{12} = \left(\frac{\mathrm{d}n_{12}}{\mathrm{d}t}\right)_{\mathrm{st}} \frac{1}{n_1} \tag{1.13}$$

式中：$(\mathrm{d}n_{12})_{\mathrm{st}}$ 表示单位体积中在 $\mathrm{d}t$ 时间内由于受激跃迁而由 E_1 向 E_2 跃迁的原子数。

$$W_{12} = B_{12}\rho_\nu \tag{1.14}$$

式中：B_{12} 为受激吸收跃迁爱因斯坦系数，它与原子的性质有关。

3）受激辐射

受激吸收跃迁的反过程就是受激辐射跃迁。在辐射场的作用下，处于上能级 E_2 的原子在频率为 ν 的辐射场作用下，跃迁至低能级 E_1 并辐射一个能量为 $h\nu$ 的光子。受激辐射跃迁几率为

$$W_{21} = \left(\frac{\mathrm{d}n_{21}}{\mathrm{d}t}\right)_{\mathrm{st}} \frac{1}{n_2} \tag{1.15}$$

$$W_{21} = B_{21}\rho_\nu \tag{1.16}$$

式中：B_{21} 为受激辐射跃迁爱因斯坦系数。由式（1.14）和式（1.16）可见，受激吸收和受激辐射几率不仅和原子性质有关，还和辐射场的 ρ_ν 成正比。

3. A_{21}、B_{21}、B_{12} 的相互关系

由热平衡下的黑体辐射普朗克公式和原子数在能级上的玻耳兹曼分布可得

$$B_{12}f_1 = B_{21}f_2 \tag{1.17}$$

$$\frac{A_{21}}{B_{21}} = \frac{8\pi h\nu^3}{c^3} = n_\nu h\nu \tag{1.18}$$

式中：f_2 和 f_1 分别为上、下能级的统计权重。上述爱因斯坦系数关系

式虽然是在热平衡状态下推导的,但用量子电动力学可以证明其普适性。

4. 受激辐射的相干性

相干性是受激辐射与自发辐射的极为重要的区别。受激辐射光子与入射(激励)光子属于同一光子态;或者说,受激辐射场与入射辐射场属于同一模式。激光就是一种受激辐射相干光。而大量原子的自发辐射则是非相干光。

三、光的受激辐射放大

1. 实现光放大的条件——集居数反转

对于前面提到的二能级系统,当 $n_2 < (f_2/f_1)n_1$ 时,物质对光子能量与能级差相当的入射光呈吸收状态。而当 $n_2 > (f_2/f_1)n_1$ 时,物质的光吸收可以转化为自己的对立面——光放大,这一条件称为集居数反转(也称为粒子数反转)。当物质处于热平衡状态(即它与外界处于能量平衡状态)时,原子数在能级上的分布服从玻耳兹曼分布,即

$$\frac{n_2}{n_1} = \frac{f_2}{f_1} e^{-\frac{(E_2-E_1)}{k_b T}} \tag{1.19}$$

集居数反转是不可能的,只有当外界向物质供给能量(称为激励或者泵浦过程)从而使物质处于非热平衡状态时,集居数反转才可能实现。激励(泵浦)过程是光放大的必要条件。

2. 光放大物质的增益系数

处于集居数反转状态的物质称为激活物质(或激光介质)。一段激活物质就是一个光放大器。放大作用的大小通常用放大(或增益)系数 g 来描述,即

$$g = \frac{\mathrm{d}I(z)}{\mathrm{d}z}\frac{1}{I(z)} \tag{1.20}$$

四、光的自激振荡

将具有光放大作用的激活物质置于光谐振腔中,可构成激光器。当激活物质的单程增益大于光谐振腔的单程损耗时形成光的自激振

荡,激光器输出激光。

光谐振腔的作用是提供轴向的光波模反馈及保证激光器的单模(或少数轴向模)振荡。

五、激光的特性

激光具有四种特性:单色性、相干性、方向性和高亮度。这四种特性本质上可归结为,激光具有很高的光子简并度。即激光可以在很大的相干体积内有很高的相干光强。激光的这一特性正是由于受激辐射的本性和光腔的选模作用才得以实现的。

1. 激光的空间相干性和方向性

光束的空间相干性和它的方向性(用光束发散角描述)是紧密联系的。激光的方向性越好,它的空间相干程度就越高。激光的发散角和它的横模模式有关,基横模具有最小的远场发散角。同时,激光所能达到的最小光束发散角还要受到衍射效应的限制,它不能小于激光通过输出孔径时的衍射角 θ_m(称为衍射极限)。设光腔输出孔径为 $2a$,则

$$\theta_m \approx \frac{\lambda}{2a} \tag{1.21}$$

2. 激光的时间相干性和单色性

激光的相干时间 τ_c 和激光线宽 $\Delta\nu$ 存在简单的关系

$$\tau_c = \frac{1}{\Delta\nu}$$

即单色性越高,相干时间越长。

3. 激光的高亮度

光源的单色亮度正比于光子简并度。由于激光具有极好的方向性和单色性,因而具有极高的光子简并度和单色亮度。对基横模单纵模激光束而言,单色亮度

$$B_\nu = \frac{P}{A\Delta\nu_s(\pi\theta_0^2)} \tag{1.22}$$

式中:P 为激光束功率;A 为激光束截面积;θ_0 为基横模的远场发散角;

$\Delta\nu_s$ 为单模激光线宽(见第四章)。

思 考 题

1.1 由于激光的出现大大提高了光源的时间相干性,相干长度可达几米、几十米甚至几十千米,这样就很难采用一般的迈克耳逊干涉仪来测量激光器的相干长度,因而要寻找其他办法。试叙述一种原理上可行的激光器相干长度的测量方法。

1.2 为什么一个光子态或一个光波模在相空间所占体积是 h^3?

1.3 试由坐标与位置的测不准关系导出能量与时间的测不准关系 $\Delta E \cdot \Delta t \approx h$(也称为第四个海森堡测不准关系),由能量与时间的测不准关系能否得出原子的基态能级与激发态能级的不同之处?

1.4 ①考虑某一物质,其原子只有两个能级 E_1 和 E_2,E_1 为下能级,E_2 为上能级。问该物质能否作为光泵激光器的工作物质? 为什么? ②能否采用某种措施(假定这是可以做到的)利用二能级气体作为激光器的工作物质?

1.5 某三能级系统的三个能级分别为 $E_1=0$,$E_2=mE$,$E_3=nE$,其中 $E>0$,m 和 n 为正数,且 $n>m$。试证明,在热平衡状态下,在任何温度 T 都不会出现集居数反转状态。为简单计,假定能级 E_1、E_2 和 E_3 非简并。

1.6 原子的自发跃迁系数只与原子本身的性质有关,它可以通过实验测出。假定原子是一个二能级系统,试叙述 A_{21} 的测量原理。

1.7 激光是受激辐射光。但在工作物质中,自发辐射、受激辐射和受激吸收是同时存在的,试讨论使受激辐射过程占优势的条件,采取什么措施可以满足这个条件?

1.8 为什么激光器不能采用在微波技术中普遍使用的那种封闭式谐振腔?

1.9 试叙述普通光与激光的差别,并从物理本质上阐明造成这一差别的原因。

1.10 举出几种形成集居数反转的方法。

1.11 如何提高激光器输出激光的相干性?

1.12 采取什么方法可提高激光的亮度？

例 题

例1.1 由两个全反射镜组成的稳定光学谐振腔腔长为0.5m,腔内振荡光的中心频率为632.8nm,求该光的频带宽度 $\Delta\lambda$ 的近似值。

解：

由于光波被完全约束在谐振腔内,因此可近似认为光子的位置不确定量就是腔长,即

$$\Delta x = L$$

由 $P = h/\lambda$,可得

$$\Delta P = h \cdot \Delta\lambda \cdot \left(-\frac{1}{\lambda^2}\right)$$

所以有

$$\left|\frac{\Delta P}{P}\right| = \left|\frac{\Delta\lambda}{\lambda}\right|$$

又因为

$$\Delta x \cdot \Delta P \approx h$$

可得

$$|\Delta\lambda| \approx \left|\frac{\lambda^2}{\Delta x}\right| = \left|\frac{\lambda^2}{L}\right| = \frac{(6328 \times 10^{-10})^2}{0.5} = 8 \times 10^{-13} (\text{m})$$

例1.2 在 2 cm^3 的空腔内存在着带宽为 $1 \times 10^{-4}\,\mu\text{m}$,波长为 $5 \times 10^{-1}\,\mu\text{m}$ 的自发辐射光。试问：

（1）此光的频带范围是多少？
（2）在此频带宽度范围内,腔内存在的模式数是多少？
（3）一个自发辐射光子出现在某一模式的概率是多少？

解：

（1）因为 $\nu = c/\lambda$,所以

$$\Delta\nu = \frac{c}{\lambda^2}\Delta\lambda = \frac{(3 \times 10^8) \times (1 \times 10^{-10})}{(5 \times 10^{-7})^2} = 1.2 \times 10^{11}(\text{Hz})$$

(2)空腔体积 $V = 2 \text{cm}^3$,则根据式(1.4),其所含模式数

$$N_\nu = \frac{8\pi\nu^2}{c^3}V\mathrm{d}\nu = \frac{8\pi}{\lambda^2 c}V\mathrm{d}\nu =$$

$$\frac{8\pi \times 2 \times 10^{-6}}{(5 \times 10^{-7})^2 \times 3 \times 10^8} \times 1.2 \times 10^{11} = 8 \times 10^{10}$$

(3)一个自发辐射光子出现在某一模式的概率

$$P = \frac{1}{N_\nu} = \frac{1}{8 \times 10^{10}} = 1.25 \times 10^{-11}$$

例1.3 (1)如果原子的能级 E_1 和 E_2 的统计权重 f_1 和 f_2 不相等,求受激跃迁概率 W_{21} 和 W_{12} 间的关系;

(2)证明 W_{21} 和 W_{12} 可写成如下形式:

$$W_{21} = \tilde{\sigma}_{21} F(\nu); \quad W_{12} = \tilde{\sigma}_{12} F(\nu)$$

式中:$F(\nu)$ 是单色光子流强度(单位面积上流过的频率在 ν 附近单位频率间隔中的光子数);

(3)写出 $\tilde{\sigma}_{12}$ 和 $\tilde{\sigma}_{21}$ 的量纲,并求 $\tilde{\sigma}_{12}$ 和 $\tilde{\sigma}_{21}$ 间的关系。

解:

(1)因为 $f_1 B_{12} = f_2 B_{21}$,所以两边同乘以 $\rho(\nu)$,有

$$f_1 B_{12} \rho(\nu) = f_2 B_{21} \rho(\nu)$$

即

$$f_1 W_{12} = f_2 W_{21}$$

(2) $$W_{21} = B_{21}\rho(\nu) = \frac{A_{21}}{n_\nu}\frac{\rho(\nu)}{h\nu} = \frac{A_{21}}{n_\nu}N(\nu) = \frac{A_{21}N(\nu)v}{n_\nu v} = \frac{A_{21}}{n_\nu v}F(\nu) = \tilde{\sigma}_{21}F(\nu)$$

式中

$$\tilde{\sigma}_{21} = \frac{A_{21}}{n_\nu v}$$

$N(\nu)$ 为单色光子数密度(单位体积内,频率处于 ν 附近的单位频率间隔中的光子数);v 为介质中光速。类似地可以得到

$$W_{12} = \tilde{\sigma}_{12} F(\nu)$$

式中

$$\tilde{\sigma}_{12} = \frac{f_2 A_{21}}{f_1 \overline{n_\nu v}}$$

(3) 由 $\tilde{\sigma}_{21}$ 及 $\tilde{\sigma}_{12}$ 的表达式可得其量纲为

$$\text{s}^{-1} \cdot (\text{m}^{-3}\text{s} \cdot \text{ms}^{-1})^{-1} = \text{m}^2 \text{s}^{-1}$$

习　题

1.1　试证明,由于自发辐射,原子在 E_2 能级的平均寿命 $\tau_{s_2} = 1/A_{21}$。

解题提示:

若 $t = 0$ 时单位体积中 E_2 能级的粒子数为 n_{20},单位体积中在 $t \to t + \mathrm{d}t$ 时间内因自发辐射而减少的 E_2 能级的粒子数 $-\mathrm{d}n_2 = A_{21} n_{20} \mathrm{e}^{-A_{21}t} \mathrm{d}t$, 这部分粒子的寿命为 t, 因此 E_2 能级粒子的平均寿命 $= \left(\int_0^\infty t A_{21} n_{20} \mathrm{e}^{-A_{21}t} \mathrm{d}t \right)/n_{20}$。

1.2　试证明爱因斯坦系数间的关系式:式(1.17)和式(1.18)。

1.3　试从爱因斯坦系数间的关系说明下述概念:分配在一个模式中的自发辐射跃迁几率等于在此模式中的一个光子引起的受激辐射几率。

解题提示:

$W_{21} = B_{21} \rho_\nu = B_{21} n_\nu h\nu \bar{n}$, 根据爱因斯坦系数间的关系, $A_{21} = B_{21} n_\nu h\nu$。

1.4　为使氦氖激光器相干长度达到 1km,它的单色性 $\Delta\lambda/\lambda$ 应是多少?

1.5　设一光子的波长 $\lambda = 5 \times 10^{-1} \mu\text{m}$, 单色性 $\Delta\lambda/\lambda = 10^{-7}$, 试求光子位置的不确定量 Δx。若光子波长变为 $5 \times 10^{-4} \mu\text{m}$ (X射线)和

$5 \times 10^{-8} \mu m$(γ射线),则相应的 Δx 又是多少?

解题提示:

因为 $\Delta x \Delta P \approx h$,所以 $\Delta x \approx h/\Delta P$。又因为 $P = h/\lambda$,所以 $\Delta P = h \cdot \Delta \lambda \cdot (-1/\lambda^2) = P(-\Delta\lambda/\lambda)$。$\Delta x \approx h/\Delta P = -\lambda/(\Delta\lambda/\lambda)$,考虑 Δx 为正值,故有 $\Delta x \approx |\lambda/(\Delta\lambda/\lambda)|$。

1.6 填写出下表中激光频率(或光子能量)的不同表示方法间的换算关系。

	eV	μm	nm	cm^{-1}	Hz
1eV					
$1 \times 10^{-1} \mu m$					

注:已知电子电量 $e = 1.6022 \times 10^{-19} C, h = 6.6262 \times 10^{-34} J \cdot s$

1.7 如果激光器和微波激射器分别在 $\lambda = 10\mu m, \lambda = 5 \times 10^{-1}\mu m$ 和 $\nu = 3000 MHz$ 输出 1W 连续功率,试问工作物质中每秒从上能级向下能级受激辐射跃迁的粒子数是多少(假设除输出镜的透射损耗外,谐振腔无其他损耗。)?

1.8 设一对激光(或微波激射)能级为 E_2 和 $E_1 (f_2 = f_1)$,两能级间的跃迁频率为 ν(相应的波长为 λ),能级上的粒子数密度分别为 n_2 和 n_1。试求在热平衡情况下:

(1) 当 $\nu = 3000 MHz, T = 300K$ 时,$n_2/n_1 = ?$
(2) 当 $\lambda = 1\mu m, T = 300K$ 时,$n_2/n_1 = ?$
(3) 当 $\lambda = 1\mu m, n_2/n_1 = 0.1$ 时,$T = ?$

1.9 在热平衡状态下($T = 300K$),某一对能级的粒子数密度比值 $n_2/n_1 = 1/e$,试计算该跃迁所对应的频率,并指出该频率落在电磁波频谱的哪个区。

1.10 如果工作物质的某一跃迁是波长为 100nm 的远紫外光,自发跃迁几率 A_{10} 等于 $10^6/s$,问:

(1) 该跃迁的受激辐射爱因斯坦系数 B_{10} 是多少?
(2) 为使受激跃迁几率比自发跃迁几率大 3 倍,腔内的单色能量

密度 ρ_ν 应为多少?

1.11 如果受激辐射爱因斯坦系数 $B_{10} = 10^{19} \mathrm{m^3 \cdot s^{-3} \cdot W^{-1}}$,试求以下光的自发辐射跃迁几率 A_{10} 和自发辐射寿命:① $\lambda = 6\mu\mathrm{m}$(红外光);② $\lambda = 600\mathrm{nm}$(可见光);③ $\lambda = 60\mathrm{nm}$(远紫外光);④ $\lambda = 0.6\mathrm{nm}$(X 射线)。

1.12 某一分子的能级 E_4 到三个较低能级 E_1, E_2 和 E_3 的自发辐射跃迁几率分别是 $A_{43} = 5 \times 10^7 \mathrm{s^{-1}}, A_{42} = 1 \times 10^7 \mathrm{s^{-1}}$ 和 $A_{41} = 3 \times 10^7 \mathrm{s^{-1}}$,试求该分子 E_4 能级的自发辐射寿命 τ_{s_4}。若 $\tau_4 = \tau_{s_4}$,$\tau_1 = 5 \times 10^{-7}\mathrm{s}$,$\tau_2 = 6 \times 10^{-9}\mathrm{s}, \tau_3 = 1 \times 10^{-8}\mathrm{s}$,对 E_4 连续激发并达到稳态时,试求能级上的粒子数密度的比值 $n_1/n_4, n_2/n_4$ 和 n_3/n_4,并指出这时在哪两个能级间实现了集居数反转(假设各能级统计权重相等)。

解题提示:
当对 E_4 能级连续激发并达稳态时,各能级增加的分子数应等于减少的分子数,$n_4 A_{43} = n_3/\tau_3, n_4 A_{42} = n_2/\tau_2, n_4 A_{41} = n_1/\tau_1$。

1.13 (1) 一质地均匀的材料对光的吸收系数为 $0.01 \mathrm{mm^{-1}}$,光通过 10cm 长的该材料后,出射光强为入射光强的百分之几?(2) 一光束通过长度为 1m 的均匀激励工作物质。如果出射光强是入射光强的 2 倍,试求该物质的增益系数(假设光很弱,可不考虑增益或吸收的饱和效应)。

1.14 有一台输出波长为 632.8nm,线宽 $\Delta\nu_s$ 为 1kHz,输出功率 P 为 1mW 的单模氦氖激光器。如果输出光束直径是 1mm,发散角 θ_0 为 0.714mrad。试问:

(1) 每秒发出的光子数目 N_0 是多少?
(2) 该激光束的单色亮度是多少?
(3) 对一个黑体来说,要求它从相等的面积上和相同的频率间隔内,每秒发射出的光子数达到与上述激光器相同水平时,所需温度为多少?

解题提示:
(1) 略;

(2) 单模激光束的单色亮度 $B_\nu = P[A\Delta\nu_s(\pi\theta_0^2)]^{-1}$；

(3) 根据黑体辐射普朗克公式，$\rho_\nu = (8\pi h\nu^3/c^3)(e^{h\nu/k_bT}-1)^{-1}$，对于一个黑体，从相等的面积上和相同的频率间隔内，每秒发射出的光子数达到与上述激光器相同水平时，应有 $N = (\rho_\nu/h\nu)\Delta\nu_s Ac = N_0$，由此式可求出所需温度。

第二章　开放式光腔与高斯光束

内 容 提 要

一、光腔理论的一般问题

1. 光腔的构成和分类

光学谐振腔可分作开放式光腔和波导腔。

最简单的开放式光腔由激活物质和在它两端恰当地放置的两个反射镜片构成。比较典型的有：

（1）平行平面腔：由两块平行平面反射镜组成，又称为法布里－珀罗干涉仪，简记为 F－P 腔；

（2）共轴球面腔：两块具有公共轴线的球面镜构成的谐振腔。

更复杂的谐振腔有腔内含有多个光学元件的复杂腔（例如折叠腔和环形腔）和复合腔（由两个或多个反射镜构成的开腔内插入透镜一类光学元件）等。

按照腔内傍轴光线几何偏折损耗的大小，开放式谐振腔又可分作稳定腔、临界腔和非稳腔。

2. 模式的概念

通常将光学谐振腔内可能存在的电磁场的本征态称为腔的模式。从光子的观点来看，腔的模式也就是腔内可能区分的光子状态。一旦给定了腔的具体结构，其中振荡模的特性就随之确定下来。模的基本特征包括：

（1）电磁场空间分布；

（2）谐振频率；

（3）在腔内往返一次经受的相对功率损耗；

（4）与该模相对应的激光束的发散角。

开腔中的振荡模式以 TEM_{mnq} 表征。m、n、q 为整数,其中 q 为纵模指数,m 与 n 为横模指数。模的纵向电磁场分布由纵模指数决定,横向电磁场分布与横模指数有关。m 与 n 为零的模称作基模。

模式的频率由相长干涉条件决定,即波从腔内某一点出发,在腔内往返一周再回到原来位置时,应与初始出发波的相位相差 2π 的整数倍。基模的频率可近似为

$$\nu_q = q \cdot \frac{c}{2L'} \tag{2.1}$$

式中:腔的光学长度

$$L' = \eta l + \eta'(L - l)$$

式中:η 为腔内工作物质的折射率;η' 为腔内其他部分的折射率;L 为腔长;l 为工作物质的长度。相邻纵模的频率间隔为

$$\Delta\nu_q = \nu_{q+1} - \nu_q = \frac{c}{2L'} \tag{2.2}$$

3. 光腔的损耗

平均单程损耗因子 δ 定义为:如果初始光强为 I_0,在无源腔内往返一次后,光腔衰减为 I_1,则

$$I_1 = I_0 e^{-2\delta} \tag{2.3}$$

由此得出

$$\delta = \frac{1}{2}\ln\frac{I_0}{I_1}$$

损耗是由腔镜反射不完全、几何偏折、衍射、工作物质中的非激活吸收、散射、腔内插入物(如布儒斯特窗、调 Q 元件、调制器等)等多种因素引起的,每一种原因引起的损耗以相应的损耗因子 δ_i 描述,则有

$$\delta = \sum \delta_i = \delta_1 + \delta_2 + \delta_3 + \cdots \tag{2.4}$$

在稳定腔中腔镜反射不完全引起的损耗,往往是谐振腔的主要损耗。以 r_1 和 r_2 分别表示腔的两个镜面的反射率,则相应的单程损耗因子

$$\delta_r = -\frac{1}{2}\ln r_1 r_2 \qquad (2.5)$$

当反射镜的透过率 T_1、T_2 很小，即 $r_1 \approx 1, r_2 \approx 1$ 时，有

$$\delta_r \approx \frac{1}{2}[(1-r_1)+(1-r_2)] = \frac{1}{2}(T_1+T_2)$$

在进行更粗略的计算时，也可采用

$$\delta_r \approx \frac{1}{2}(1-r_1 r_2)$$

有时将反射镜反射不完全损耗外的其他损耗统称作净损耗，许多情况下净损耗很小。此时往返净损耗因子

$$2\delta_a \approx a$$

式中：a 为往返净损耗率。

4. 光子在无源腔内的平均寿命

如无源腔内初始光强为 I_0，t 时刻光强为

$$I(t) = I_0 e^{-\frac{t}{\tau_R}} \qquad (2.6)$$

则 τ_R 即为光子在腔内的平均寿命。式中

$$\tau_R = \frac{L'}{\delta c} \qquad (2.7)$$

腔内损耗越大，则 τ_R 越小。

5. 无源谐振腔的 Q 值（品质因数）

谐振腔 Q 值的普遍定义为

$$Q = \omega \frac{E}{P} = 2\pi\nu \frac{E}{P} \qquad (2.8)$$

式中：E 为腔内的总能量；P 为单位时间内损耗的能量；ν 为腔内电磁场的振荡频率；$\omega = 2\pi\nu$ 为场的角频率。可以推导出

$$Q = \omega\tau_R = 2\pi\nu \frac{L'}{\delta c} \qquad (2.9)$$

腔的损耗越小，Q 值越高。

二、共轴球面腔的稳定性条件

1. 腔内光线往返传播的矩阵表示

谐振腔内任一傍轴光线在某一给定的横截面内都可以由两个坐标参数来表征。如图 2.1 所示,r 表示光线离轴线的距离,θ 表示光线与轴线的夹角,这里约定当光线出射方向在腔轴线的上方时,θ 为正,反之 θ 为负。

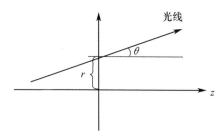

图 2.1 表示光线的参数

长为 L 的自由空间的傍轴光线变换矩阵为

$$T_L = \begin{bmatrix} 1 & L \\ 0 & 1 \end{bmatrix}$$

$$\begin{bmatrix} r_2 \\ \theta_2 \end{bmatrix} = T_L \begin{bmatrix} r_1 \\ \theta_1 \end{bmatrix}$$

式中:r_1、θ_1 为入射光线参数;r_2、θ_2 为出射光线参数。傍轴光线从介质 1(折射率为 η_1)进入介质 2(折射率为 η_2)的分界面处的光线变换矩阵为

$$T_{\eta_1/\eta_2} = \begin{bmatrix} 1 & 0 \\ 0 & \eta_1/\eta_2 \end{bmatrix}$$

傍轴光线在曲率半径为 R(对凹面镜 R 取正值,对凸面镜 R 取负值)的球面镜镜面反射时,镜面处的光线变换矩阵为

$$T_R = \begin{bmatrix} 1 & 0 \\ -\dfrac{2}{R} & 1 \end{bmatrix}$$

傍轴光线在通过焦距为 F 的薄透镜时,光线变换矩阵为

$$T_F = \begin{bmatrix} 1 & 0 \\ -\dfrac{1}{F} & 1 \end{bmatrix}$$

可见,傍轴光线在球面镜表面反射时的变换矩阵和通过具有焦距 $f = R/2$ 的薄透镜的变换矩阵是相同的。

如果光线在简单两镜腔内往返传播,从镜面 M_1 表面处起始依次经过长度为 L 的自由空间、M_2 反射镜(曲率半径为 R_2)、长度为 L 的自由空间、M_1 反射镜(曲率半径为 R_1)后回到起始位置,则在腔内往返一次的总的变换矩阵为

$$T = T_{R_1} T_L T_{R_2} T_L = \begin{bmatrix} A & B \\ C & D \end{bmatrix}$$

2. 共轴球面腔的稳定性条件

反射镜全反射时,如果傍轴光线在腔内往返传输无限多次而不逸出腔外,则该腔称作稳定腔。

共轴球面腔的稳定性条件为

$$-1 < \frac{1}{2}(A+D) < 1 \tag{2.10}$$

对于简单共轴球面腔,上式可简化为

$$\begin{cases} 0 < g_1 g_2 < 1 \\ g_1 = 1 - \dfrac{L}{R_1},\ g_2 = 1 - \dfrac{L}{R_2} \end{cases} \tag{2.11}$$

式(2.10)适用于任何复杂开腔,而式(2.11)仅适用于简单共轴球面腔。

除稳定腔外,所有满足

或

$$\begin{cases} g_1 g_2 > 1 & 即 \dfrac{1}{2}(A+D) > 1 \\ g_1 g_2 < 0 & 即 \dfrac{1}{2}(A+D) < -1 \end{cases} \tag{2.12}$$

的腔都称为非稳腔。非稳腔的特点是,傍轴光线在腔内经过有限次往

返后必然从侧面逸出腔外,因而这类腔具有较高的几何损耗。

所有满足

或
$$\begin{cases} g_1 g_2 = 0 & 即 \frac{1}{2}(A+D) = -1 \\ g_1 g_2 = 1 & 即 \frac{1}{2}(A+D) = 1 \end{cases} \quad (2.13)$$

的共轴球面腔称为临界腔。典型的临界腔有:对称共焦腔,平行平面腔,共心腔。其中平行平面腔和共心腔由于其性质介于稳定腔与非稳腔之间,特殊光线在腔内传输无限多次可不逸出腔外,其他傍轴光线传输有限次即逸出腔外,可称为介稳腔。而对称共焦腔中,任意傍轴光线均可在腔内往返无限多次而不致横向逸出,而且经两次往返即自行闭合,因而属于稳定腔。

三、稳定开腔中模式的衍射理论分析方法

1. 开腔模的物理概念

开腔镜面上的经过一次往返能再现的稳态场分布称为开腔的自再现模。自再现模一次往返所经受的能量损耗称为模的往返损耗。自再现模经一次往返发生的相移称为往返相移,该相移应等于 2π 的整数倍,这就是模的谐振条件。

2. 自再现模所应满足的积分方程

根据菲涅耳-基尔霍夫衍射积分,对称开腔中的自再现模在镜面上的场分布函数 $v(x,y)$ 满足下列积分方程

$$\begin{cases} v(x,y) = \gamma \iint K(x,y,x',y') v(x',y') \mathrm{d}s' \\ K(x,y,x',y') = \frac{\mathrm{i}}{\lambda L} \mathrm{e}^{-\mathrm{i}k\rho(x,y,x',y')} \end{cases} \quad (2.14)$$

式中:ρ 为源点 (x',y') 与观察点 (x,y) 间的距离。

通过解析解或数值解可由积分方程求出本征函数 $u(x,y)$ 与本征值 γ。$u(x,y)$ 表征镜面上的稳态场分布,$|u(x,y)|$ 描述镜面上场的振幅分布,其幅角 $\arg u(x,y)$ 描述镜面上场的相位分布。

复常数 γ 表示为

$$\gamma = e^{\alpha+i\beta} \tag{2.15}$$

式中:α、β 是与坐标无关的两个实常数。在对称开腔的情况下,模的单程衍射损耗

$$\delta_d = 1 - e^{-2\alpha} = 1 - \frac{1}{|\gamma|^2} \tag{2.16}$$

单次渡越的总相移

$$\delta\Phi = -\beta = \arg\frac{1}{\gamma} \tag{2.17}$$

根据腔内相长干涉条件 $\delta\Phi = q\pi$,可以得到下列关系

$$\arg\frac{1}{\gamma} = q\pi \tag{2.18}$$

这样一旦得到 γ 的表示式,则可按式(2.18)决定模的谐振频率。

上述讨论均基于对称开腔的情况,对于非对称开腔,应按场在腔内往返一次写出模式自再现条件及相应的积分方程。其中的复常数 γ 的模量度自再现模在腔内往返一次的衍射功率损耗,γ 的幅角量度模的往返相移,并从而决定模的谐振频率。

四、方形镜对称共焦腔的自再现模

1. 自再现模所满足的积分方程及其精确解

$R_1 = R_2 = L$ 的腔称为对称共焦腔。对由线度为 $2a \times 2a$ 的方形镜构成的对称共焦腔,当满足条件

$$L \gg a \gg \lambda, \quad a^2/L\lambda \ll (L/a)^2$$

时,其自再现模 $v_{mn}(x,y)$ 所应满足的积分方程可以分离变量,即

$$v_{mn}(x,y) = \gamma_{mn}\left(\frac{i}{\lambda L}e^{-ikL}\right)\int_{-a}^{a}\int_{-a}^{a} v_{mn}(x',y')e^{ik\frac{xx'+yy'}{L}}dx'dy' \tag{2.19}$$

其精确解可以用角向长椭球函数 $S_{om}(c,t)$ 和径向长椭球函数 $R_{om}^{(1)}(c,1)$ 表示,$S_{om}(c,t)$ 和 $R_{om}^{(1)}(c,1)$ 均为实函数,可通过查函数表的方法得到其近似值。

$$v_{mn}(x,y) = S_{om}\left(c,\frac{X}{\sqrt{c}}\right)S_{on}\left(c,\frac{Y}{\sqrt{c}}\right) =$$

$$S_{om}\left(c,\frac{x}{a}\right)S_{on}\left(c,\frac{y}{a}\right) \qquad m,n = 0,1,2,\cdots \qquad (2.20)$$

式中

$$X = \frac{\sqrt{c}}{a}x, \ Y = \frac{\sqrt{c}}{a}y \quad c = \frac{a^2 k}{L} = 2\pi N \qquad (2.21)$$

并有

$$\gamma_{mn} = \frac{1}{\sigma_m \sigma_n} \qquad (2.22)$$

$$\sigma_m \sigma_n = 4Ne^{-i\left[kL-(m+n+1)\frac{\pi}{2}\right]}R_{om}^{(1)}(c,1)R_{on}^{(1)}(c,1) \qquad (2.23)$$

式中：$N = a^2/L\lambda$ 为菲涅耳数。

2. 镜面上场的振幅和相位分布

1) 厄米-高斯近似

可以证明，在共焦反射镜面中心附近，角向长椭球函数可以表示为厄米多项式和高斯分布函数的乘积

$$\begin{cases} S_{om}\left(c,\frac{X}{\sqrt{c}}\right) = C_m H_m(X) e^{-\frac{x^2}{2}} \\ S_{on}\left(c,\frac{Y}{\sqrt{c}}\right) = C_n H_n(Y) e^{-\frac{y^2}{2}} \end{cases} \qquad (2.24)$$

式中：C_m、C_n 为常系数；$H_m(X)$ 为 m 阶厄米多项式。最初几阶厄米多项式为

$$\begin{cases} H_0(X) = 1 \\ H_1(X) = 2X \\ H_2(X) = 4X^2 - 2 \\ H_3(X) = 8X^3 - 12X \\ H_4(X) = 16X^4 - 48X^2 + 12 \\ \vdots \end{cases} \qquad (2.25)$$

因而，在方形镜共焦腔的共焦反射镜面的中心附近，自再现模场分布为

$$v_{mn}(x,y) = C_{mn} H_m\left(\frac{\sqrt{c}}{a}x\right) H_n\left(\frac{\sqrt{c}}{a}y\right) e^{-\frac{c}{2a^2}(x^2+y^2)} =$$

$$C_{mn} H_m\left(\sqrt{\frac{2\pi}{L\lambda}}x\right) H_n\left(\sqrt{\frac{2\pi}{L\lambda}}y\right) e^{-\frac{x^2+y^2}{(L\lambda/\pi)}} \tag{2.26}$$

式中:C_{mn} 为常系数。

2) 基模

在式(2.26)中取 $m=n=0$,即得到共焦腔基模(TEM_{00} 模)的场分布函数

$$v_{00}(x,y) = C_{00} e^{-\frac{x^2+y^2}{L\lambda/\pi}} = C_{00} e^{-\frac{x^2+y^2}{w_{0s}^2}} = C_{00} e^{-\frac{r^2}{w_{0s}^2}}$$

式中:r 为镜面上 (x,y) 点与镜面中心的距离。定义共焦腔基模在镜面上的光斑半径为 w_{0s},其意义为基模场振幅降为镜中心场振幅的 $1/e$ 处与镜中心的距离

$$w_{0s} = \sqrt{\frac{L\lambda}{\pi}} \tag{2.27}$$

3) 高阶横模

TEM_{mn} 模在镜面上的振幅分布取决于厄米多项式与高斯分布函数的乘积。厄米多项式的零点决定场的节线。由于 m 阶厄米多项式有 m 个零点,因此 TEM_{mn} 模沿 x 方向有 m 条节线,沿 y 方向有 n 条节线。

设 $v_{mn}(x,y) = F_m(X) G_n(Y)$。定义高阶横模的光斑尺寸的平方为其坐标均方差的 4 倍,即

$$\begin{cases} w_{ms}^2 = \dfrac{4\int_{-\infty}^{+\infty} F_m(X)(x-\bar{x})^2 F_m(X) \mathrm{d}X}{\int_{-\infty}^{+\infty} [F_m(X)]^2 \mathrm{d}X} \\ w_{ns}^2 = \dfrac{4\int_{-\infty}^{+\infty} G_n(Y)(y-\bar{y})^2 G_n(Y) \mathrm{d}Y}{\int_{-\infty}^{+\infty} [G_n(Y)]^2 \mathrm{d}Y} \end{cases} \tag{2.28}$$

式中:X、Y 的定义见式(2.21)。由此得到镜面上的高阶横模与基模光斑尺寸之比为

$$\frac{w_{ms}}{w_{0s}} = \sqrt{2m+1}, \quad \frac{w_{ns}}{w_{0s}} = \sqrt{2n+1} \tag{2.29}$$

4）相位分布

由于长椭球函数为实函数，因而自再现模 $v_{mn}(x,y)$ 为实函数，其辐角与坐标 (x,y) 无关。这表明镜面上各点场的相位相同，共焦腔反射镜本身构成场的一个等相位面，无论对基模还是高阶模，情况都是一样的。共焦腔的这一性质也与平行平面腔不同。平行平面腔自再现模积分方程的数值解表明，其反射镜并不是严格意义下的等相位面。

3. 单程损耗

对称共焦腔的单程功率衍射损耗率由下式给出

$$\delta_{mn} = 1 - \left|\frac{1}{\gamma_{mn}}\right|^2 = 1 - |\sigma_m \sigma_n|^2 \qquad (2.30)$$

对称共焦腔基模 TEM_{00} 的单程功率衍射损耗率可近似按下述公式计算

$$\delta_{00} = 10.9 \times 10^{-4.94N} \qquad (2.31)$$

图 2.2 给出了方形镜对称共焦腔、圆形平面镜腔中不同横模的衍射损耗率和菲涅耳数 N 的关系曲线。共焦腔中各模式的损耗与腔的

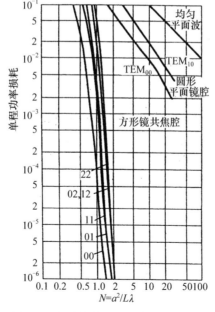

图 2.2　方形镜共焦腔的单程功率损耗

具体几何尺寸无关,而单值地由菲涅耳数确定。所有模式的损耗都随着菲涅耳数的增加而迅速下降。共焦腔模的衍射损耗在数量级上比平面腔低。在同一菲涅耳数下,不同横模的衍射损耗各不相同,损耗随着模的阶次的增高而迅速增大。这表明,在共焦腔中可以利用衍射损耗的差别来进行横模选择。

应该指出,式(2.30)给出的 δ_{mn} 是单程百分数衍射损耗率。但由于衍射损耗通常很小,故单程衍射损耗因子近似等于 δ_{mn}。

4. 单程相移和谐振频率

共焦腔 TEM_{mn} 模在腔内一次渡越的总相移为

$$\delta\Phi_{mn} = -kL + (m+n+1)\frac{\pi}{2}$$

由谐振条件

$$2\delta\Phi_{mn} = -q \cdot 2\pi$$

可得各阶横模的谐振频率

$$\nu_{mnq} = \frac{c}{2\eta L}\left[q + \frac{1}{2}(m+n+1)\right] \quad (2.32)$$

式中:整数 q 为决定轴向场分布的纵模指数;m、n 为决定横向场分布的横模指数。

五、方形镜共焦腔的行波场

1. 方形镜共焦腔中的厄米 – 高斯光束

知道镜面上的场以后,利用菲涅耳 – 基尔霍夫衍射积分可求出共焦腔中任一点的场。如果规定腔的中心为坐标原点,在厄米 – 高斯近似下,方形镜共焦腔的行波场可表示为

$$E_{mn}(x,y,z) = A_{mn}E_0 \frac{w_0}{w(z)}$$
$$H_m\left[\frac{\sqrt{2}}{w(z)}x\right]H_n\left[\frac{\sqrt{2}}{w(z)}y\right]e^{-\frac{r^2}{w^2(z)}}e^{-i\Phi(x,y,z)} \quad (2.33)$$

式中

$$\begin{cases} w(z) = \sqrt{\dfrac{L\lambda}{2\pi}\left(1+\dfrac{z^2}{f^2}\right)} = \dfrac{w_{0s}}{\sqrt{2}}\sqrt{1+\left(\dfrac{z}{f}\right)^2} = w_0\sqrt{1+\left(\dfrac{z}{f}\right)^2} \\ \varPhi(x,y,z) = k\left[f(1+\xi)+\dfrac{\xi}{1+\xi^2}\dfrac{r^2}{2f}\right] - (m+n+1)\left(\dfrac{\pi}{2}-\psi\right) \end{cases}$$

(2.34)

式(2.34)中的参数依次为

$$\psi = \arctan\left(\dfrac{1-\xi}{1+\xi}\right)$$

$$\xi = \dfrac{2z}{L} = \dfrac{z}{f}$$

$$w_0 = \dfrac{w_{0s}}{\sqrt{2}} = \sqrt{\dfrac{L\lambda}{2\pi}} = \sqrt{\dfrac{f\lambda}{\pi}}$$

$$f = \dfrac{L}{2}$$

$E_{mn}(x,y,z)$ 表示 TEM_{mn} 模在腔内任意点 (x,y,z) 处的电场强度;E_0 为一与坐标无关的常量;A_{mn} 为与模的级次有关的归一化常数。

2. 振幅分布和光斑尺寸

按式(2.33),共焦场的振幅分布为

$$|E_{mn}(x,y,z)| = A_{mn}E_0\dfrac{w_0}{w(z)}\text{H}_m\left(\dfrac{\sqrt{2}}{w(z)}x\right)\text{H}_n\left(\dfrac{\sqrt{2}}{w(z)}y\right)\text{e}^{-\frac{x^2+y^2}{w^2(z)}}$$

(2.35)

对基模

$$|E_{00}(x,y,z)| = A_{00}E_0\dfrac{w_0}{w(z)}\text{e}^{-\frac{x^2+y^2}{w^2(z)}}$$

(2.36)

定义共焦腔基模振幅下降为中心的 $1/\text{e}$ 处的半径为基模光斑半径,可表示为

$$w(z) = \sqrt{\dfrac{L\lambda}{2\pi}\left(1+\dfrac{z^2}{f^2}\right)} =$$

$$\frac{w_{0s}}{\sqrt{2}}\sqrt{1+\left(\frac{z}{f}\right)^2} = w_0\sqrt{1+\left(\frac{z}{f}\right)^2} \quad (2.37)$$

式中；w_{0s} 为镜面上基模的光斑半径；w_0 为 $z=0$ 处，即光腰处的光斑半径，也可称为高斯光束的基模腰斑半径。

$$w_0 = \sqrt{\frac{f\lambda}{\pi}} \quad (2.38)$$

式(2.37)表明，共焦场中基模光斑的大小随着坐标 z 按双曲线规律变化

$$\frac{w^2(z)}{w_0^2} - \frac{z^2}{f^2} = 1$$

3. 模体积

由于基模的光斑大小随 z 变化，通常采用下式估计共焦腔基模的模体积

$$V_{00}^0 = \frac{1}{2}L\pi w_{0s}^2 = \frac{L^2\lambda}{2} \quad (2.39)$$

对有激光增益物质的谐振腔而言，模体积决定了腔内激活物质的作用体积，从而影响泵浦效率，模体积越大越有利于得到更高功率的激光输出。

4. 等相位面的分布

共焦腔行波场的等相位面近似为球面，与腔轴线在 z_0 点相交的等相位面曲率半径为

$$R = \left|z_0 + \frac{f^2}{z_0}\right| = \left|f\left(\frac{z_0}{f} + \frac{f}{z_0}\right)\right| \quad (2.40)$$

共焦腔行波场的等相位面都是凹面向着腔的中心的球面，其曲率随着坐标 z_0 的变化而变化。共焦腔反射镜面本身与场的两个等相位面重合。当 $z_0=0$ 时，等相位面为与腔轴垂直的平面，距离腔中心无穷远处的等相位面也是平面。共焦腔反射镜面是共焦腔中曲率最大的等相位面。

5. 远场发散角

共焦腔基模的远场发散角定义为

$$\theta_0 = \lim_{z\to\infty} \frac{2w(z)}{z} \qquad (2.41)$$

式中:$2w(z)$为光斑直径。将式(2.37)代入,则

$$\theta_0 = 2\sqrt{\frac{\lambda}{f\pi}} \qquad (2.42)$$

六、圆形镜共焦腔

1. 拉盖尔 - 高斯近似

当圆形镜共焦腔的菲涅耳数 $N\to\infty$ 时,自再现模为下述拉盖尔 - 高斯函数所描述

$$v_{mn}(r,\varphi) = C_{mn}\left(\sqrt{2}\frac{r}{w_{0s}}\right)^m L_n^m\left(\sqrt{2}\frac{r^2}{w_{0s}^2}\right) e^{-\frac{r^2}{w_{0s}^2}} \begin{cases} \cos m\varphi \\ \sin m\varphi \end{cases} \qquad (2.43)$$

相对应的本征值为

$$\gamma_{mn} = e^{i\left[kL-(m+2n+1)\frac{\pi}{2}\right]} \qquad (2.44)$$

$L_n^m(\zeta)$ 为缔合拉盖尔多项式:

$$L_n^m(\zeta) = e^\zeta \frac{\zeta^{-m}}{n!}\frac{d^n}{d\zeta^n}(e^{-\zeta}\zeta^{n+m}) = \sum_{k=0}^{n}\frac{(n+m)!(-\zeta)^k}{(m+k)!k!(n-k)!} \qquad (2.45)$$

其开始几项分别为

$$\begin{cases} L_0^m(\zeta) = 1 \\ L_1^m(\zeta) = 1+m-\zeta \\ L_2^m(\zeta) = \frac{1}{2}[(1+m)(2+m)-2(2+m)\zeta+\zeta^2] \\ \vdots \end{cases}$$

1)模的振幅和相位分布

根据式(2.43),圆形镜共焦腔的基模在镜面上的场分布为

$$v_{00}(r,\varphi) = C_{00} e^{-\frac{r^2}{w_{0s}^2}} \qquad (2.46)$$

基模分布与方形镜共焦腔场分布相同。镜面上的光斑半径为

$$w_{0s} = \sqrt{\frac{L\lambda}{\pi}}$$

对其他高阶模,镜面上出现节线。TEM_{mn}模沿辐角(φ)方向的节线数为m,沿径向(r)的节线数为n,各节线圆沿r方向不是等距分布的。

由于$v_{mn}(r,\varphi)$为实函数,因此圆形共焦镜面本身为场的等相位面,其情况与方形镜共焦腔完全一样。

2) 单程相移和谐振频率

自再现模单程渡越相移为

$$\delta\Phi_{mn} = \arctan\frac{1}{\gamma_{mn}} = -kL + (m+2n+1)\frac{\pi}{2} \qquad (2.47)$$

由谐振条件$2\delta\Phi_{mn} = -q\cdot 2\pi$,得到圆形镜共焦腔的谐振频率为

$$\nu_{mnq} = \frac{c}{2\eta L}\left[q + \frac{1}{2}(m+2n+1)\right] \qquad (2.48)$$

3) 单程衍射损耗

模的单程衍射损耗应由

$$\delta_{mn} = 1 - \left|\frac{1}{\gamma_{mn}}\right|^2$$

给出。按照式(2.44),γ_{mn}的模为1,由此得到

$$\delta_{mn} = 0$$

这是由于式(2.44)是在$N\to\infty$的近似条件下得出的,在此近似条件下得到衍射损耗为零的不合理结果,因而无法根据式(2.44)得到圆形镜共焦腔的实际衍射损耗。根据福克斯和厉鼎毅用迭代法对圆形对称共焦腔模进行的数值求解结果,衍射损耗和菲涅耳数的关系曲线如图2.3所示。

2. 圆形镜共焦腔的行波场

在已知镜面上的场分布时,利用菲涅耳-基尔霍夫衍射积分即可求出共焦腔中的场。在拉盖尔-高斯近似下,由镜面上的场所产生的圆形镜共焦腔的行波场为

$$E_{mn}(r,\varphi,z) = A_{mn}E_0\frac{w_0}{w(z)}\left(\sqrt{2}\frac{r}{w(z)}\right)^m$$

$$L_n^m\left(2\frac{r^2}{w^2(z)}\right)e^{-\frac{r^2}{w^2(z)}}e^{-im\varphi}e^{-i\Phi(r,\varphi,z)} \quad (2.49)$$

$$\begin{cases} w(z) = \sqrt{\dfrac{L\lambda}{2\pi}\left(1+\dfrac{z^2}{f^2}\right)} = \dfrac{w_{0s}}{\sqrt{2}}\sqrt{1+\left(\dfrac{z}{f}\right)^2} = w_0\sqrt{1+\left(\dfrac{z}{f}\right)^2} \\ \Phi(x,y,z) = k\left[f(1+\xi)+\dfrac{\xi}{1+\xi^2}\dfrac{r^2}{2f}\right]-(m+2n+1)\left(\dfrac{\pi}{2}-\psi\right) \end{cases} \quad (2.50)$$

式中：$f = L/2$；其他参数依次为

$$\psi = \arctan\left(\frac{1-\xi}{1+\xi}\right)$$

$$\xi = \frac{2z}{L} = \frac{z}{f}$$

$$w_0 = \frac{w_{0s}}{\sqrt{2}} = \sqrt{\frac{L\lambda}{2\pi}} = \sqrt{\frac{f\lambda}{\pi}}$$

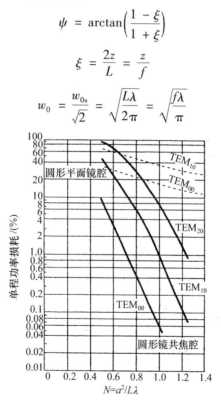

图 2.3 圆形共焦腔模的单程功率损耗

圆形镜共焦腔的基模光束振幅分布、光斑尺寸、等相位面的曲率半径及光束发散角都与方形镜共焦腔完全相同。

拉盖尔－高斯近似解是在 $N \to \infty$ 的情况下得到的。事实上，在 $N > 1$ 的范围内，近似解能比较满意地描述共焦腔的各种特征，特别是共焦腔基模的基本特征。

七、一般稳定球面腔的模式特征

共焦腔模式理论可以推广到一般两镜稳定球面腔。这一推广基于：任何一个共焦腔与无穷多个稳定球面腔等价；而任何一个稳定球面腔唯一地等价于一个共焦腔。这里说的"等价"，就是指它们具有相同的行波场。

一般稳定球面镜腔的两个镜面与其等价共焦腔高斯光束过轴线上 z_1、z_2 两点的等相位面重合（坐标原点在共焦腔中心）。如果已知稳定球面腔镜面曲率，R_1、R_2 和腔长 L，则这一关系可描述如下：

$$\begin{cases} R_1 = R(z_1) = -\left(z_1 + \dfrac{f^2}{z_1}\right) \\ R_2 = R(z_2) = +\left(z_2 + \dfrac{f^2}{z_2}\right) \\ L = z_2 - z_1 > 0 \end{cases} \quad (2.51)$$

由上式可求出其等价共焦腔的共焦参数 f 及其和一般稳定球面镜腔的相对位置，并从而确定光斑半径。

$$\begin{cases} z_1 = \dfrac{L(R_2 - L)}{(L - R_1) + (L - R_2)} \\ z_2 = \dfrac{-L(R_1 - L)}{(L - R_1) + (L - R_2)} \\ f^2 = \dfrac{L(R_1 - L)(R_2 - L)(R_1 + R_2 - L)}{[(L - R_1) + (L - R_2)]^2} \end{cases} \quad (2.52)$$

以上两式中对 R_1、R_2 的符号规定为：凹面镜为正值，凸面镜为负值。

1. 镜面上的光斑尺寸

$$\begin{cases} w_{s_1} = \sqrt{\dfrac{\lambda L}{\pi}} \left[\dfrac{R_1^2(R_2 - L)}{L(R_1 - L)(R_1 + R_2 - L)}\right]^{1/4} \\ w_{s_2} = \sqrt{\dfrac{\lambda L}{\pi}} \left[\dfrac{R_2^2(R_1 - L)}{L(R_2 - L)(R_1 + R_2 - L)}\right]^{1/4} \end{cases} \quad (2.53)$$

或者用腔的 g 参数表示

$$\begin{cases} w_{s_1} = w_{0s} \left[\dfrac{g_2}{g_1(1-g_1g_2)} \right]^{1/4} \\ w_{s_2} = w_{0s} \left[\dfrac{g_1}{g_2(1-g_1g_2)} \right]^{1/4} \end{cases} \qquad (2.54)$$

式中：$w_{0s} = \sqrt{L\lambda/\pi}$ 表示腔长为 L 的共焦腔镜面上的光斑尺寸。上式仅对稳定腔适用。

2. 模体积

一般稳定球面腔的基模体积可以定义为

$$V_{00} = \frac{1}{2}L\pi \cdot \left(\frac{w_{s_1}+w_{s_2}}{2} \right)^2 \qquad (2.55)$$

TEM_{mn} 模的模体积 V_{mn} 与 TEM_{00} 模的模体积之比为

$$\frac{V_{mn}}{V_{00}} = \frac{V_{mn}^0}{V_{00}^0} = \sqrt{(2m+1)(2n+1)} \qquad (2.56)$$

3. 谐振频率

方形孔径稳定球面腔 TEM_{mn} 模的谐振频率为

$$\nu_{mnq} = \frac{c}{2\eta L}\left[q + \frac{1}{\pi}(m+n+1)\arccos\sqrt{g_1g_2} \right] \qquad (2.57)$$

圆形孔径稳定球面腔 TEM_{mn} 模的谐振频率为

$$\nu_{mnq} = \frac{c}{2\eta L}\left[q + \frac{1}{\pi}(m+2n+1)\arccos\sqrt{g_1g_2} \right] \qquad (2.58)$$

4. 衍射损耗

定义稳定腔两镜的有效菲涅耳数

$$N_{\text{ef}_i} = \frac{a_i^2}{\pi w_{s_i}^2} \qquad (2.59)$$

按式(2.53)和式(2.54)，对两镜，分别有

$$\begin{cases} N_{\mathrm{ef}_1} = \dfrac{a_1^2}{\pi w_{s_1}^2} = \dfrac{a_1^2}{\mid R_1 \mid \lambda} \sqrt{\dfrac{(R_1 - L)(R_1 + R_2 - L)}{L(R_2 - L)}} = \\ \dfrac{a_1^2}{L\lambda} \sqrt{\dfrac{g_1}{g_2}(1 - g_1 g_2)} \\ N_{\mathrm{ef}_2} = \dfrac{a_2^2}{\pi w_{s_2}^2} = \dfrac{a_2^2}{\mid R_2 \mid \lambda} \sqrt{\dfrac{(R_2 - L)(R_1 + R_2 - L)}{L(R_1 - L)}} = \\ \dfrac{a_2^2}{L\lambda} \sqrt{\dfrac{g_2}{g_1}(1 - g_1 g_2)} \end{cases} \quad (2.60)$$

对多数情况,当 $a_1 = a_2 = a$ 时上式可写作

$$\begin{cases} N_{\mathrm{ef}_1} = \dfrac{a^2}{\pi w_{s_1}^2} = \dfrac{a^2}{L\lambda} \sqrt{\dfrac{g_1}{g_2}(1 - g_1 g_2)} = N_0 \sqrt{\dfrac{g_1}{g_2}(1 - g_1 g_2)} \\ N_{\mathrm{ef}_2} = \dfrac{a^2}{\pi w_{s_2}^2} = \dfrac{a^2}{L\lambda} \sqrt{\dfrac{g_2}{g_1}(1 - g_1 g_2)} = N_0 \sqrt{\dfrac{g_2}{g_1}(1 - g_1 g_2)} \end{cases}$$

$$(2.61)$$

式中:N_0 表示腔长为 L、反射镜线度为 a 的谐振腔菲涅耳数。得到有效菲涅耳数以后,即可由共焦腔的单程衍射损耗曲线查出一般稳定腔的损耗值。一般来说,两个反射镜上的衍射损耗是不相同的,分别用 δ_{mn_1} 和 δ_{mn_2} 来表示,则平均单程衍射损耗率为

$$\delta_{mn} = \frac{1}{2}(\delta_{mn_1} + \delta_{mn_2}) \quad (2.62)$$

对方形孔径稳定球面腔,基模损耗率还可以按式(2.31)计算,只须在其中以 N_{ef} 代替 N_0。

5. 基模远场发散角

一般稳定球面腔的基模远场发散角(全角)为

$$\theta_0 = 2\left[\dfrac{\lambda^2(2L - R_1 - R_2)^2}{\pi^2 L(R_1 - L)(R_2 - L)(R_1 + R_2 - L)}\right]^{1/4} = 2\sqrt{\dfrac{\lambda}{\pi L}}\left\{\dfrac{(g_1 + g_2 - 2g_1 g_2)^2}{g_1 g_2(1 - g_1 g_2)}\right\}^{1/4} \quad (2.63)$$

八、高斯光束的基本性质及特征参数

1. 基模高斯光束

沿 z 轴方向传播的基模高斯光束,不管它是由何种结构的稳定腔所产生的,均可表示为如下的一般形式

$$\psi_{00}(x,y,z) = \frac{c_{00}}{w(z)} e^{-\frac{r^2}{w^2(z)}} e^{-i\left[k\left(z+\frac{r^2}{2R}\right) - \arctan\frac{z}{f}\right]} \quad (2.64)$$

$$\begin{cases} r^2 = x^2 + y^2, \ k = \dfrac{2\pi}{\lambda} \\ w(z) = w_0 \sqrt{1 + \left(\dfrac{z}{f}\right)^2} \\ R = R(z) = z\left[1 + \left(\dfrac{f}{z}\right)^2\right] = f\left(\dfrac{z}{f} + \dfrac{f}{z}\right) = z + \dfrac{f^2}{z} \\ f = \dfrac{\pi w_0^2}{\lambda}, \ w_0 = \sqrt{\dfrac{\lambda f}{\pi}} \end{cases} \quad (2.65)$$

式(2.64)与式(2.33)实质上是相同的。只是在式(2.64)中取高斯光束束腰($z=0$)处的相位为0,而在式(2.33)中取 $z=-f$ 处(即共焦腔的一个镜面)作为相位计算的起点。在式(2.64)中,以高斯光束的共焦参数 f(或 w_0)来描述高斯光束的具体结构,而不管它是由何种几何结构的稳定腔所产生的。

2. 基模高斯光束在自由空间的传输规律

(1)基模高斯光束的光斑半径

$$w(z) = w_0 \sqrt{1 + \left(\frac{z}{f}\right)^2} = w_0 \sqrt{1 + \left(\frac{\lambda z}{\pi w_0^2}\right)^2} \quad (2.66)$$

(2)基模高斯光束的相移特性由相位因子

$$\phi_{00} = k\left(z + \frac{r^2}{2R}\right) - \arctan\frac{z}{f} \quad (2.67)$$

所决定,它表明高斯光束的等相位面是以 R 为半径的球面

$$R(z) = z\left[1 + \left(\frac{f}{z}\right)^2\right] \quad (2.68)$$

(3) 定义基模高斯光束的远场发散角为

$$\theta_0 = \lim_{z \to \infty} \frac{2w(z)}{z} = 2\frac{\lambda}{\pi w_0} = 2\sqrt{\frac{\lambda}{\pi f}} \tag{2.69}$$

总之,高斯光束在其传输轴线附近可以近似看作是一种非均匀球面波。其曲率中心随着传输过程不断变化,其振幅和强度在横截面内始终保持高斯分布特性,且其等相位面始终保持为球面。

3. 基模高斯光束的特征参数

可以用下述三种特征参数之一来表征高斯光束。当处理高斯光束在光学系统中的变换问题时,使用 q 参数来描述高斯光束比较简便。

1) 用参数 w_0(或 f)及束腰位置来表征高斯光束

已知 w_0 及束腰位置可利用式(2.64)及式(2.65)确定该高斯光束的各种参数。

2) 用参数 $w(z)$ 和 $R(z)$ 来表征高斯光束

已知高斯光束在某处的光斑半径和等相位面曲率半径,可根据下式确定该高斯光束的光腰半径及位置。

$$\begin{cases} w_0 = w(z)\left[1 + \left(\frac{\pi w^2(z)}{\lambda R(z)}\right)^2\right]^{-1/2} \\ z = R(z)\left[1 + \left(\frac{\lambda R(z)}{\pi w^2(z)}\right)^2\right]^{-1} \end{cases} \tag{2.70}$$

3) 用 q 参数来表征高斯光束

高斯光束的 q 参数定义为

$$\frac{1}{q(z)} = \frac{1}{R(z)} - i\frac{\lambda}{\pi w^2(z)} \tag{2.71}$$

由 z 处的 q 参数可求出该处的光斑半径和等相位面的曲率半径,并从而确定该高斯光束的光腰半径、光腰位置、发散角、各处的光斑半径和等相位面曲率半径等参数。

$$\begin{cases} \frac{1}{R(z)} = \text{Re}\left\{\frac{1}{q(z)}\right\} \\ \frac{1}{w^2(z)} = -\frac{\pi}{\lambda}\text{Im}\left\{\frac{1}{q(z)}\right\} \end{cases} \tag{2.72}$$

若光腰处的 q 参数为 q_0，则

$$q(z) = q_0 + z = \mathrm{i}f + z = \mathrm{i}\frac{\pi w_0^2}{\lambda} + z \tag{2.73}$$

4. 高阶高斯光束

1) 厄米—高斯光束

$$\psi_{mn}(x,y,z) = C_{mn}\frac{1}{w(z)}\mathrm{H}_m\left(\frac{\sqrt{2}}{w(z)}x\right)\mathrm{H}_n\left(\frac{\sqrt{2}}{w(z)}y\right)\cdot$$

$$\mathrm{e}^{-\frac{r^2}{w^2(z)}}\mathrm{e}^{-\mathrm{i}\left[k\left(z+\frac{r^2}{2R(z)}\right)-(1+m+n)\arctan\frac{z}{f}\right]} =$$

$$C_{mn}\frac{1}{w(z)}\mathrm{H}_m\left(\frac{\sqrt{2}}{w(z)}x\right)\mathrm{H}_n\left(\frac{\sqrt{2}}{w(z)}y\right)\cdot$$

$$\mathrm{e}^{-\mathrm{i}\left[k\left(z+\frac{r^2}{2q(z)}\right)-(1+m+n)\arctan\frac{z}{f}\right]} \tag{2.74}$$

厄米—高斯光束沿 x 方向有 m 条节线，沿 y 方向有 n 条节线。x 方向和 y 方向的光腰尺寸分别为

$$\begin{cases} w_m^2 = (2m+1)w_0^2 \\ w_n^2 = (2n+1)w_0^2 \end{cases} \tag{2.75}$$

在 z 处的光斑尺寸为

$$\begin{cases} w_m^2(z) = (2m+1)w^2(z) \\ w_n^2(z) = (2n+1)w^2(z) \end{cases} \tag{2.76}$$

在 x 方向和 y 方向的远场发散角

$$\begin{cases} \theta_m = \lim_{z\to\infty}\dfrac{2w_m(z)}{z} = \sqrt{2m+1}\,\dfrac{2\lambda}{\pi w_0} = \sqrt{2m+1}\,\theta_0 \\ \theta_n = \lim_{z\to\infty}\dfrac{2w_n(z)}{z} = \sqrt{2n+1}\,\dfrac{2\lambda}{\pi w_0} = \sqrt{2n+1}\,\theta_0 \end{cases} \tag{2.77}$$

2) 拉盖尔—高斯光束

$$\psi_{mn}(r,\varphi,z) = \frac{C_{mn}}{w(z)}\left(\sqrt{2}\,\frac{r}{w(z)}\right)^m \mathrm{L}_n^m\left(\sqrt{2}\,\frac{r^2}{w^2(z)}\right)$$

$$\mathrm{e}^{-\frac{r^2}{w^2(z)}}\mathrm{e}^{-\mathrm{i}\left[k\left(z+\frac{r^2}{2R(z)}\right)-(m+2n+1)\arctan\frac{z}{f}\right]}\begin{cases}\cos m\varphi \\ \sin m\varphi\end{cases} \tag{2.78}$$

它沿半径 r 方向有 n 个节线圆,沿辅角 φ 方向有 m 根节线。其光斑半径

$$w_{mn}(z) = \sqrt{m+2n+1}\, w(z) \tag{2.79}$$

发散角

$$\theta_{mn} = \sqrt{m+2n+1}\, \theta_0 \tag{2.80}$$

九、高斯光束 q 参数变换规律

高斯光束的 q 参数与点光源发出光波的等相位面半径 R 在光学系统中的变换规律相同。当高斯光束经过一个变换矩阵为 $\begin{bmatrix} A & B \\ C & D \end{bmatrix}$ 的光学系统时,若入射及出射时的 q 参数分别为 q_1 和 q_2,则遵循以下变换规律:

$$q_2 = \frac{Aq_1 + B}{Cq_1 + D} \tag{2.81}$$

十、高斯光束的聚焦和准直

1. 高斯光束的聚焦

高斯光束可采用单透镜或透镜组合进行聚焦,若出射高斯光束的光腰半径小于入射高斯光束的光腰半径,则称之为聚焦。采用焦距为 F 的单透镜对高斯光束进行聚焦时,若入射与出射高斯光束的光腰半径及光腰和透镜的距离分别为 w_0、w_0' 及 l、l',则

$$l' = F + \frac{(l-F)F^2}{(l-F)^2 + \left(\dfrac{\pi w_0^2}{\lambda}\right)^2} \tag{2.82}$$

$$w_0'^{\,2} = \frac{F^2 w_0^2}{(F-l)^2 + \left(\dfrac{\pi w_0^2}{\lambda}\right)^2} \tag{2.83}$$

(1) 若 F 一定,则当 $l<F$ 时,w_0' 随 l 的减小而减小,当 $l=0$ 时 w_0' 达到最小值;当 $l>F$ 时,w_0' 随着 l 的增大而单调地减小,当 $l\to\infty$ 时,

$w_0' \to 0, l' \to F$;当 $l = F$ 时,w_0' 达到极大值,$w_0' = (\lambda/\pi w_0)F$。

（2）若 l 一定,只有当 $F < R(l)/2$ 时,透镜才能对高斯光束起会聚作用,F 越小,聚焦效果越好。

2. 高斯光束的准直

1）单透镜对高斯光束发散角的影响

当 $l = F$ 时,w_0' 达到极大值 $w_0' = (\lambda/\pi w_0)F$,出射高斯光束发散角 θ' 最小。此时

$$\frac{\theta_0'}{\theta_0} = \frac{\pi w_0^2}{\lambda F} = \frac{f}{F} \tag{2.84}$$

2）利用倒装望远镜将高斯光束准直

设原高斯光束发散角为 θ_0,经过倒装望远镜系统后发散角为 θ_0'',则准直倍率

$$M' = \frac{\theta_0}{\theta_0''} = \frac{F_2}{F_1}\sqrt{1 + \left(\frac{l}{f}\right)^2} = M\sqrt{1 + \left(\frac{\lambda l}{\pi w_0^2}\right)^2} \tag{2.85}$$

式中:F_1 和 F_2 分别为入射短焦距透镜和出射长焦距透镜的焦距;M 为望远镜倍率。

十一、高斯光束的自再现变换与稳定球面腔

1. 利用透镜实现自再现变换

当透镜的焦距等于高斯束入射在透镜表面上的波面半径的一半时,透镜对该高斯光束作自再现变换。

2. 球面反射镜对高斯光束的自再现变换

当球面镜的曲率半径与高斯束入射在球面镜表面上的波面半径相等时,球面镜对该高斯光束作自再现变换。

3. 高斯光束的自再现变换与稳定球面腔

稳定腔的任一高斯模在腔内往返一周后,能重现其自身。设稳定腔自某参考面开始的往返矩阵为 $\begin{bmatrix} A & B \\ C & D \end{bmatrix}$,则该高斯光束在该参考面的 q 参数

$$q_M = \frac{Aq_M + B}{Cq_M + D} \qquad (2.86)$$

由上式可以解得

$$\frac{1}{q_M} = \frac{D-A}{2B} \pm i\frac{\sqrt{1-(D+A)^2/4}}{B} \qquad (2.87)$$

结合式(2.71),可得高斯光束过参考面与光轴交点的等相位面曲率半径和参考面上的光斑半径

$$R = \frac{2B}{D-A} \qquad (2.88)$$

$$w = \frac{\left(\frac{\lambda}{\pi}\right)^{1/2} \cdot |B|^{1/2}}{\left[1-\left(\frac{D+A}{2}\right)^2\right]^{1/4}} \qquad (2.89)$$

十二、非稳腔

1. 非稳腔的几何自再现波形

高功率激光器中常采用模体积大和横模鉴别能力高的非稳腔。由于非稳腔中存在的傍轴光线的固有发散损耗比较高,而且典型的高功率激光器件的激活物质的横向尺寸往往较大,腔的菲涅耳数远大于1,这种情况下衍射损耗往往不起重要作用。因此几何光学的分析方法对非稳腔具有十分重要的意义。

共轴球面谐振腔(R_1, R_2, L)满足下列不等式之一时称为非稳腔:

$$\begin{cases} g_1 g_2 < 0 \\ g_1 g_2 > 1 \end{cases} \qquad (2.90)$$

非稳腔有以下几种构成方式:

(1)双凸腔。

(2)平—凸腔。

(3)平—凹非稳腔。

(4)双凹非稳腔:双凹非稳腔中,当两非对称凹面反射镜的焦点重

合时,称为非对称实共焦腔。

（5）凹—凸非稳腔。凹—凸非稳腔中,当两反射镜焦点重合时 ($R_1 + R_2 = 2L$),称为虚共焦腔。

几何光学分析方法揭示出,非稳腔中存在着唯一的一对轴上共轭像点及相对应的一对几何自再现波形,它就是非稳腔基模的近似描写。将这样一对发自共轭像点的几何自再现波形定义为非稳腔的共振模。当忽略衍射效应时,在腔内增益均匀分布的情况下,还可以进一步认为,这一对球面波是均匀球面波。虽然由于衍射的作用,非稳腔最低阶模的强度实际上并不是均匀分布的,但它的等相位面确实十分接近球面。可以证明,只要遵循统一的符号规定,各类非稳腔共轭像点与镜面的距离可由下式确定

$$\begin{cases} l_1 = \dfrac{\sqrt{L(L-R_1)(L-R_2)(L-R_1-R_2)} - L(L-R_2)}{2L - R_1 - R_2} \\ l_2 = \dfrac{\sqrt{L(L-R_1)(L-R_2)(L-R_1-R_2)} - L(L-R_1)}{2L - R_1 - R_2} \end{cases}$$

(2.91)

所需遵循的符号规则是:凸面镜的 R_1(或 R_2) <0,凹面镜的 R_1(或 R_2) >0; l_1(或 l_2) <0 表明共轭像点在镜的前方(反射面的一方), l_1(或 l_2) >0 表明共轭像点在镜的后方。

2. 非稳腔的几何放大率及自再现波形的能量损耗

1）非稳腔的几何放大率

设从 M_1 镜方共轭像点发出的球面波到达 M_1 镜时,波面完全覆盖镜 M_1,即波面线度等于 M_1 镜线度 a_1;当此球面波经镜 M_1 后到达 M_2 时,其波面尺寸将扩展为 a_1'。则有

$$m_1 = a_1'/a_1 \qquad (2.92)$$

称 m_1 为镜 M_1 的单程放大率。与此类似

$$m_2 = a_2'/a_2 \qquad (2.93)$$

为镜 M_2 对几何自再现波形的单程放大率。设

$$M = m_1 m_2 \qquad (2.94)$$

则 M 为非稳腔对几何自再现波形在腔内往返一周的放大率。

2）非稳腔的能量损耗率

非稳腔中，从任何一个共轭像点发出的球面波在腔内往返一周，经两个镜面反射的能量损耗份额为

$$\xi_{往返} = 1 - \Gamma_1\Gamma_2 = 1 - \frac{1}{m_1^2 m_2^2} = 1 - \frac{1}{M^2} \quad (2.95)$$

平均单程损耗为

$$\xi_{单程} = 1 - \sqrt{\Gamma_1\Gamma_2} = 1 - \frac{1}{M} \quad (2.96)$$

非稳腔的这种侧向能量逸出"损耗"往往被用作有用输出。

思 考 题

2.1 谐振腔为光学开腔的激光器，为什么能够产生空间相干性极高的光束？

2.2 光学谐振腔内，哪些类型的损耗能对横模的选择起作用？它们有什么共同特点？简述如何保证稳定球面腔激光器的基横模运转？

2.3 证明对称共焦腔是稳定腔。

2.4 当稳定开腔的反射镜有效面积被加大时，其镜面上的光斑大小、腔内的损耗和腔的精细度 F 有无变化？有什么样的变化？

2.5 许多激光器谐振腔的反射镜尺寸都远远大于光斑尺寸，开腔模式衍射理论中所述"反射镜的线度 a"有何实际意义？

2.6 许多激光器谐振腔的反射镜和工作物质都是圆的，方形镜谐振腔有何实际意义？

2.7 分别画出方形镜共焦腔中 TEM_{32} 模在反射镜面上的光斑图样，以及圆形镜共焦腔 TEM_{21} 模在反射镜面上的光斑图样。

2.8 今有一个平面镜和一个 $R = 1m$ 的凹面镜构成一平凹稳定腔，应如何选择腔长，以获得最小的基模远场发散角？说明你的理由。

2.9 如果让你设计一个腔长为 L 的简单稳定球面腔，腔内均匀充

满增益物质,在泵浦功率一定的情况下,为了尽可能地减小远场发散角和提高激光输出功率,你应该怎样设计两反射镜的曲率半径 R (设两反射镜曲率半径相同)?说明你的理由。

2.10 假设气体激光器所用谐振腔的两面反射镜曲率半径名义上相等(等于 R)且满足稳定性条件。但由于加工误差,它们的实际曲率半径并不等于 R。在此情况下:①当腔长 L 小于 R 许多时,仍属稳定腔;②当 L 大于 R 许多时,大部分情况下仍可满足稳定性条件;③当 $L \approx R$ 时,有时为稳定腔,有时为非稳腔,为什么?

2.11 比较稳定球面腔激光器输出的基横模和高阶横模的远场发散角、模体积和腔内损耗的大小,并说明理由。

2.12 为什么对同一横模,当菲涅耳数 N 越小时,衍射损耗越大?为什么在同一 N 值下,模的阶次越高,衍射损耗越大?为什么稳定球面镜腔的衍射损耗较平面镜腔低?

2.13 圆形镜共焦腔的 TEM_{10} 模和 TEM_{01} 模的衍射损耗一样大吗?为什么?方形镜呢?

2.14 从镜面上光斑大小的角度来分析,当光斑尺寸超过镜的线度时,该模式就不可能存在。试由此估算在 $L = 30 cm, 2a = 0.2 cm$ 的氦氖方形镜共焦腔 ($\lambda = 0.6328 \mu m$) 中所能出现的最高阶横模的阶次 m (或 n) 为多大。

2.15 试讨论当高斯束腰与透镜的距离 $l \gg F, l = 2F, l = F, l < F$ 时高斯光束通过透镜的变换情况,并与几何光学中傍轴光线的成像规律进行比较,你能得出一些什么结论?

2.16 当高斯光束通过薄透镜时,什么条件下 $w'_0 > w_0$,在什么条件下 $w'_0 < w_0$?

2.17 当高斯光束通过薄透镜时,什么条件下 $\theta' < \theta$,在什么条件下 $\theta' > \theta$?

2.18 试由式(2.87)求谐振腔的稳定性条件和非稳定性条件。

2.19 试由式(2.87)说明非稳腔的自再现模不是高斯光束,而是发光中心在共轭像点的球面波。

2.20 在什么情况下宜采用非稳腔?在什么情况下不能用非稳腔,而必须用稳定腔?

例 题

例 2.1 由凸面镜和凹面镜组成的球面腔,如果凸面镜曲率半径为 2m,凹面镜曲率半径为 3m,腔长 L 为 1m,腔内介质折射率为 1,此球面镜腔是何种腔(稳定腔、临界腔、非稳腔)？当腔内插入一块长为 0.5m,折射率 $\eta=2$ 的其他透明介质时(介质两端面垂直于腔轴线),谐振腔为何种腔(稳定腔、非稳腔、临界腔)？

解：

设凸面镜与凹面镜曲率半径分别为 R_1 和 R_2,当腔内未插入其他透明介质时,有

$$\left(1-\frac{L}{R_1}\right)\left(1-\frac{L}{R_2}\right)=\left(1-\frac{1}{-2}\right)\left(1-\frac{1}{3}\right)=1$$

即 $g_1g_2=1$,该腔为临界腔。

当腔内插入其他介质时,设该介质的长度为 l,该介质左右两边剩余的腔内长度分别为 l_1 和 l_2,则 $l_1+l+l_2=L$。设此时的等效腔长为 L',则

$$\begin{bmatrix} 1 & L' \\ 0 & 1 \end{bmatrix} = \begin{bmatrix} 1 & l_2 \\ 0 & 1 \end{bmatrix}\begin{bmatrix} 1 & 0 \\ 0 & \eta \end{bmatrix}\begin{bmatrix} 1 & l \\ 0 & 1 \end{bmatrix}\begin{bmatrix} 1 & 0 \\ 0 & 1/\eta \end{bmatrix}$$

$$\begin{bmatrix} 1 & l_1 \\ 0 & 1 \end{bmatrix} = \begin{bmatrix} 1 & l_2+\dfrac{l}{\eta}+l_1 \\ 0 & 1 \end{bmatrix}$$

$$L' = l_1+l_2+\frac{l}{\eta} = (L-l)+\frac{l}{\eta} = \left(0.5+\frac{0.5}{2}\right)(\text{m}) = \frac{3}{4}(\text{m})$$

$$g_1g_2 = \left(1-\frac{L'}{R_1}\right)\left(1-\frac{L'}{R_2}\right) = \left(1-\frac{3/4}{-2}\right)\left(1-\frac{3/4}{3}\right) = \frac{33}{32} > 1$$

此时腔为非稳腔。

例 2.2 如图 2.4 所示谐振腔：

(1) 画出其等效透镜序列,如果光线从薄透镜右侧开始,反时针传

播,标出光线的一个往返传输周期;

(2) 求当 d/F(F 是透镜焦距)满足什么条件时,谐振腔为稳定腔;

(3) 指出光腰位置(不用计算)。

解:

(1) 该谐振腔的等效透镜序列如图 2.5 所示。

(2) 列出光在该谐振腔中传输一个周期的变换矩阵。

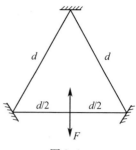

图 2.4

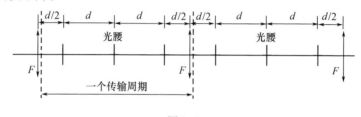

图 2.5

$$T = \begin{bmatrix} A & B \\ C & D \end{bmatrix} = \begin{bmatrix} 1 & 0 \\ -1/F & 1 \end{bmatrix}\begin{bmatrix} 1 & 3d \\ 0 & 1 \end{bmatrix} = \begin{bmatrix} 1 & 3d \\ -1/F & -3d/F + 1 \end{bmatrix}$$

由稳定性条件可得

$$1 < \frac{A+D}{2} = \frac{1 - \frac{3d}{F} + 1}{2} = 1 - \frac{3d}{2F} < 1$$

由上式可得谐振腔稳定时,应满足

$$0 < \frac{d}{F} < \frac{4}{3}$$

(3) 此腔可等效为对称球面镜腔,其光腰应位于该等效腔的中心,因此光腰位置在上方平面镜表面处。

例 2.3 图 2.6 为激光通过 F-P 腔的透过谱,试求:

(1) 激光波长 λ;

(2) F-P 腔腔长 L;

（3）F-P腔的精细度F；
（4）F-P腔腔内光子寿命τ_R；
（5）如果F-P腔内充满增益系数为g的介质,为了得到自激振荡,g应为多少？

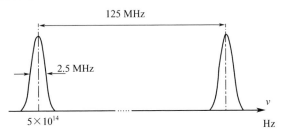

图2.6

解：

（1）
$$\lambda = \frac{c}{\nu} = \frac{3 \times 10^8}{5 \times 10^{14}} = 0.6 \times 10^{-6} = 0.6(\mu m)$$

（2）设透过谱相邻峰的频率间隔为$\Delta\nu$,则
$$\Delta\nu = \frac{c}{2L}$$
$$L = \frac{c}{2\Delta\nu} = \frac{3 \times 10^8}{2 \times 125 \times 10^6} = 1.2(m)$$

（3）设透过谱每条谱线线宽为$\Delta\nu_{1/2}$,则
$$F = \frac{\Delta\nu}{\Delta\nu_{1/2}} = \frac{125}{2.5} = 50$$

（4）
$$\tau_R \cdot \Delta\omega_{1/2} = 1$$
$$\tau_R = \frac{1}{2\pi\Delta\nu_{1/2}} = \frac{1}{2\pi \times 2.5 \times 10^6(Hz)} = 63.7(ns)$$

（5）
$$\tau_R = \frac{L}{\delta c}$$

$$\delta = \frac{L}{\tau_R c} = \frac{1.2}{63.66 \times 10^{-9} \times 3 \times 10^8} = 0.0628$$

为得到振荡，要求 $e^{-\delta + gL} \geq 1$，有

$$gL \geq 0.0628$$

$$g \geq \frac{0.0628}{1.2} = 0.0523 \, (\text{m}^{-1})$$

例 2.4 方形镜稳定谐振腔如图 2.7 所示，已知 d_1、d_2 和透镜两边高斯光束的共焦参数 f_1, f_2。求 TEM_{00q} 和 TEM_{mnq} 模之间频率差的表达式（用 d_1, d_2, f_1, f_2 表示）。

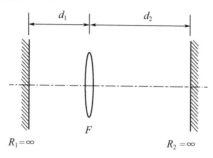

图 2.7

解：

方形镜稳定腔内的光束应为厄米—高斯光束，今考虑 TEM_{mnq} 模，透镜左右两边高斯光束相位变化之和应满足

$$\phi_1 + \phi_2 = q\pi$$

根据方形镜厄米—高斯光束光轴上的相位表示式，上式可写作

$$\left[kd_1 - (1+m+n)\arctan\frac{d_1}{f_1}\right] + \left[kd_2 - (1+m+n)\arctan\frac{d_2}{f_2}\right] = q\pi$$

$$k = \frac{\omega}{c} = \frac{2\pi \nu_{mnq}}{c}$$

整理得到

$$\nu_{mnq} = \frac{c}{2(d_1 + d_2)}\left\{q + \frac{m+n+1}{\pi}\left(\arctan\frac{d_1}{f_1} + \arctan\frac{d_2}{f_2}\right)\right\}$$

$$\nu_{00q} = \frac{c}{2(d_1+d_2)}\left\{q + \frac{1}{\pi}\left(\arctan\frac{d_1}{f_1} + \arctan\frac{d_2}{f_2}\right)\right\}$$

$$\nu_{mnq} - \nu_{00q} = \frac{c}{2(d_1+d_2)}\left\{\frac{m+n}{\pi}\left(\arctan\frac{d_1}{f_1} + \arctan\frac{d_2}{f_2}\right)\right\}$$

例 2.5 圆形镜对称共焦腔 TEM_{00} 模和 TEM_{01} 模在镜面处通过半径 $a = w_0$ 的圆孔光阑后,所损失的能量百分比各为多少?

解:

共焦腔 TEM_{00} 模镜面处光强分布:

$$I_{00}(r,\varphi) = \frac{\boldsymbol{E}\cdot\boldsymbol{E}^*}{2\eta_0} = \frac{|E_{00}(r,\varphi)|^2}{2\eta_0} =$$

$$\frac{|C_{00}\mathrm{e}^{-\frac{r^2}{w_{0s}^2}}|^2}{2\eta_0} = \frac{C_{00}^2}{2\eta_0}\mathrm{e}^{-\frac{2r^2}{w_{0s}^2}} \propto \mathrm{e}^{-\frac{2r^2}{w_{0s}^2}}$$

式中:η_0 为自由空间波阻抗;$\eta_0 = (\mu_0/\varepsilon_0)^{1/2} = 377\Omega$。

共焦腔 TEM_{01} 模镜面处光强分布

$$I_{01} = \frac{|E_{01}(r,\varphi)|^2}{2\eta_0} = \frac{\left|C_{01}\left(1-2\frac{r^2}{w_{0s}^2}\right)\mathrm{e}^{-\frac{r^2}{w_{0s}^2}}\right|^2}{2\eta_0} =$$

$$\frac{C_{01}^2}{2\eta_0}\left(1-\frac{2r^2}{w_{0s}^2}\right)^2\mathrm{e}^{-\frac{2r^2}{w_{0s}^2}} = \frac{C_{01}^2}{2\eta_0}(1-X)^2\mathrm{e}^{-X} \propto (1-X)^2\mathrm{e}^{-X}$$

式中:$X = 2r^2/w_{0s}^2$。

TEM_{00} 模的功率损耗

$$\frac{P'}{P} = \frac{2\pi\int_{w_0}^{\infty}|E_{00}(r,\varphi)|^2 r\mathrm{d}r}{2\pi\int_0^{\infty}|E_{00}(r,\varphi)|^2 r\mathrm{d}r} = \frac{2\pi\int_{w_0}^{\infty}\mathrm{e}^{-\frac{2r^2}{w_{0s}^2}}r\mathrm{d}r}{2\pi\int_0^{\infty}\mathrm{e}^{-\frac{2r^2}{w_{0s}^2}}r\mathrm{d}r} = \frac{1}{\mathrm{e}^2} = 0.135$$

TEM_{01} 模功率损耗:

$$\frac{P'}{P} = \frac{2\pi\int_{w_0}^{\infty}|E_{01}(r,\varphi)|^2 r\mathrm{d}r}{2\pi\int_0^{\infty}|E_{01}(r,\varphi)|^2 r\mathrm{d}r} = \frac{2\pi\int_{w_0}^{\infty}(1-X)^2\mathrm{e}^{-X}r\mathrm{d}r}{2\pi\int_0^{\infty}(1-X)^2\mathrm{e}^{-X}r\mathrm{d}r} =$$

$$\frac{2\pi \dfrac{w_{0s}^2}{4} \int_2^\infty (1-X)^2 e^{-X} dX}{2\pi \dfrac{w_{0s}^2}{4} \int_0^\infty (1-X)^2 e^{-X} dX} = \frac{5}{e^2} = 0.676$$

例2.6 如图2.8所示,波长为 $\lambda = 1.06\mu m$ 的钕玻璃激光器,全反射镜的曲率半径 $R=1m$,距离全反射镜 $a=0.44m$ 处放置长为 $b=0.1m$ 的钕玻璃棒,其折射率为 $\eta=1.7$。棒的右端直接镀上半反射膜作为腔的输出端。

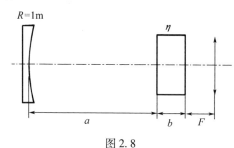

图2.8

(1) 判别腔的稳定性;
(2) 求输出端光斑大小;
(3) 若输出端刚好位于焦距 $F=0.1m$ 的薄透镜焦平面上,求经透镜聚焦后的光腰大小和位置。

解:
(1) 根据例题2.1,等效腔长

$$L' = a + \frac{b}{\eta} = 0.44m + \frac{0.1m}{1.7} = 0.4988m \approx 0.5m$$

可以看出 L' 与介质在谐振腔中的位置无关。
(注意,做这样的腔长等效时,应保证 L' 的起始和结束端都在同一媒质中)由以上等效腔长可得

$$g_1 g_2 = \left(1 - \frac{L'}{R_1}\right)\left(1 - \frac{L'}{R_2}\right) = \left(1 - \frac{0.5}{1}\right)\left(1 - \frac{0.5}{\infty}\right) = 0.5$$

因此 $\qquad 0 < g_1 g_2 < 1$

该腔为稳定腔(半共焦腔)。

（2）画出谐振腔的等效透镜波导如图2.9所示,并以右侧端面为起始/终结点标出一个往返周期。

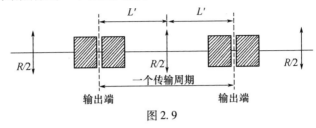

图2.9

此往返传输周期的光线矩阵为

$$T = \begin{bmatrix} 1 & L' \\ 0 & 1 \end{bmatrix} \begin{bmatrix} 1 & 0 \\ -\dfrac{2}{R} & 1 \end{bmatrix} \begin{bmatrix} 1 & L' \\ 0 & 1 \end{bmatrix} =$$

$$\begin{bmatrix} 1 & 0.5\text{m} \\ 0 & 1 \end{bmatrix} \begin{bmatrix} 1 & 0 \\ -2\text{m}^{-1} & 1 \end{bmatrix} \begin{bmatrix} 1 & 0.5\text{m} \\ 0 & 1 \end{bmatrix} = \begin{bmatrix} 0 & 0.5\text{m} \\ -2\text{m}^{-1} & 0 \end{bmatrix}$$

因为稳定腔内的高斯光束自再现,故有

$$q_{\text{out}} = \frac{Aq_{\text{out}} + B}{Cq_{\text{out}} + D} = \frac{0.5}{-2q_{\text{out}}}(\text{m}^2)$$

$$q_{\text{out}} = \pm \text{i}\frac{1}{2}\text{m}$$

因为输出端高斯光束的q参数实部为0,所以相应波面曲率半径为∞,,有

$$q_{\text{out}} = \text{i}f = \text{i}\frac{\pi w_0^2}{\lambda}$$

（注意此处波长λ采用的是大气中的波长,是因为光线往返矩阵起始/终结点定位在介质右侧表面空气中。）

比较以上二式可得

$$\frac{\pi w_0^2}{\lambda} = \frac{1}{2}(\text{m})$$

$$w_0 = \sqrt{\frac{\lambda}{\pi} \times \frac{1}{2}\text{m}} = \sqrt{\frac{1.06 \times 10^{-6}\text{m}^2}{2\pi}} = 0.41 \times 10^{-3}\text{m} = 0.41\text{mm}$$

(3)根据式(2.83),会聚后的光斑半径 w'_0 满足

$$w'^2_0 = \frac{F^2 w_0^2}{(F-l)^2 + \left(\dfrac{\pi w_0^2}{\lambda}\right)^2} = \frac{0.1^2 \times (0.41 \times 10^{-3})^2}{\left(\dfrac{1}{2}\right)^2}(\text{m}^2)$$

$$w'_0 = 0.082 \times 10^{-3}\text{m} = 82\mu\text{m}$$

例 2.7 两只氦氖激光器的结构如图 2.10 所示。问:在什么位置插入一个焦距为多大的薄透镜才能实现两个腔之间的模匹配?

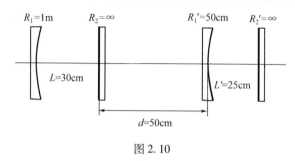

图 2.10

解:

由图中数据可知左右两谐振腔都是稳定腔。设左右谐振腔产生的高斯光束共焦参数分别为 f 和 f',由式(2.65)可得

$$R_1 = L + \frac{f^2}{L}$$

$$R'_1 = L' + \frac{f'^2}{L'}$$

$$f = \sqrt{L(R_1-L)} = \sqrt{0.3(1-0.3)} = 0.458(\text{m})$$

$$f' = \sqrt{L'(R'_1-L')} = \sqrt{0.25(0.5-0.25)} = 0.25(\text{m})$$

分别求左腔平面镜处以及右腔平面镜处的高斯光束 q 参数 q_2 和 q'_2。

$$q_2 = if = \text{i}0.458\text{m}$$
$$q'_2 = if' = \text{i}0.25\text{m}$$

设两腔间插入焦距为 F 的薄透镜,若该透镜与左腔平面镜的距离为 l,则距离右腔平面镜为

$$l' = d + L' - l = 0.5\text{m} + 0.25\text{m} - l = 0.75\text{m} - l$$

在薄透镜左侧表面,高斯光束的 q 参数

$$q = q_2 + l = \mathrm{i}f + l \tag{2.97}$$

$$\frac{1}{q} = \frac{1}{\mathrm{i}f + l} = \frac{l - \mathrm{i}f}{l^2 + f^2}$$

在薄透镜右侧表面,高斯光束的 q 参数

$$q' = q'_2 - l' = \mathrm{i}f' - l' \tag{2.98}$$

$$\frac{1}{q'} = \frac{1}{\mathrm{i}f' - l'} = \frac{-l' - \mathrm{i}f'}{l'^2 + f'^2}$$

因为薄透镜两侧表面上的光斑半径相同,因而

$$\text{Im}\{1/q\} = \text{Im}\{1/q'\}$$

$$\frac{f}{l^2 + f^2} = \frac{f'}{l'^2 + f'^2}$$

将 $l' = 0.75\text{m} - l$ 代入,求得

$$l = 0.39\text{m}$$

或

$$l = 2.9\text{m}(不符合要求,此解略去)$$

$$l' = 0.75\text{m} - l = 0.36\text{m}$$

左右两侧球面波的透镜变换规则为

$$\frac{1}{R'} = \frac{1}{R} - \frac{1}{F} \tag{2.99}$$

式中:R 为薄透镜左侧的高斯光束波面曲率半径;R' 为薄透镜右侧的高斯光束波面曲率半径。

$$\begin{cases} \dfrac{1}{R} = \text{Re}\left\{\dfrac{1}{q}\right\} \\ \dfrac{1}{R'} = \text{Re}\left\{\dfrac{1}{q'}\right\} \end{cases} \tag{2.100}$$

利用式(2.97)、式(2.98)、式(2.99)及式(2.100)可得

$$\frac{-l'}{l'^2 + f'^2} = \frac{l}{l^2 + f^2} - \frac{1}{F}$$

$$\frac{1}{F} = \frac{l}{l^2 + f^2} + \frac{l'}{l'^2 + f'^2} =$$

$$\frac{0.39}{0.39^2 + 0.458^2} + \frac{0.36}{0.36^2 + 0.25^2} = 2.952(\text{m}^{-1})$$

$$F = 0.34\text{m}$$

所以,在左腔平面镜右侧 0.39m 处共轴放置一焦距为 0.34m 的薄透镜,可实现两个腔之间的模匹配。

例2.8 设图 2.11 所示虚共焦非稳定腔的腔长 $L = 0.25$m,凸球面镜 M_2 的直径和曲率半径分别为 $R_2 = -1$m 和 $2a_2 = 3$cm,若保持镜 M_2 尺寸不变,并从镜 M_2 单端输出,试问:凹面镜 M_1 尺寸应选择多大?此时腔的往返一周的损耗多大?

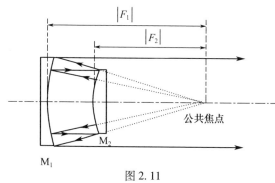

图 2.11

解:

为了保证从 M_2 镜单端输出,可以求得 M_1 镜的最小直径 $2a_1$ 应满足

$$\frac{2a_1}{2a_2} = \frac{|F_1|}{|F_2|} = \frac{0.25 + 0.5}{0.5}$$

式中:F_1、F_2 分别为 M_1 镜和 M_2 镜的焦距。

因此
$$2a_1 = \frac{3}{2} 2a_2 = 4.5(\text{cm})$$

设 a_1' 为由 M_1 镜反射的波面线度为 a_1 的光波到达 M_2 镜的线度,a_2' 为由 M_2 镜反射的波面线度为 a_2 的光波到达 M_1 镜的线度,则 M_1 和 M_2 镜的单程放大率分别为

$$m_1 = \frac{a'_1}{a_1} = 1$$

$$m_2 = \frac{a'_2}{a_2} = \frac{|F_1|}{|F_2|} = \frac{3}{2}$$

此虚共焦腔往返一周的放大率

$$M = m_1 m_2 = \frac{3}{2}$$

往返一周的损耗

$$\xi_{往返} = 1 - \frac{1}{M^2} = \frac{5}{9} = 55.6\%$$

习　题

2.1　推导如图 2.12 所示的傍轴光线进入半球形介质表面的光线变换矩阵。

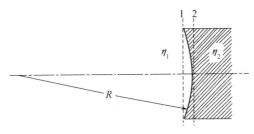

图 2.12

解题提示：
如图 2.13 所示。

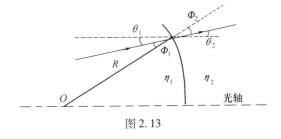

图 2.13

$$r_1 = r_2$$
$$\theta_2 = (\phi_1 + \theta_1) - \phi_2 = r_1/R - \eta_1\phi_1/\eta_2 =$$
$$r_1/R - \eta_1/\eta_2[(\phi_1 + \theta_1) - \theta_1] =$$
$$r_1/R - \eta_1/\eta_2[r_1/R - \theta_1] =$$
$$[(1 - \eta_1/\eta_2)]r_1/R + (\eta_1/\eta_2)\theta_1$$

2.2 推导如图 2.14 所示傍轴光线进入平面介质表面的光线变换矩阵。

2.3 推导光线通过下图 2.15 所示厚度为 d 的平行平面介质的光线变换矩阵。

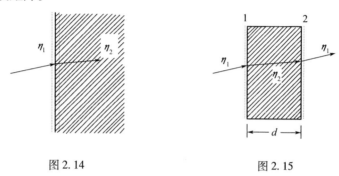

图 2.14   图 2.15

解题提示：

$$\begin{pmatrix} r_2 \\ \theta_2 \end{pmatrix} = \begin{pmatrix} 1 & 0 \\ 0 & \eta_2/\eta_1 \end{pmatrix} \begin{pmatrix} 1 & d \\ 0 & 1 \end{pmatrix} \begin{pmatrix} 1 & 0 \\ 0 & \eta_1/\eta_2 \end{pmatrix} \begin{pmatrix} r_1 \\ \theta_1 \end{pmatrix}$$

2.4 推导如图 2.16 所示透镜的光线变换矩阵(假设 $R \gg d$)。

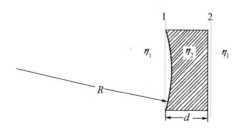

图 2.16

解题提示：

根据习题 2.1 与习题 2.3 题结果解题。

2.5 推导如图 2.17 所示透镜组的 $ABCD$ 矩阵。

2.6 试求平凹、双凹、凹凸（$R_1<0, R_2>0$）共轴球面镜腔的稳定性条件。

图 2.17

2.7 试利用往返矩阵证明共焦腔为稳定腔，即任意傍轴光线在其中可以往返无限多次，而且两次往返后即自行闭合。

解题提示：

列出该腔的往返矩阵，由此证明光线在腔内往返两次的变换矩阵为单位阵。

2.8 激光器谐振腔由一面曲率半径为 $1m$ 的凸面镜和曲率半径为 $2m$ 的凹面镜组成，工作物质长 $0.5m$，其折射率 η_2 为 1.52，求腔长 L 在什么范围内是稳定腔。

解题提示：

根据习题 2.3 的结论，折射率为 η_1 的均匀介质中，插入一段长度为 d，折射率为 η_2 的透明介质时，其光线变换矩阵为

$$\begin{pmatrix} 1 & \dfrac{\eta_1 d}{\eta_2} \\ 0 & 1 \end{pmatrix}$$

相当于长度 $l = \eta_1 d/\eta_2$ 的均匀空间变换矩阵。则此题中，腔内插入介质后，可以设等效腔长 $L' = L - d + \eta_1 d/\eta_2$。解不等式 $0 < (1 - L'/R_1)(1 - L'/R_2) < 1$，可得该腔为稳定腔时腔长 L 的范围，其中 $R_1 = -1m, R_2 = 2m$。

2.9 如图 2.18 所示三镜环形腔，已知 l，试画出其等效透镜序列图，并对腔内子午傍轴光线和弧矢傍轴光线及任意傍轴光线分别求出球面镜的曲率半径 R 在什么范围内该腔是稳定腔。图示环形腔为非共轴球面镜腔。在这种情况下，对于在由光轴组成的平

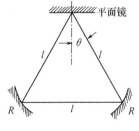

图 2.18

面内传输的子午傍轴光线,反射镜等效透镜之焦距 $F_x = (R\cos\theta)/2$,对于在与此垂直的平面内传输的弧矢傍轴光线,$F_y = R/(2\cos\theta)$,θ 为光轴与球面镜法线的夹角。(提示:任意光线可分解为子午光线和弧矢光线。)

解题提示:
画出等效透镜序列并标出一个周期,如图 2.19 所示。

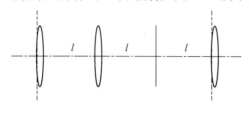

图 2.19

则

$$T = \begin{pmatrix} A & B \\ C & D \end{pmatrix} = \begin{pmatrix} 1 & 2l \\ 0 & 1 \end{pmatrix} \begin{pmatrix} 1 & 0 \\ -1/F_i & 1 \end{pmatrix} \begin{pmatrix} 1 & l \\ 0 & 1 \end{pmatrix} \begin{pmatrix} 1 & 0 \\ -1/F_i & 1 \end{pmatrix}$$

式中:$i = x,y$,稳定腔要求 $-1 < (A+D)/2 < 1$,将 A、D 代入可求得 $F_i > l$ 或者 $l/3 < F_i < l/2$。因为 $\theta = \pi/6$,分别将 $F_x = (R\cos\theta)/2$、$F_y = R/(2\cos\theta)$ 代入 F_i 求出不等式组解的交集即可。

2.10 如图 2.20 所示谐振腔:

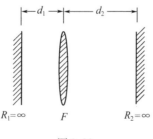

图 2.20

(1) 画出等效透镜波导;
(2) 在等效透镜波导中,从曲率半径为 R_1 的平面反射镜开始,标出一个周期单元；

（3）求（2）所标出的周期单元的光线变换矩阵；

（4）给出该腔的稳定性条件。

2.11 如图 2.21 所示环形腔，求当 d/R 取什么范围时是稳定腔。（如果 θ 为光轴与镜面法线间的夹角，则对于光轴与 x 轴所确定平面内的傍轴光线，凹面镜等效透镜之焦距为 $F_x = F\cos\theta$，对于光轴与 y 轴所确定平面内的傍轴光线，等效透镜之焦距为 $F_y = F/\cos\theta$，其中 $F = R/2$，R 为凹面镜曲率半径。）

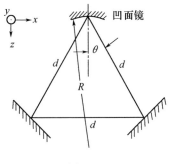

图 2.21

解题提示：

画出等效透镜波导如图 2.22 所示。

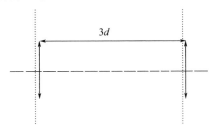

图 2.22

$$T = \begin{pmatrix} A & B \\ C & D \end{pmatrix} = \begin{pmatrix} 1 & 3d \\ 0 & 1 \end{pmatrix} \begin{pmatrix} 1 & 0 \\ -1/F_i & 1 \end{pmatrix}$$，其中 $i = x, y$，稳定腔要求 $-1 < (A+D)/2 < 1$，将 $F_x = F\cos\theta, F_y = F/\cos\theta, \theta = \pi/6$ 代入，整理可得答案。

2.12 按照如下步骤判断图 2.23 中所示谐振腔的稳定性。
(1) 画出等效透镜波导；
(2) 在等效透镜波导上标出一个周期单元(光线从 M_1 镜右侧开始,向右传播)；
(3) 求这个周期单元的光线变换矩阵；
(4) 判断该腔的稳定性。

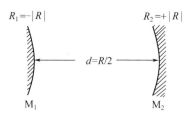

图 2.23

2.13 两个透镜的焦距(F)相同,它们之间的距离 $d \ll F$,求这个组合的等效透镜焦距。

2.14 对于谐振腔的等效透镜波导的一个周期单元,其光线变换矩阵元有没有可能满足 $AD - BC \neq 1$。

解题提示：

对于光线变换矩阵,只有光线起始点和结束点折射率不同的情况才会有 $AD - BC \neq 1$ 的情况发生,其余情况的光线变换矩阵均满足其行列式 $\det(T) = AD - BC = 1$。由于在谐振腔中,光线往返一周后必然回到原起始点,即同一介质处,因而光线往返矩阵元一定满足 $AD - BC = 1$。

2.15 谐振腔的往返矩阵为

$$\boldsymbol{T}_{12} = \begin{bmatrix} A & B \\ C & D \end{bmatrix}$$

如果光线从起始点(也是结束点)反方向传播,证明其往返矩阵形式为

$$\boldsymbol{T}_{21} = \begin{bmatrix} D & B \\ C & A \end{bmatrix}$$

解题提示：

由 $\begin{pmatrix} r_2 \\ \theta_2 \end{pmatrix} = \begin{pmatrix} A & B \\ C & D \end{pmatrix} \begin{pmatrix} r_1 \\ \theta_1 \end{pmatrix}$,可求得 $\begin{pmatrix} r_1 \\ \theta_1 \end{pmatrix} = \frac{1}{AD-BC} \begin{pmatrix} D & -B \\ -C & A \end{pmatrix} \begin{pmatrix} r_2 \\ \theta_2 \end{pmatrix}$,根据 θ 角的符号定义,原路返回时候 $\theta'_2 = -\theta_2$,同时根据 $AD-BC=1$,整理可得 $\begin{pmatrix} r'_1 \\ \theta'_1 \end{pmatrix} = \begin{pmatrix} D & B \\ C & A \end{pmatrix} \begin{pmatrix} r'_2 \\ \theta'_2 \end{pmatrix}$。

2.16 如果某谐振腔的等效透镜波导的一个周期单元对其中点处的与光轴垂直的平面左右对称,证明此周期单元的光线变换矩阵

$$\begin{bmatrix} A & B \\ C & D \end{bmatrix}$$

中 $A = D$。

解题提示:

将等效透镜波导的一个周期单元,以其中点为界分成左右两部分,则根据 2.15 题结论,两边的变换矩阵分别为 $T_L = \begin{pmatrix} A' & B' \\ C' & D' \end{pmatrix}$ 和 $T_R = \begin{pmatrix} D' & B' \\ C' & A' \end{pmatrix}$,则,$T = T_R \cdot T_L = \begin{pmatrix} A'D' + B'C' & \cdots \\ \cdots & A'D' + B'C' \end{pmatrix}$,由此得证。

2.17 设谐振腔的一个等效透镜波导周期单元的光线变换矩阵

$$T_T = \begin{bmatrix} A & B \\ C & D \end{bmatrix}$$

可表示成下列光线变换矩阵的乘积:

$$T_T = T \cdot T' \cdot T \cdot T'$$

式中

$$T = \begin{bmatrix} A_1 & B_1 \\ C_1 & D_1 \end{bmatrix}, \quad T' = \begin{bmatrix} D_1 & B_1 \\ C_1 & A_1 \end{bmatrix}$$

求:

(1)此周期单元的光线变换矩阵表示形式 T_T;
(2)给出腔的稳定性条件;
(3)针对图 2.24 中所示折叠腔,采用上述方法给出其稳定性条件(不考虑球面反射镜像散)。

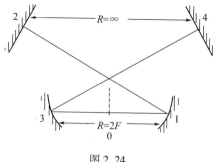

图 2.24

解题提示：

（1）$T_T = \boldsymbol{T} \cdot \boldsymbol{T}' \cdot \boldsymbol{T} \cdot \boldsymbol{T}' = \begin{pmatrix} A_1 D_1 + B_1 C_1 & 2B_1 D_1 \\ 2A_1 C_1 & A_1 D_1 + B_1 C_1 \end{pmatrix}$

$\begin{pmatrix} A_1 D_1 + B_1 C_1 & 2B_1 D_1 \\ 2A_1 C_1 & A_1 D_1 + B_1 C_1 \end{pmatrix} \stackrel{\text{def}}{=\!=} \begin{pmatrix} A_a & B_a \\ C_a & D_a \end{pmatrix}^2 \stackrel{\text{def}}{=\!=} \begin{pmatrix} A_T & B_T \\ C_T & D_T \end{pmatrix}$；

（2）腔稳定条件：$-1 < (A_T + D_T)/2 < 1 \Rightarrow -1 < (A_a^2 + D_a^2 + 2B_a C_a)/2 < 1$，将 $B_a C_a = A_a D_a - 1$ 以及 $A_a = D_a$ 代入，最后得到腔稳定性条件；

（3）$T_1 = \begin{pmatrix} 1 & d_2 \\ 0 & 1 \end{pmatrix} \begin{pmatrix} 1 & 0 \\ -\dfrac{1}{F} & 1 \end{pmatrix} \begin{pmatrix} 1 & d_1 \\ 0 & 1 \end{pmatrix} = \begin{pmatrix} 1 - \dfrac{d_2}{F} & d_1 + d_2 - \dfrac{d_1 d_2}{F} \\ -\dfrac{1}{F} & 1 - \dfrac{d_1}{F} \end{pmatrix}$，根据

问题（2）的结果，可求得腔的稳定性条件（其中 $F = R/2$）。

2.18 如图 2.25 所示平—凹谐振腔，腔长 $L = (3/4)R_2$，$r_1 = 0.99$，$r_2 = 0.97$（r_1、r_2 分别为两反射镜的反射率）。

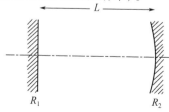

图 2.25

(1) 求腔中 TEM$_{00}$ 模的谐振频率表达式；

(2) 如果球面镜曲率半径是 2.0m, 波长为 5000Å, 求:(a) 腔的自由光谱区, 分别用单位 MHz 和 Å 表示；(b) 腔的 Q 值；(c) 腔内光子寿命(用 ns 为单位表示)；(d) 腔的精细度。

解题提示：

(1) 对方形镜球面腔, $\nu_{mnq} = (c/2\eta L)[q + (1/\pi)(m+n+1)\arccos\sqrt{g_1 g_2}]$, 对于圆形镜球面腔, $\nu_{mnq} = (c/2\eta L) \times [q + (1/\pi)(m + 2n + 1)\arccos\sqrt{g_1 g_2}]$；

(2) 单程损耗因子 $\delta \approx 1 - r_1 r_2$。

2.19 环形腔中各平面镜反射率如图 2.26 所示。

(1) 如果路径 1 到路径 4 是无损耗也无增益的, 求腔内光子寿命；

(2) 如果路径 1 的透过率 T_1 为 0.85, 那么此时腔的光子寿命是多少？

(3) 如果路径 1 的增益 G_1 为 1.1, 那么腔的光子寿命是多少？

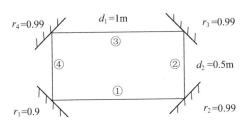

图 2.26

(4) 如果盲目地运用计算光子寿命的公式, 那么当路径 1 的小信号增益 G_1 足够大的时候, τ_R 变为负值, 试问如何解释这种明显不合理的结论？

解题提示：

(1)、(2)、(3) 谐振腔的单程损耗因子 $\delta \approx (1 - T_1 r_2 r_3 r_4)$ 或 $(1 - G_1 r_1 r_2 r_3 r_4)$；

(4) 当 G_1 足够大时, 由于增益饱和效应的存在, G_1 将随着光强的增加而下降。

2.20 如图 2.27 所示谐振腔。

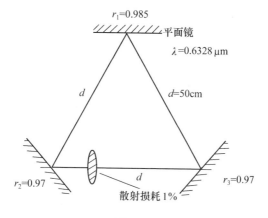

图 2.27

（1）光子寿命是多少？
（2）谐振腔 Q 值是多少？

解题提示：

$\delta \approx 1 - T r_1 r_2 r_3$，$T$ 为透镜透过率。

2.21 假设图 2.28 所示谐振腔是稳定腔，凸透镜左、右高斯光束的共焦参数为 f_1，f_2。
（1）在球面反射镜处的高斯光束等相位面曲率半径是多少？
（2）光子寿命是多少？
（3）试推导出 TEM_{mnq} 模的谐振频率表达式（腔为方形镜谐振腔）。

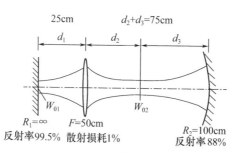

图 2.28

解题提示：

（1）因为腔内球面反射镜实现对高斯光束的自再现反射，所以反射镜面与高斯光束波面重合；

（2）腔的单程损耗因子 $\delta \approx 1 - T^2 r_1 r_2$，$T$ 为透镜透过率；

（3）根据腔内单程相移 $\phi_{mnq} = q\pi$，有 $k(d_1 + d_2 + d_3) - (1 + m + n)[\arctan(d_1/f_1) + \arctan(d_2/f_2) + \arctan(d_3/f_2)] = q\pi$，以 $k = 2\pi\nu_{mnq}/c$ 代入，可得到 ν_{mnq} 表达式。

2.22 图 2.29(a) 所示 F-P 谐振腔腔长在 d_0 附近轻微变化时，其透过光强随腔长 d 变化的曲线如图 2.29(b) 所示。已知入射至 F-P 腔的光源是 He-Ne 激光器（$\lambda_0 = 6328\text{Å}$），$d_0 = 1\text{cm}$。求

（1）图中 δd 的值；

（2）腔的精细度；

（3）腔的 Q 值。

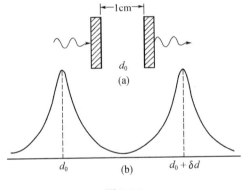

图 2.29

解题提示：

（1）当透过光功率峰值出现时，腔长 d_0 应满足 $2d_0 = n\lambda$，第二个透过峰出现时，有 $2(d_0 + \delta d) = n\lambda + \lambda$，由此可推算出 δd 值；

（2）$\Delta\nu_{1/2}/\Delta\nu = \Delta d_{1/2}/\delta d$，其中 $\Delta\nu = c/2d$ 为自由光谱区宽度，$\Delta d_{1/2}$ 为对应于腔长变化的透过峰半高全宽度，可由图中读出，精细度 $F = \Delta\nu/\Delta\nu_{1/2}$；

（3）$Q = \nu_0/\Delta\nu_{1/2}$。

2.23 在 F–P 腔的长度由初始的 2cm 增加至 2cm + 0.5μm 的过程中,其透过光强曲线如图 2.30 所示(为排版方便,将原图缩去 1/10,故计算时请将尺寸复原)。已知光源为单色光源,波长为 λ_0。

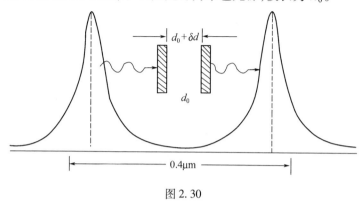

图 2.30

图中所标 0.4μm 是腔长的实际变化量。求
(1) 光源波长;
(2) 腔的精细度;
(3) 谐振腔透过峰的半高全宽度(用 MHz 为单位表示);
(4) 腔的 Q 值及腔内光子寿命。

解题提示:
(1) 两个透过峰之间的腔长变化量即为 $\lambda/2$,因为图中所标 0.4μm 对应于图上的 7.5cm,因此可以从图上量出透过峰间距并求出对应的腔长变化;
(2)、(3)、(4) 略。

2.24 如图 2.31 所示曲率半径为 $R_1 = -|R|$ 和 $R_2 = |R|$ 的球面镜组成的谐振腔,两镜面和束腰的距离分别为 d 和 $2d$,
(1) 设腔是稳定腔,求 d/R 的值及共焦参数 f^2 的表达式;
(2) 如果 $d = 100$ cm,求 TEM_{00q} 和 TEM_{10q} 模之间的频率差(腔为方形镜谐振腔)。

解题提示:
(1) 高斯光束等相位面曲率半径 $R = z(1 + f^2/z^2)$,将 R_1 和 R_2 及

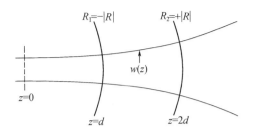

图 2.31

相应的 z 值分别代入上式,即可以求得 d/R 和 f^2 的表达式;

(2) R_1、R_2 处高斯光束的相位分别为 $\phi_1 = k \cdot d - (1 + m + n)\arctan(d/f)$ 和 $\phi_2 = k \cdot 2d - (1 + m + n)\arctan(2d/f)$,根据谐振条件 $\phi_2 - \phi_1 = q\pi$,可求得 ν_{mnq},从而得到 $\Delta\nu = \nu_{10q} - \nu_{00q}$。

2.25 F-P 腔的精细度 $F = 10$,自由光谱区为 20GHz,$\lambda_0 = 6000$Å,画出 F-P 光功率透过峰曲线(横轴为频率),并求:

(1) 透过峰的半极大全宽度 FWHM(分别用 GHz,Å 和 cm^{-1} 为单位表示);

(2) 求腔的 Q 值;

(3) 求腔内光子寿命;

(4) 求相邻纵模间隔(分别用 GHz,Å 和 cm^{-1} 为单位表示)。

2.26 如图 2.32 所示气体激光器。

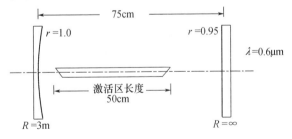

图 2.32

(1) 谐振腔是否为稳定腔?

(2) TEM_{00q} 模和 TEM_{10q} 模之间的频率差是多少?

(3) 激光器放电管(圆形)的尺寸应多大,才能使得 TEM_{00q} 模为管壁所截获的功率小于 0.1%?

(4) 维持振荡的激光器放电管的最小增益系数应等于多少?

解题提示:

(1) 略;

(2) 根据公式 $\nu_{mnq} = \dfrac{c}{2d}\{q + [(1 + 2m + n)/\pi] \arccos[1 - (L/R)]^{1/2}\}$ 求解;

(3) 要求 $\int_0^{2\pi}\int_0^a I(r)\,rdrd\theta / \int_0^{2\pi}\int_0^\infty I(r)\,rdrd\theta = 99.9\%$,其中 $I(r) = C^2 \exp(-2r^2/w_{s1}^2)$,$w_{s1} = \sqrt{\lambda L/\pi}[R_1^2(R_2 - L)/L(R_1 - L)(R_1 + R_2 - L)]^{1/4}$,可求得 a 的最小值;

(4) 略。

2.27 外部光源产生 $\lambda = 0.557\,\mu m$,脉宽为 1ns 的单脉冲,从一端输入谐振腔中,当腔内介质没有受到泵浦时,探测到的透射光波形如图 2.33(a) 所示。当用强电子束泵浦介质时,透射波形如图 2.33(b) 所示。

(1) 这个谐振腔有多长?

(2) 光子寿命等于多少?

(3) 谐振腔的 Q 值等于多少?

(4) 用电子束激励时,增益系数等于多少?

(5) 在无泵浦时,腔的精细度是多少?

解题提示:

(1) 由图可知脉冲在腔内走一周所用时间为 5ns,由此求出腔长;

(2) 由 $t = 0$ 时刻图中光强下降的斜率可以求出 τ_R ($I(t) = I_0 e^{-\frac{t}{\tau_R}}$,当 $t \to 0$ 时 $I(t) = I_0(1 - t/\tau_R)$);

(3) 略;

(4) 用电子束激励时,τ_R' 值可从图中读出,根据 $\tau_R = 2L/c(1 - r_1 r_2)$、$\tau_R' = 2L/c(1 - Gr_1 r_2)$ 和 $G = e^{gl}$,可求出 g;

(5) 略。

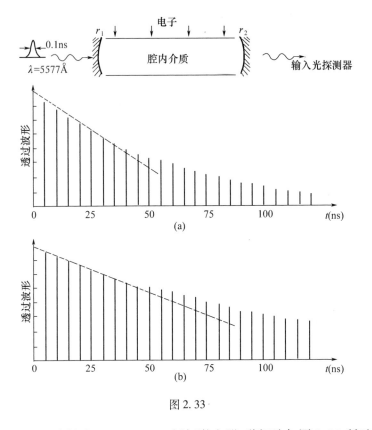

图 2.33

2.28 波长为 $\lambda = 632.8\,\text{nm}$ 氦氖激光器,谐振腔如图 2.34 所示。

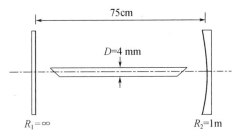

图 2.34

(1) 谐振腔是否稳定腔?
(2) 在平面反射镜处的光斑半径是多少?

（3）球面反射镜处的光斑半径是多少？

（4）如果激光放电管的中心对准 TEM_{00} 模的轴，试求由圆形放电管的孔径效应引入的损耗。

（5）写出 TEM_{mnq} 模的谐振频率表达式。

解题提示：

（1）略；

（2）根据公式 $w_{s1} = \sqrt{\lambda L/\pi} \left[R_1^2 (R_2 - L)/L(R_1 - L)(R_1 + R_2 - L) \right]^{1/4}$ 求 w_{s1}；

（3）$w_0 = w_{s1}$，$w_{s2} = w_0 \sqrt{1 + L^2/f^2}$，其中共焦参数 $f = \pi w_0^2/\lambda$；

（4）$I_{s2}(r) = C^2 \exp(-2r^2/w_{s2}^2)$，求出 $\int_0^{2\pi}\int_0^a I_{s2}(r) \, r dr d\theta / \int_0^{2\pi}\int_0^\infty I_{s2}(r) \, r dr d\theta = 1 - \exp(-2a^2/w_{s2}^2)$，损耗率 $= \exp(-2a^2/w_{s2}^2)$；

（5）略。

2.29 考虑上一题中研究的 TEM_{00q} 单模激光器，由于房间振动，声波和温度变化，使得标定腔长 $d = 75 cm$ 稍有变化，如果模的光频变化保持在 1kHz 之内，试问腔长 d 的最大容许变化范围为多少？

2.30 可以通过改变 F-P 腔中介质折射率的办法来调节 F-P 腔光学长度。如果利用改变腔内气体压强来改变其折射率，已知折射率 $\eta = 1 + kP$，P 为气体压强，单位为大气压，k 为常系数。假设标准具长度为 $0.2 cm$，精细度 F 为 20，工作在波长为 6328Å，如果系数 $k = 8 \times 10^{-4}$/大气压力，给出标准具透过率随频率变化曲线。并求出：

（1）标准具中气压变化多大范围才能使某一透过峰对应的频率变化一个自由光谱区；

（2）F-P 腔的自由光谱区；

（3）腔内光子寿命及腔的 Q 值。

解题提示：

（1）由 $k2\eta_1 L = q \cdot 2\pi$，$k2\eta_2 L = (q+1) \cdot 2\pi$，$\eta_2 - \eta_1 = k(P_2 - P_1)$，可求出 $P_2 - P_1$；

（2）、（3）略。

2.31 如图 2.35 所示方形镜谐振腔,凸透镜两边厄米—高斯光束的参数分别为 $f_1 = \pi\omega_{01}^2/\lambda_0 = 6.45\text{cm}$,$f_2 = \pi\omega_{02}^2/\lambda_0 = 38.7\text{cm}$。$d_1 = 25\text{cm}$,$d_2 = 50\text{cm}$,$r_1 = 0.98$,$r_2 = 0.93$。透镜的透过率为 95%,$\lambda_0 = 5145\text{Å}$。

(1) 写出 TEM_{mnq} 模频率的表达式;
(2) 求腔内光子寿命;
(3) 估计腔的 Q 值;
(4) 如果腔内存在增益物质,可以使光强每程放大 1.13 倍,求此有源腔的光子寿命,对此结果怎样理解?

解题提示:

(1) 略;
(2) $\delta \approx 1 - T^2 r_1 r_2$;
(3) 略;
(4) $\delta' \approx 1 - G^2 T^2 r_1 r_2$。

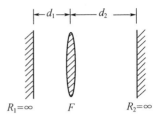

图 2.35

2.32 激光透过一个精细度 $F=10$ 的 F–P 腔,腔镜之间的距离为 $d_0 = 1\text{cm}$,腔内介质为空气($\eta = 1$),当腔镜间距由 1cm 增加至 1cm + 0.85μm 的过程中,出现了两个透过峰,在两个透过峰的中间点透过率为零。

(1) 激光器波长为多少?
(2) 在图 2.36 上画出光强透过曲线,并标出透过峰半极大全宽度

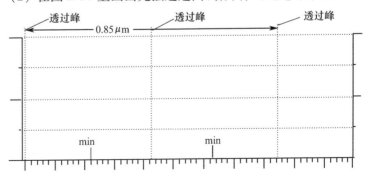

图 2.36

FWHM 对应的腔长变化量 δd(单位:μm)。

(3) 用 Hz 为单位,求 FWHM 的值。

解题提示：

(1) 两个透过峰对应的腔长变化为 $\lambda_0/2$；

(2) 2 倍峰峰值间距离为 8.23 格,对应 0.85 μm,由腔的精细度为 10,可算出 FWHM 对应图上的尺寸；

(3) 略。

2.33 有一方形孔径共焦腔氦氖激光器,腔长 $L = 30cm$,方形孔边长 $d = 2a = 0.12cm$, $\lambda = 632.8nm$,镜的反射率为 $r_1 = 1$, $r_2 = 0.96$, 其他损耗以每程 0.003 估计。此激光器能否单模运转? 如果想在共焦镜面附近加一个方形小孔阑来选择 TEM_{00} 模,小孔的边长应为多大? 试根据图 2.2 作一大略的估计。氦氖增益由公式 $e^{g^0 l} = 1 + 3 \times 10^{-4}(l/d)$ 估算(l 为放电管长度,假设 $l \approx L$)。

解题提示：

设 TEM_{01} 模为第一高阶模,并且假定 TEM_{00} 和 TEM_{01} 模的小信号增益系数相同,用 g^0 表示。要实现单模运转,必须同时满足 $e^{g^0 l} \sqrt{r_1 r_2} (1 - \delta_{00} - 0.003) > 1$ 和 $e^{g^0 l} \sqrt{r_1 r_2} (1 - \delta_{01} - 0.003) < 1$,由公式 $e^{g^0 l} = 1 + 3 \times 10^{-4}(l/d)$ 求得增益项。则可得到 δ_{00} 和 δ_{01} 的范围。由图 2.2 可查得对应的菲涅耳数 N 的范围。由 $N = a^2/L\lambda$,即可求得孔阑边长 $2a$ 的范围。

2.34 今有一球面腔,$R_1 = 1.5m$, $R_2 = -1m$, $L = 80cm$。试证明该腔为稳定腔;求出它的等价共焦腔的参数;在图上画出等效共焦腔的具体位置。

解题提示：

利用式(2.52),判断该腔的两个反射镜相对于等效共焦腔中心的位置并求出其等价共焦参数 f。

2.35 某二氧化碳激光器采用平—凹腔,$L = 50cm$, $R = 2m$, $2a = 1cm$, 波长 $\lambda = 10.6\mu m$。试计算 $w_{s1}, w_{s2}, w_0, \theta_0, \delta_{00}^1, \delta_{00}^2$。

解题提示：

$$w_{s1} = w_{0s}\left[\frac{g_2}{g_1(1-g_1g_2)}\right]^{1/4}, w_{s2} = \sqrt{\frac{L\lambda}{\pi}}\left[\frac{g_1}{g_2(1-g_1g_2)}\right]^{1/4}, w_0 = \frac{w_{0s}}{\sqrt{2}},$$

$$\theta_0 = 2\sqrt{\frac{\lambda}{\pi L}}\left[\frac{(g_1+g_2-2g_1g_2)^2}{g_1g_2(1-g_1g_2)}\right]^{1/4}, N_{ef1} = \frac{a_1^2}{\pi w_{s1}^2}, N_{ef2} = \frac{a_2^2}{\pi w_{s2}^2}, 再根据经验$$

公式 $\delta_{00} = 10.9 \times 10^{-4.94N}$ 可求出 δ_{00}^1 和 δ_{00}^2。

2.36 证明在所有 $\frac{a^2}{L\lambda}$ 相同而曲率半径 R 不同的对称稳定球面腔中，共焦腔的衍射损耗最低。这里 L 表示腔长，$R=R_1=R_2$ 为对称球面腔反射镜的曲率半径，a 为镜的横向线度（半径）。

解题提示：

根据 $w_{s1} = w_{0s}\left[\frac{g_2}{g_1(1-g_1g_2)}\right]^{1/4}, w_{s2} = w_{0s}\left[\frac{g_1}{g_2(1-g_1g_2)}\right]^{1/4}$，求出相关腔镜面上的光斑半径。相同的镜面尺寸，镜面上光斑越大则衍射损耗越大。

2.37 推导出平—凹稳定腔基模在镜面上光斑大小的表达式，作出：(1) 当 $R = 100\text{cm}$ 时，w_{s1}、w_{s2} 随 L 而变化的曲线；(2) 当 $L = 100\text{cm}$ 时，w_{s1}、w_{s2} 随 R 而变化的曲线。

解题提示：（略）。

2.38 某二氧化碳激光器，采用平—凹腔，凹面镜的 $R = 2\text{m}$，腔长 $L = 1\text{m}$，试给出它所产生的高斯光束的束腰腰斑半径 w_0 的大小和位置、该高斯光束的 f 及 θ_0 的大小。

解题提示：

$$f = \sqrt{\frac{L(R_2-L)(R_1-L)(R_1+R_2-L)}{(R_1+R_2-2L)^2}}, w_0 = \sqrt{\frac{f\lambda}{\pi}}, \theta_0 = 2\sqrt{\frac{\lambda}{f\pi}}。$$

2.39 今有一平面镜和一 $R = 1\text{m}$ 的凹面镜，应如何构成一平—凹稳定腔以获得最小的基模远场发散角；给出高斯光束发散角与腔长 L 的关系式并画出其关系曲线。

解题提示：

由 $\theta = 2\sqrt{\lambda/\pi f}$ 得知要 θ 最小，需要 f 有最大值，根据 $f =$

$\sqrt{L(R_1-L)(R_2-L)(R_1+R_2-L)/[(L-R_1)+(L-R_2)]^2}$ 可知，当 $R_2=\infty$ 时，有 $f=\sqrt{L(R_1-L)}$，利用此式求出 f 最大（θ 最小）时的腔长 L 值及 θ 与 L 的关系式。

2.40 （1）某一种商品氦氖激光器工作波长在 $\lambda=632.8\text{nm}$，基横模运转，其远场发散角为 1mrad，试问，其光斑尺寸 w_0 等于多少？（2）该激光器的输出功率是 5mW。试问，在光腰处（$z=0$）其峰值电场强度是多少（单位：V/cm）？（3）该激光器每秒发射多少光子？（4）如果该激光器每秒多发射一个光子，试问，相应的功率等于多少？

解题提示：

（1）略；

（2）由 $I(z=0)=C^2\exp(-2r^2/w_0^2)$ 可知，激光器输出功率 $P=\int_0^{2\pi}\int_0^{\infty}I(z=0)rdrd\theta=C^2(\pi w_0^2/2)$，因为已知 $P=5\text{mW}$，所以可求得常数 C^2 的值，继而求出光腰处峰值光功率 $I(z=0,r=0)$，再由 $I=E\cdot E^*/2\eta_0$（η_0 为空间波阻抗，$\eta_0=\sqrt{\mu_0/\varepsilon_0}=377\Omega$），可求得光腰处峰值电场强度；

（3）、（4）略。

2.41 试求出方形镜共焦腔面上 TEM_{30} 模的节线位置，这些节线是等距分布的吗？

解题提示：

在厄米高斯近似下，共焦腔面上的 TEM_{30} 模的场分布可以写成 $v_{30}(x,y)=C_{30}H_3\left(\sqrt{\frac{2\pi}{L\lambda}}x\right)e^{-\frac{x^2+y^2}{(L\lambda/\pi)}}$，令其为零则可求出节线位置。

2.42 求圆形镜共焦腔 TEM_{20} 和 TEM_{02} 模在镜面上光斑的节线位置。

解题提示：

圆形镜共焦腔场函数在拉盖尔—高斯近似下，可以写成 $v_{mn}(r,\varphi)=C_{mn}\left(\sqrt{2}\frac{r}{w_{0s}}\right)^m L_n^m\left(\frac{2r^2}{w_{0s}^2}\right)e^{-\frac{r^2}{w_{0s}^2}}\begin{cases}\cos m\varphi\\\sin m\varphi\end{cases}$（这个场对应于 TEM_{mn}，两个三角函数因子可以任意选择，但是当 m 为零时，只能选余弦，否则整个公式将

为零),因此

$$v_{20}(r,\varphi) = C_{20}\left(\sqrt{2}\frac{r}{w_{0s}}\right)^2 L_0^2\left(\frac{2r^2}{w_{0s}^2}\right) e^{-\frac{r^2}{w_{0s}^2}} \begin{cases} \cos 2\varphi \\ \sin 2\varphi \end{cases}$$

$$= C_{20}\frac{2r^2}{w_{0s}^2} e^{-\frac{r^2}{w_{0s}^2}} \begin{cases} \cos 2\varphi \\ \sin 2\varphi \end{cases}$$

$$v_{02}(r,\varphi) = C_{02}\left(\sqrt{2}\frac{r}{w_{0s}}\right)^0 L_2^0\left(\frac{2r^2}{w_{0s}^2}\right) e^{-\frac{r^2}{w_{0s}^2}} \begin{cases} \cos 0 \\ \sin 0 \end{cases}$$

$$= C_{02}\frac{1}{2}\left(2 - 4\frac{2r^2}{w_{0s}^2} + \frac{4r^4}{w_{0s}^4}\right) e^{-\frac{r^2}{w_{0s}^2}}$$

取余弦项,并令其为零,可以求出节线位置。

2.43 方形镜共焦腔中 TEM_{00} 模中含有 1W 功率(P_{00}),TEM_{10} 模中含有 (1/2)W 功率(P_{10}),总功率为 1.5W,试给出腔内高斯光腰处光强随 $x(y=0)$ 变化的关系式,并画出相应的曲线。

解题提示:

由于 $I = E \cdot E^*/2\eta_0$($\eta_0 = \sqrt{\mu_0/\varepsilon_0} = 377\Omega$ 为空间波阻抗),可得光腰上某点的二模光强与该点和光轴的距离 r 的关系式为 $I_{00}(x,y) = (1/2\eta_0)\{E_{00}(0,0)\exp[-(r/w_0)^2]\}^2$,$I_{10}(x,y) = (1/2\eta_0)\{E_{10}(0,0)(\sqrt{2}x/w_0)\exp[-(r/w_0)^2]\}^2$,根据题(2.40)的推导及本题题意,有 $P_{00} = \int_{-\infty}^{\infty}\int_{-\infty}^{\infty} I_{00}(x,y)\,dxdy = [E_{00}^2(0,0)/2\eta_0](\pi w_0^2/2) = 1W$,及 $P_{10} = \int_{-\infty}^{\infty}\int_{-\infty}^{\infty} I_{10}(x,y)\,dxdy = [E_{10}^2(0,0)/2\eta_0](\pi w_0^2/4) = 0.5W$,据此可求得在光轴的光腰处二模电场强度振幅 $E_{00}(0,0) = E_{10}(0,0)$。光腰处总光强 $I(x,y) = I_{00}(x,y) + I_{10}(x,y)$,光腰处总光强随 r 的变化关系式为

$$I(x,y) = (1/2\eta_0)\left\{\begin{matrix}[E_{00}(0,0)e^{-(r/w_0)^2}]^2 + \\ [E_{10}(0,0)(\sqrt{2}x/w_0)e^{-(r/w_0)^2}]^2\end{matrix}\right\} = p_{00}(2/\pi w_0^2)(1 + 2x^2/w_0^2)e^{-2r^2/w_0^2}$$

2.44 某高斯光束腰斑大小为 $w_0 = 1.14\text{mm}$,$\lambda = 10.6\mu\text{m}$。求与束腰相距 30cm、10m、1000m 远处的光斑半径 w 及波前曲率半径 R。

解题提示：
$$f=\frac{\pi\omega_0^2}{\lambda}, w(z)=w_0\sqrt{1+\left(\frac{z}{f}\right)^2}, R(z)=z+\frac{f^2}{z}。$$

2.45 工作在 $\lambda_0 = 514.5\text{nm}$ 的氩离子激光器，输出光功率为 1W，已知工作模式为 TEM_{00} 模，在 $z=0$ 处具有最小光斑半径 $w_0 = 2\text{mm}$。求

（1）当 z 多大时，光斑半径将达到 1cm？

（2）在该位置，激光等相位面的曲率半径是多少？

（3）在 $r=0, z=0$ 处及光斑半径达 1cm 处，电场强度的振幅是多少？

解题提示：

（1）、（2）略；

（3）根据习题 2.40，在 $z=0$ 处，$P_{00}=(E_{00}^2/2\eta_0)(\pi w_0^2/2)$，所以可求得 $r=0, z=0$ 处电场强度振幅 E_{00}。

2.46 一氩离子激光器工作于 4880Å，腔内光功率为 10W，光腰处光斑半径 $w_0 = 2\text{mm}$。求

（1）当光斑半径为 4mm 时，距离光腰处多远？

（2）如果距离光腰 z 处放置一半径为 $w(z)$ 的孔阑，多大百分比的光功率可以通过？

（3）将此激光器的频率（波长）分别用 $\text{eV}, \text{nm}, \mu\text{m}, \text{Hz}$ 和 cm^{-1} 表示。

（4）当 $w(z) = 1\text{cm}$ 时，光斑中心处的电场强度是多少？

解题提示：

（1）略；

（2）透过光功率比例为 $\int_0^{2\pi}\int_0^{w(z)}e^{-2r^2/w^2(z)}r\mathrm{d}r\mathrm{d}\theta / \int_0^{2\pi}\int_0^{\infty}e^{-2r^2/w^2(z)}r\mathrm{d}r\mathrm{d}\theta$；

（3）略；

（4）根据习题 2.43，光腰处 $P=(E_0^2/2\eta_0)(\pi w_0^2/2)$，可求得光腰处光轴上电场强度振幅 E_0，根据 $E(z)=E_0 w_0/w(z)$ 可求得 z 处光轴上电场强度振幅 $E(z)$。

2.47 激光器的谐振腔由两个相同的凹面镜组成,它出射波长为 λ 的基模高斯光束,今给定功率计,卷尺以及半径为 a 的小孔光阑,试叙述测量该高斯光束共焦参数 f 的实验原理及步骤。

解题提示：

如果在 z 处放置一半径为 a 的小孔光阑,则透过小孔的 TEM_{00} 模的光功率与此处总光功率的比为：

$$\frac{P(z)}{P_0} = \frac{2\pi \int_0^a |E_{00}(r,\varphi)|^2 r\mathrm{d}r}{2\pi \int_0^\infty (|E_{00}(r,\varphi)|^2 r\mathrm{d}r} = \frac{2\pi \int_0^a \mathrm{e}^{-\frac{2r^2}{w^2(z)}} r\mathrm{d}r}{2\pi \int_0^\infty \mathrm{e}^{-\frac{2r^2}{w^2(z)}} r\mathrm{d}r} = 1 - \mathrm{e}^{-\frac{2a^2}{w^2(z)}}, 则$$

$P(z) = P_0 (1 - \mathrm{e}^{-\frac{2a^2}{w^2(z)}}), w^2(z) = \dfrac{2a^2}{\ln\left(\dfrac{P_0}{P_0 - P(z)}\right)}$, 通过测得 z 处的 P_0 和 $P(z)$,即可求得 $w(z)$。再根据 $w(z) = \sqrt{\dfrac{\lambda f}{\pi}\left(1 + \dfrac{z^2}{f^2}\right)}$,可求得 f。

2.48 考虑两个等振幅、等腰斑半径的 TEM_{mn} 模式的组合

$$\boldsymbol{E} = E_0(\text{TEM}_{01}) \cdot \boldsymbol{a}_y + E_0(\text{TEM}_{10}) \cdot \boldsymbol{a}_x$$

式中：$E_0(\text{TEM}_{mn})$ 表示 TEM_{mn} 模式电场分布,其最大振幅为 E_0, $\boldsymbol{a}_x$、$\boldsymbol{a}_y$ 分别为 x、y 轴方向单位矢量。

（1）画出两个 TEM 模式各自的光斑图样,并标出电场方向；
（2）画出两个 TEM 模式叠加后,总电场 $\boldsymbol{E}$ 的光斑图样；
（3）求光强最大和最小位置。

解题提示：

$\boldsymbol{E} = E_0[\boldsymbol{a}_y(\sqrt{2}x/w)\exp(-r^2/w^2) \pm \mathrm{j}\boldsymbol{a}_x(\sqrt{2}y/w)\exp(-r^2/w^2)]$；$I = \boldsymbol{E} \cdot \boldsymbol{E}^*/2\eta_0 = (E_0^2/2\eta_0)(2r^2/w^2)\exp(-2r^2/w^2)$。设 $u = \sqrt{2}r/w$,在光强最大的位置处,应有 $\mathrm{d}I/\mathrm{d}r = 0$,由此可得 $\mathrm{d}[u^2\exp(-u^2)]/\mathrm{d}u = (-2u^3 + 2u)\exp(-u^2) = 0$,所以有 $u = \sqrt{2}r/w = 1$,即 $r = w/\sqrt{2}$ 时光强最大。

2.49 (1) 激光器输出光斑如图 2.37(a) 所示,指出激光的模式(如 $\text{TEM}_{mn}, m = ?, n = ?$)；(2) 如图 2.37(b) 所示为一激光器在某处的输

出光强在 $y=0$ 时沿 x 轴的强度曲线,已知光强随 y 值变化的规律为单一的高斯型函数,指出激光的模式,并求此处 y 方向和 x 方向的光斑半径 w。

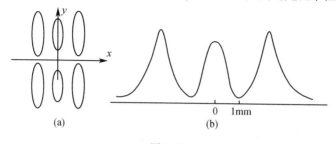

图 2.37

解题提示:

(1) 略;

(2) 光场函数 $E_{20}(x,y,z) = A_{20}E_0[w_0/w(z)][4 \times 2x^2/w^2(z) - 2]$ $e^{-r^2/w^2(z)}e^{-i\phi(x,y,z)}$。当 $y=0$ 时,设 $u=\sqrt{2}x/w(z)$,则 $E_{20}(x,0) = A_{2,0}E_0[w_0/w(z)]2[2u^2-1]e^{-u^2/2}e^{-i\phi}$。由上式可知当 $E(x,0)=0$ 时,$u=1/\sqrt{2}$,由图 2.37(b) 可得此处 $w(z)=2x=2\times 1=2(\text{mm})$。$y$ 方向的光斑半径 $w_y(z)=w(z)$,x 方向的光斑半径 $w_x(z)=\sqrt{2m+1}w(z)$。

2.50 假设一 TEM_{mn} 模高斯光束照射到一完全吸收的平面上,平面上位于光束中间的位置有一个半径为 a 的孔。求随着 a/w(w 为该处的基模光斑半径)的变化,TEM_{00} 模、TEM_{01} 模和 TEM_{11} 模透过小孔的功率百分比并画出其随 a 的变化曲线。

解题提示:

透过率 $T = \int_0^{2\pi}\int_0^a H_m^2 H_n^2 e^{-2r^2/w^2} r\mathrm{d}r\mathrm{d}\theta / \int_0^{2\pi}\int_0^\infty H_m^2 H_n^2 e^{-2r^2/w^2} r\mathrm{d}r\mathrm{d}\theta$

2.51 若已知某高斯光束之 $w_0=0.3\text{mm}$,$\lambda=632.8\text{nm}$。求束腰处的 q 参数值,与束腰相距 30cm 处的 q 参数值,以及在与束腰相距无限远处的 q 值。

解题提示:

$f=\dfrac{\pi w_0^2}{\lambda}$,$q(z)=z+\mathrm{i}f$。

2.52 某高斯光束 $w_0 = 1.2\text{mm}, \lambda = 10.6\mu\text{m}$。今用 $F = 2\text{cm}$ 的锗透镜来聚焦,当束腰与透镜的距离为 10m、1m、10cm、0 时,求焦斑的大小和位置,并分析所得的结果。

解题提示:
$$f = \frac{\pi w_0^2}{\lambda}, \quad l' = F + \frac{(l-F)F^2}{(l-F)^2 + f^2}, \quad w_0' = \frac{w_0 F}{\sqrt{(l-F)^2 + f^2}}$$

2.53 如图 2.38 所示光学系统,入射光 $\lambda = 10.6\mu\text{m}$,求 w''_0 及 l_3。

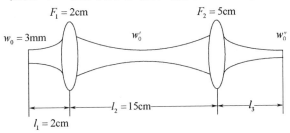

图 2.38

解题提示:

由式 $f = \dfrac{\pi w_0^2}{\lambda}$、$l' = F + \dfrac{(l-F)F^2}{(l-F)^2 + f^2}$、$w_0' = \dfrac{w_0 F}{\sqrt{(l-F)^2 + f^2}}$,可得 l_1

$= F_1 = l_1'$ 及 $w'_0 = \dfrac{\lambda}{\pi w_0}F$,二透镜间的光腰距第二个透镜的距离 $l = l_2 -$

l',$l_3 = F_2 + \dfrac{(l-F_2)F_2^2}{(l-F_2)^2 + f^2}$,$w''_0 = \dfrac{w'_0 F_2}{\sqrt{(l-F_2)^2 + f^2}}$。

2.54 航天员要在月球上放置激光反射器,已知激光波长 $\lambda = 6943\text{Å}$,激光束腰斑直径为 2cm。(1)估算地球上发出的激光高斯光束在到达月球时的光斑半径;(2)如果这一激光束通过一物镜直径为 2m 的准直望远镜系统发射出去,那么月球上的光斑半径为多少?(3)已知超过 $10\mu\text{W/cm}^2$ 的光强会对人眼造成伤害,如果此激光器输出光功率为 10MW,那么在上述两种情况下,激光是否会对月球上的航天员造成伤害?(已知地球到月球距离为 238.857mile 或者 $3.85 \times 10^5 \text{km}$)

解题提示:

(1) 由地球上激光束的腰斑半径 w_0 可以求出月球上的光斑半径 $w(z)$;

(2) 通过准直望远镜后,假设出射高斯光束的腰斑尺寸受望远镜物镜直径的限制,据此可以求出月球上的光斑半径 $w(z)$;

(3) 对于高斯光束,有 $P = (E_0^2/2\eta_0)\pi[w(z)]^2/2 = I_0\pi[w(z)]^2/2$,据此可以求出光斑中心光强 I_0。

2.55 假设透镜入射面上高斯光束光斑半径为 $w = 2\text{cm}$,等相位面为平面,透镜焦距为 $F = 4\text{cm}$,已知波长 $\lambda_0 = 1.0\mu\text{m}$。

(1) 如果透镜位于 $z = 0$ 的位置,求经过透镜后高斯光束的光腰位置;

(2) 求经过透镜后的高斯光束远场发散角。

解题提示:

(1) 设经过透镜前高斯光束 q 参数 $q_0 = \text{i}f = \text{i}\pi w^2/\lambda_0$,设经过透镜后 z 位置处为新的光腰位置,由光线变换矩阵 $\boldsymbol{T} = \begin{pmatrix} A & B \\ C & D \end{pmatrix} = \begin{pmatrix} 1 & z \\ 0 & 1 \end{pmatrix}\begin{pmatrix} 1 & 0 \\ -1/F & 1 \end{pmatrix}$,可算出此处的 $q = (Aq_0 + B)/(Cq_0 + D)$。因为是光腰位置,$q = \text{i}f'$ 为纯虚数,根据实部为零的条件,即可求出 z 的值及新的高斯光束共焦参数 f';

(2) 略。

2.56 如图 2.39 所示激光器,运行模式为 TEM_{00} 模,设平面镜在 $z = 0$ 处,其输出的高斯光束照射在焦距为 F_3 的透镜上。已知 $w_0 = 0.5\text{mm}$, $\lambda_0 = 6328\text{Å}$, $d_3 = 1\text{m}$, $F_3 = 0.25\text{m}$。

(1) 在光束照射到透镜表面时,光束光斑半径和等相位面曲率半径分别是多少?

(2) 通过透镜后,光束等相位面曲率半径是多少?

解题提示:

(1) $q_0 = \text{i}f_0$,透镜入射面上 $q_3 = q_0 + d_3$,由 $\text{Im}(1/q_3)$ 和 $\text{Re}(1/q_3)$ 分别求出光束照射到透镜表面时的光束光斑半径和等相位面曲率半

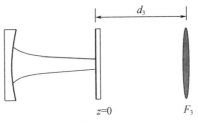

图 2.39

径 R_3;

（2）由 $1/R_4 = (1/R_3) - (1/F_3)$（《激光原理》第 7 版式（2.10.2））求出通过透镜后光束的等相位面曲率半径 R_4。

2.57 CO_2 激光器输出光 $\lambda = 10.6\mu m$，$w_0 = 3mm$，用一 $F = 2cm$ 的凸透镜聚焦，求欲得到 $w'_0 = 20\mu m$ 及 $2.5\mu m$ 时透镜应放在什么位置。

2.58 某高斯光束 $w_0 = 1.2mm$，$\lambda = 10.6\mu m$。今用一望远镜将其准直。望远镜的主镜是 $R = 1m$ 的镀金反射镜，口径是 20cm；副镜为一锗透镜，其焦距 $F_1 = 2.5cm$，口径为 1.5cm；高斯光束束腰与锗透镜相距 $l = 1m$，如图 2.40 所示。求该望远镜系统对高斯光束的准直倍率。

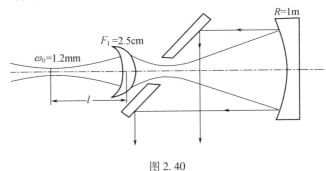

图 2.40

解题提示：

由于 F_1 远小于 l，所以高斯光束经过锗透镜后将聚焦于前焦面上，该望远系统对高斯光束的准直倍率为 $M = (R/2F_1)\sqrt{1 + (\lambda l/\pi\omega_0^2)^2}$。

2.59 激光器的谐振腔由两个相同的凹面镜组成，它出射波长为

λ 的基模高斯光束,今给定功率计、卷尺以及半径为 a 的小孔光阑,试叙述测量该高斯光束共焦参数 f 的实验原理及步骤。

2.60 如图 2.41 所示的谐振腔,请按下述步骤解答。
(1) 从平面镜开始,逆时针方向,画出等效透镜波导的一个周期;
(2) 写出问题(1)中透镜波导周期的 $ABCD$ 矩阵;
(3) 判断该谐振腔是否为稳定腔。

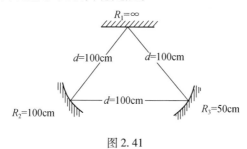

图 2.41

2.61 对于平面反射镜而言,其 $ABCD$ 矩阵为

$$\begin{bmatrix} 1 & 0 \\ 0 & 1 \end{bmatrix}$$

如果平面镜的反射率不是1,而是与位置相关的,如下式

$$R(r) = \exp[-(br)^2]$$

式中:$R(r)$ 表示与反射镜中心距离为 r 处的镜面反射率;b 为常数。设 TEM_{00} 模式的高斯光束照射在这个平面反射镜上,光轴与平面镜轴线一致。试证明公式 $q_2 = (Aq_1 + B)/(Cq_1 + D)$ 仍然适用于这种情况,并由此求出这个平面反射镜的 $ABCD$ 矩阵。

解题提示:

设入射光场 $E_{in} = E_0 \exp(-r^2/w^2)$,则反射光场 $E_{out} = R(r)E_{in} = E_0 \exp[-(1/w^2 + b^2/2)r^2]$,由于高斯光束经平面镜反射后波面曲率半径不变,所以 $1/q_2 = 1/R_1 - i(\lambda/\pi)[1/w^2 + b^2/2] = 1/q_1 - i\lambda b^2/2\pi$,整理可得 $q_2 = (q_1 + 0)/(-i\lambda b^2 q_1/2\pi + 1)$,由此式可求出此平面镜的 $ABCD$ 矩阵。

2.62 以 x/w 和 y/w 为坐标参数,画出 TEM_{32} 模的光斑图,并标出电场强度为零的位置。

2.63 如图 2.42,高斯光束的光腰在 $z=0$ 处,腰斑半径为 w_0,在 $z=d$ 位置有一薄透镜,其焦距为 F。如果 w_0 很小,那么光束经过透镜后会被进一步发散,如果 w_0 很大,那么光束会被会聚。求当 w_0 为多少时,经过透镜后的高斯光束等相位面为平面(即 $R(z=d^+)=\infty$)?

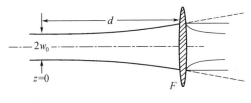

图 2.42

解题提示:

设薄透镜前高斯光束波面曲率半径为 $R_1(d)$,经过薄透镜后高斯光束波面曲率半径为 $R_2(d)$,$R_1(d)=d(1+f^2/d^2)$,$1/R_2(d)=1/R_1(d)-1/F$,如要求 $R_2(d)=\infty$,则 $1/R_1(d)-1/F=0$,将 $R_1(d)$ 表达式代入,可得 w_0 表达式。

2.64 如图 2.43 所示谐振腔,假设其为稳定腔。

(1)画出等效透镜波导。

(2)确定高斯光束腰斑在腔内的位置,要求通过下述步骤进行:

① 在问题(1)所画的等效透镜波导中确定一个周期,并使这个周期的光路是左右对称的,从而使得这个周期的 $ABCD$ 矩阵满足 $A=D$;

② 标出高斯光束腰斑的位置;

③ 求出这个周期的 $ABCD$ 矩阵。

(3)求高斯光束腰斑半径的表达式。

(4)证明只有在腔是稳定腔的条件下,问题(3)所求的表达式有效。

解题提示：

按照问题(2)中①的要求，画出等效透镜光路并标出一个周期如图 2.44 所示，高斯光束束腰位置在图中 $z=0$ 处，可求出 $ABCD$ 矩阵。根据高斯光束自再现条件 $1/q_M = (D-A)/2B \pm i\sqrt{1-(D+A)^2/4}/B$ 以及 $A=D$，可以求出 $z=0$ 处(束腰处)的 $q_M = if$ 值，进而求出腰斑半径 w_0 表达式，表达式仅在 $[(A+D)/2]^2 < 1$ 时有意义。

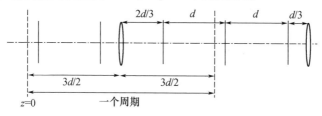

图 2.44

2.65 求图 2.45 中透镜处的光斑半径和波面曲率半径，按下述步骤求解。

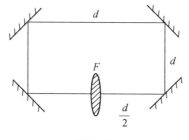

图 2.45

（1）画出等效透镜波导，并标出从透镜右侧开始，逆时针方向传播的一个周期。

（2）当 d/F 取什么范围时，腔为稳定腔？

（3）$d=20\text{cm}$，$F=40\text{cm}$，$\lambda_0 = 600\text{nm}$，求透镜处高斯光束的等相位面曲率半径 $|R|$ 和光斑半径 w。

（4）腔内高斯光束束腰在什么位置？

解题提示：

画出等效透镜波导,取从透镜右侧开始,逆时针方向传播的一个等效透镜波导周期,求出其 $ABCD$ 矩阵,根据腔的稳定性条件 $-1<(A+D)/2<1$ 可得 d/F 取值范围;根据高斯光束自再现条件 $1/q = (D-A)/2B \pm i\sqrt{1-(D+A)^2/4}/B$ 算出透镜处 q 参数,进而求得透镜处高斯光束的等相位面曲率半径 $|R|$ 和光斑半径 w。

2.66 如图 2.46 所示稳定腔,光腰所在位置($z=0$)距离 M_1 镜 25cm,共焦参数 $f=125$ cm,反射镜间距离为 75cm。

(1)求 TEM_{mnq} 模频率和表达式;
(2)求 TEM_{12q} 与 TEM_{00q} 模频率差;
(3)求 M_1 和 M_2 的曲率半径。

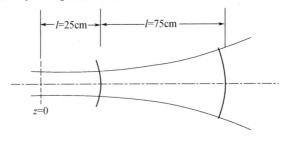

图 2.46

解题提示:

(1)、(2)根据谐振腔内单程相移应为 π 的整数倍,有 $[k(l+d)-(1+m+n)\arctan[(l+d)/f]] - [kd-(1+m+n)\arctan(l/f)] = q\pi$,整理可得 ν_{mnq} 表达式;

(3)根据公式 $|R(z)| = |z + f^2/z|$ 求解。

2.67 如图 2.47 所示,谐振腔由两块平面反射镜和一个会聚透镜组成。问:(1)求腔的稳定性条件,用 d_1/F 和 d_2/F 的不等式来表示;(2)求 M_1 和 M_2 镜面上的光斑半径。

解题提示:

画出腔的等效透镜波导,标出一个等效透镜周期,求出其 $ABCD$ 矩阵,根据稳定腔条

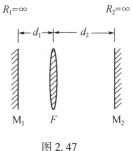

图 2.47

件求出 d_1/F 和 d_2/F 应满足的不等式条件;根据腔内高斯光束自再现条件 $1/q_M = (D-A)/2B \pm i\sqrt{1-(D+A)^2/4}/B$ 分别算出 M_1 和 M_2 处 q 参数,进而求得镜面上光斑半径。

2.68 上题(2.67题)中,如果 $d_1 = 25\text{cm}$, $d_2 = 45\text{cm}$, $F = 20\text{cm}$, $\lambda = 6328\text{Å}$。求:

(1) M_1 和 M_2 镜面上电场强度降到最大值的 $1/e$ 处的半径;

(2) 求自 M_1 和 M_2 镜输出的高斯光束的远场发散角 θ_1 和 θ_2。

2.69 如图 2.48 所示谐振腔,其中球面镜的曲率半径为 R,求 TEM_{00q} 模在球面镜上的光斑半径,按照下列步骤求解:

(1) 画出等效透镜波导,并标出可用于求解球面镜上光斑半径的一个周期,写出 $ABCD$ 矩阵;

(2) 利用 $ABCD$ 矩阵求球面镜上的光斑半径 w_s。

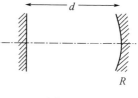

图 2.48

解题提示:

(1) 略;

(2) 根据腔内高斯光束自再现条件 $1/q_M = (D-A)/2B \pm i\sqrt{1-(D+A)^2/4}/B$ 算出球面镜处 q 参数,即可求出该处光斑半径。

2.70 CO_2 激光器工作于波长 $\lambda_0 = 10.6\mu\text{m}$,其谐振腔结构如图 2.49 所示。

(1) 利用 $ABCD$ 矩阵求球面反射镜上的光斑半径表达式和数值解;

(2) 求腔内光子寿命和腔的 Q 值。

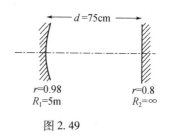

图 2.49

解题提示:

(1) 根据腔内高斯光束自再现条件 $1/q_M = (D-A)/2B \pm i\sqrt{1-(D+A)^2/4}/B$ 算出球面镜处 q 参数,即可求出光斑半径;

(2) 腔内单程损耗因子 $\delta \approx 1 - r_1 r_2$。

2.71 已知一二氧化碳激光谐振腔由两个凹面镜构成,$R_1 = 1m$,$R_2 = 2m$,$L = 0.5m$。如何选择高斯束腰斑 w_0 的大小和位置,才能使它成为该谐振腔中的自再现光束?

解题提示:

根据 $w'_0 = \dfrac{\omega_0 F}{\sqrt{(l-F)^2 + f^2}}$,经过曲率半径为 1 米的反射镜后,为了保证自再现条件成立,腔内的束腰半径应该与经过反射镜的高斯光束的束腰相同,因此得 $1 = \dfrac{F_1^2}{(F_1 - l_1)^2 + \left(\dfrac{\pi w_0^2}{\lambda}\right)^2}$,$1 = \dfrac{F_2^2}{(F_2 - l_2)^2 + \left(\dfrac{\pi w_0^2}{\lambda}\right)^2}$,以及 $l_1 + l_2 = L$,根据以上三个公式可以求出 l_1,l_2,w_0(l_1, l_2 为束腰与两镜的距离)。

2.72 (1) 用焦距为 F 的薄透镜对波长为 λ、束腰半径为 w_0 的高斯光束进行变换,并使变换后的高斯光束的束腰半径 $w'_0 < w_0$(此称为高斯光束的聚焦),在 $F > f$ 和 $F < f$ $\left(f = \dfrac{\pi w_0^2}{\lambda}\right)$ 两种情况下,如何选择薄透镜到该高斯光束束腰的距离 l?(2) 在聚焦过程中,如果薄透镜到高斯光束束腰的距离 l 不能改变,如何选择透镜的焦距 F?

解题提示:

(1) 根据 $w'^2_0 = \dfrac{F^2 w_0^2}{(F-l)^2 + f^2}$,可知 $\dfrac{w'^2_0}{w_0^2} = \dfrac{F^2}{(F-l)^2 + f^2} < 1$,即 $l^2 - 2Fl + f^2 > 0$。进而求得 l 范围。

(2) 同样,根据 $\dfrac{w'^2_0}{w_0^2} = \dfrac{F^2}{(F-l)^2 + f^2} < 1$ 可求 F 满足要求的范围。

2.73 试用自变换公式的定义式 $q_c(l_c = l) = q(0)$,利用 q 参数法来推导出自变换条件式 $F = \dfrac{1}{2} l \left[1 + \left(\dfrac{\pi w_0^2}{\lambda l}\right)^2\right]$。

解题提示：

设透镜前表面和后表面的 q 参数分别为 q_1、q_2，经过透镜后的焦斑处 q 参数用 q_c 表示，焦斑到透镜的距离是 $l_c = l$，透镜的焦距为 F。则 $q_1 = q_0 + l, \dfrac{1}{q_2} = \dfrac{1}{q_1} - \dfrac{1}{F}$，$q_c = q_2 + l_c$，$q_c = q_0 = \mathrm{i}\, f = \mathrm{i}\dfrac{\pi w_0^2}{\lambda}$，$q_1 = q_0 + l$，由上述式子可得 $F = \dfrac{1}{2} l \left[1 + \left(\dfrac{\pi w_0^2}{\lambda l} \right)^2 \right]$。

2.74 试证明在一般稳定腔 (R_1, R_2, L) 中，其高斯模在腔镜面处的两个等相位面的曲率半径必分别等于各镜面的曲率半径。

解题提示：

镜 1 处向右传播的 $ABCD$ 矩阵为

$$T = \begin{bmatrix} 1 & 0 \\ -\dfrac{2}{R_1} & 1 \end{bmatrix} \begin{bmatrix} 1 & L \\ 0 & 1 \end{bmatrix} \begin{bmatrix} 1 & 0 \\ -\dfrac{2}{R_2} & 1 \end{bmatrix} \begin{bmatrix} 1 & L \\ 0 & 1 \end{bmatrix} =$$

$$\begin{bmatrix} 1 - \dfrac{2L}{R_2} & 2L - \dfrac{2L^2}{R_2} \\ -\dfrac{2}{R_1} + \dfrac{4L}{R_1 R_2} - \dfrac{2}{R_2} & -\dfrac{4L}{R_1} + \dfrac{4L^2}{R_1 R_2} - \dfrac{2L}{R_2} + 1 \end{bmatrix}$$

由此处的 $q_1 = \dfrac{A q_1 + B}{C q_1 + D}$ 解得 $\dfrac{1}{q_1} = \dfrac{D - A}{2B} \pm \mathrm{i} \dfrac{\sqrt{1 - (D + A)^2/4}}{B}$；根据 q 参数定义 $\dfrac{1}{q(z)} = \dfrac{1}{R(z)} - \mathrm{i} \dfrac{\lambda}{\pi w^2(z)}$，所以，镜 1 处的等相位面曲率 $R = |2B/(D-A)| = \left| \dfrac{4L - \dfrac{4L^2}{R_2}}{-\dfrac{4L}{R_1} + \dfrac{4L^2}{R_1 R_2}} \right| = R_1$。类似可求证镜 2 处等相位面曲率为 R_2。

2.75 试从式 $\dfrac{1}{l_1 + L} - \dfrac{1}{l_2} = \dfrac{2}{R_2}$ 和 $\dfrac{1}{l_2 + L} - \dfrac{1}{l_1} = \dfrac{2}{R_1}$ 导出 $l_1^2 + B l_1 + C = 0$，

其中的 $B = \dfrac{2L(L-R_2)}{2L-R_1-R_2}, C = \dfrac{LR_1(L-R_2)}{2L-R_1-R_2}$,并证明对双凸腔 $B^2-4C>0$。

解题提示：

对于凸面镜有 $R = -|R|$。

2.76 考虑模式匹配的问题,图 2.50 中激光器(左边腔)发出的高斯光束经过与其右镜的距离为 d_1 的透镜后入射到右边谐振腔中。已知左边激光器谐振腔的共焦参数为 f_1,右边谐振腔的共焦参数为 f_2,问如何设计 d_1,d_2 和透镜焦距 F,才能使得高斯光束与右边谐振腔匹配。

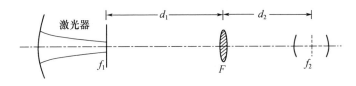

图 2.50

解题提示：

设透镜左边表面 q 参数为 q_F,右边表面 q 参数为 q'_F,则 $q_F = q_1 = \mathrm{i}f_1 + d_1, q'_F = \dfrac{Aq_F + B}{Cq_F + D} = \dfrac{q_F}{-q_F/F+1}$,右边谐振腔高斯光腰处 $q_2 = q'_F + d_2 = \mathrm{i}f_2$,整理并根据等式两边虚部相等可得 d_1 与 F 的关系式,类似地可求得 d_2 与 F 的关系式。

2.77 (1)试计算 $R_1 = 1\mathrm{m}, L = 0.25\mathrm{m}, a_1 = 2.5\mathrm{cm}, a_2 = 1\mathrm{cm}$ 的虚共焦腔的 $\xi_{单程}$ 和 $\xi_{往返}$;(2)若想保持 a_1 不变并从凹面镜 M_1 端单端输出,应如何选择 a_2?(3)若想保持 a_2 不变并从凸面镜 M_2 单端输出,应如何选择 a_1?(4)在以上两种单端输出的条件下,$\xi_{单程}$ 和 $\xi_{往返}$ 各为多大?题中 a_1 为镜 M_1 的横截面半径,R_1 为其曲率半径,a_2、R_2 的意义类似。

解题提示：

(1) $m_1 = 1, m_2 = |R_1/R_2|$,往返放大率 $M = m_1m_2$,平均单程损耗率

$\xi_{单程}=1-(1/M)$,平均往返损耗率 $\xi_{往返}=1-1/M^2$;

(2) 要从 M_1 镜单端输出,则要求 M_1 镜反射的光全部被 M_2 镜反射,由于 M_1 镜反射的光为平行光,所以要求 $a_2 > a_1$;

(3) 同理,如要求 M_2 镜单端输出,则应有 $a_1 > m_2 a_2$;

(4) 略。

2.78 考虑图 2.51 所示的非稳定谐振腔。

(1) 试求出 p_1、p_2 点(共轭像点)的位置,并在光学谐振腔图上标出来。

(2) 画出该腔内光场的分布,求出并标出光场分布的有关尺寸,指出由光束限制反射镜反射出腔外的波前,并标出有关尺寸。

(3) 通过空腔的单程平均损耗为多少?

(4) 这个激光器振荡所需要的小信号单程增益是多少?

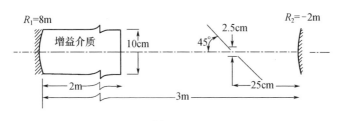

图 2.51

解题提示:

(1)、(2) 略;

(3) 根据几何面积比计算单程平均功率损耗 $\xi_{单程}$;

(4) 激光器振荡时增益物质的单程增益 G^0 应满足 $G^0(1-\xi_{单程}) \geq 1$。

2.79 考虑由图 2.52 所示的非稳定共焦腔组成的激光器。试画出在 $z=0$ 处和 $z=d$ 处光场的分布,为了得到振荡,激励介质的小信号增益系数应等于多少?

解题提示:

增益物质的单程增益 G^0 应满足 $G^0(1-\xi_{单程}) \geq 1$,$G^0 = \exp(g^0 l)$,其中 l 为增益物质长度。

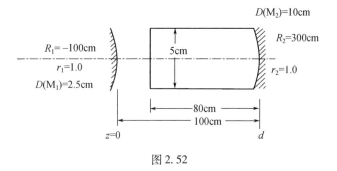

图 2.52

2.80 一闪光灯泵浦的 Nd:YAG 平行平面镜腔激光器,腔长 50cm。泵浦光会导致激光棒产生热透镜效应。现假定激光棒形成的热透镜为一个焦距 $F=25$cm 的薄透镜,并位于谐振腔中央。求此时 TEM_{00} 模在透镜及反射镜上的光斑尺寸。

第三章 电磁场和物质的共振相互作用

内容提要

一、谱线加宽和线型函数

1. 线型函数定义

自发辐射光功率的归一化分布函数称作该自发辐射谱线的线型函数,定义为

$$\tilde{g}(\nu,\nu_0) = \frac{P(\nu)}{P} \tag{3.1}$$

式中:P 为中心频率为 ν_0 的自发辐射谱线的总功率;$P(\nu)$ 是频率为 ν 附近的单位频带内的自发辐射功率。线型函数的归一化条件是

$$\int_{-\infty}^{+\infty} \tilde{g}(\nu,\nu_0) \mathrm{d}\nu = 1$$

线型函数在 ν_0 处有最大值。如果

$$\tilde{g}\left(\nu_0 \pm \frac{\Delta\nu}{2},\nu_0\right) = \frac{1}{2}\tilde{g}(\nu_0,\nu_0)$$

则式中的 $\Delta\nu$ 称为谱线宽度。自发辐射的谱线宽度有时又称作荧光线宽。

2. 均匀加宽

如果引起加宽的物理因素对每个原子(分子、离子)都是等同的,即每一个发光原子对光谱线内任一频率都有贡献,则称为均匀加宽。

1) 气体工作物质的均匀加宽

气体工作物质的均匀加宽线型函数具有洛伦兹线型,可表示为

$$\tilde{g}_H(\nu,\nu_0) = \frac{\dfrac{\Delta\nu_H}{2\pi}}{(\nu-\nu_0)^2 + \left(\dfrac{\Delta\nu_H}{2}\right)^2} \qquad (3.2)$$

式中:$\Delta\nu_H$ 为均匀加宽谱线宽度。

$$\Delta\nu_H = \Delta\nu_N + \Delta\nu_L \qquad (3.3)$$

式中:$\Delta\nu_N$ 为自然线宽;$\Delta\nu_L$ 为碰撞线宽。

因自发辐射导致激发态原子的有限寿命而引起的自然线宽

$$\Delta\nu_N = \frac{1}{2\pi\tau_{s_2}} \qquad (\text{下能级为基态}) \qquad (3.4)$$

$$\Delta\nu_N = \frac{1}{2\pi}\left(\frac{1}{\tau_{s_2}} + \frac{1}{\tau_{s_1}}\right) \qquad (\text{下能级不为基态}) \qquad (3.5)$$

式中:τ_{s_2} 及 τ_{s_1} 分别为上、下能级的自发辐射寿命。

因原子(分子、离子)间碰撞导致激发态有效寿命的缩短而引起的碰撞线宽

$$\Delta\nu_L = \frac{1}{\pi\tau_L} = \alpha p \qquad (3.6)$$

式中:τ_L 为原子间的平均碰撞时间;p 为气体压强;α 为比例系数。对 He–Ne 激光器的 632.8nm 谱线,α 的典型实验值是 750kHz/Pa,对 CO_2 激光器的 10.6μm 谱线,α 的典型实验值为 49kHz/Pa。

2) 固体工作物质的均匀加宽

固体工作物质中除了自发辐射会引起激发态原子的有限寿命外,离子—晶格热弛豫过程形成的无辐射跃迁(该跃迁产生的能量转化为晶格振动的能量)也会导致离子在激发态能级上的寿命缩短,从而造成谱线的均匀加宽。其线型函数也可用式(3.2)表示。其中

$$\Delta\nu_H = \frac{1}{2\pi\tau_2} = \frac{1}{2\pi}\left(\frac{1}{\tau_{s_2}} + \frac{1}{\tau_{nr_2}}\right) \qquad (\text{下能级为基态}) \qquad (3.7)$$

$$\Delta\nu_H = \frac{1}{2\pi}\left(\frac{1}{\tau_2} + \frac{1}{\tau_1}\right) \qquad (\text{下能级不为基态}) \qquad (3.8)$$

式中:τ_2 和 τ_1 分别为上、下能级寿命;τ_{nr_2} 为上能级的无辐射跃迁寿命。

虽然因离子能级寿命的缩短而引起的谱线加宽是不可避免的,但在固体工作物质中占主导地位的均匀加宽是晶格振动引起的加宽,它随温度的升高而增加。

3. 非均匀加宽

非均匀加宽的特点是,原子(分子、离子)体系中每个原子只对谱线内与它的表观中心频率相应的部分有贡献,因而可以区分谱线上的某一频率范围是由哪一部分原子贡献的。用 $\tilde{g}_i(\nu,\nu_0)$ 表示非均匀加宽线型函数,$\tilde{g}_D(\nu,\nu_0)$ 则特指气体中的多普勒加宽线型函数。

1) 气体工作物质的多普勒加宽

由于气体原子(分子、离子)的热运动,原子在光传输的方向上具有热运动速度 v_z(通常 $v_z \ll c$,c 为光速),原子在自发辐射和受激跃迁时表现出来的中心频率不再是 ν_0,而是

$$\nu'_0 = \nu_0\left(1 + \frac{v_z}{c}\right) \tag{3.9}$$

式中:ν'_0 称作表观中心频率。由于气体原子(分子、离子)的热运动速度服从麦克斯韦分布,因此谱线的非均匀多普勒加宽。其线型函数具有高斯线型,表示为

$$\tilde{g}_D(\nu,\nu_0) = \frac{2}{\Delta\nu_D}\left(\frac{\ln 2}{\pi}\right)^{1/2}\exp\left[-4(\ln 2)\left(\frac{\nu-\nu_0}{\Delta\nu_D}\right)^2\right] \tag{3.10}$$

其多普勒线宽

$$\Delta\nu_D = 2\nu_0\left(\frac{2k_b T}{mc^2}\ln 2\right)^{1/2} = 7.16\times 10^{-7}\nu_0\left(\frac{T}{M}\right)^{1/2} \tag{3.11}$$

式中:m 为原子(分子、离子)质量;M 为原子(分子)量;k_b 为玻耳兹曼常数。

2) 固体工作物质中的非均匀加宽

固体工作物质中晶格缺陷(位错、空位、杂质等不均匀性)或玻璃结构的无序性引起非均匀加宽。晶体质量越差,谱线加宽越大。

4. 综合加宽

原子(分子、离子)自发辐射谱线同时具有均匀加宽和非均匀加宽时称作综合加宽,综合加宽线型函数表示为

$$\tilde{g}(\nu,\nu_0) = \int_{-\infty}^{+\infty} \tilde{g}_i(\nu'_0,\nu_0)\tilde{g}_H(\nu,\nu'_0)d\nu'_0$$

如果 $\Delta\nu_i \gg \Delta\nu_H$,则 $\tilde{g}(\nu,\nu_0) \approx \tilde{g}_i(\nu,\nu_0)$;反之,则 $\tilde{g}(\nu,\nu_0) \approx \tilde{g}_H(\nu,\nu_0)$。

二、受激跃迁几率

第一章中给出了原子(分子、离子)的自发辐射谱线与外来光的谱宽相比可视为无限窄情况时的受激跃迁几率表示式,原子和准单色光(当原子的自发辐射谱线宽度≫外来光谱宽时,可认为外来光是准单色光)相互作用时的受激跃迁几率

$$W_{21} = B_{21}\tilde{g}(\nu,\nu_0)\rho = \sigma_{21}(\nu,\nu_0)vN \tag{3.12}$$

$$W_{12} = B_{12}\tilde{g}(\nu,\nu_0)\rho = \sigma_{12}(\nu,\nu_0)vN \tag{3.13}$$

式中:ρ 为频率为 ν 的准单色光的能量密度;N 为其光子数密度;v 为工作物质中的光速;$\sigma_{21}(\nu,\nu_0)$ 与 $\sigma_{12}(\nu,\nu_0)$ 分别为原子(分子,离子)的发射截面和吸收截面。

$$\sigma_{21}(\nu,\nu_0) = \frac{A_{21}v^2}{8\pi\nu_0^2}\tilde{g}(\nu,\nu_0) \tag{3.14}$$

$$\sigma_{12}(\nu,\nu_0) = \frac{f_2}{f_1}\frac{A_{21}v^2}{8\pi\nu_0^2}\tilde{g}(\nu,\nu_0) \tag{3.15}$$

中心频率处的发射截面和吸收截面最大。当 $\nu = \nu_0$ 时,具有洛伦兹线型的均匀加宽工作物质和具有高斯线型的非均匀加宽工作物质的发射截面分别为

$$\sigma_{21} = \frac{A_{21}v^2}{4\pi^2\nu_0^2\Delta\nu_H} \tag{3.16}$$

$$\sigma_{21} = \frac{\sqrt{\ln 2}A_{21}v^2}{4\pi^{3/2}\nu_0^2\Delta\nu_D} \tag{3.17}$$

三、典型激光器单模振荡速率方程

下面给出适用于典型气体、固体和染料激光器的三能级和四能级系统以及适用于半导体激光器的速率方程。

1. 三能级系统

三能级系统跃迁过程的示意图如图 3.1 所示。E_2 和基态 E_1 间的

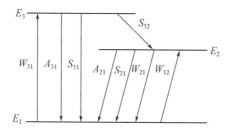

图 3.1 三能级系统示意图

受激辐射导致激光产生。当激光器内只有频率为 ν 的第 l 个模振荡,且腔长 L 等于工作物质长 l 时,描述各能级粒子(原子、分子、离子)数密度和光子数密度变化的速率方程为

$$\frac{dn_3}{dt} = n_1 W_{13} - n_3(S_{32} + A_{31}) \tag{3.18}$$

$$\frac{dn_2}{dt} = -\left(n_2 - \frac{f_2}{f_1}n_1\right)\sigma_{21}(\nu,\nu_0)vN_l - n_2(A_{21} + S_{21}) + n_3 S_{32} \tag{3.19}$$

$$n_1 + n_2 + n_3 = n \tag{3.20}$$

$$\frac{dN_l}{dt} = \left(n_2 - \frac{f_2}{f_1}n_1\right)\sigma_{21}(\nu,\nu_0)vN_l - \frac{N_l}{\tau_{Rl}} \tag{3.21}$$

式中:n 为工作物质中的粒子数密度;n_1、n_2 和 n_3 分别为 E_1、E_2 和 E_3 能级的粒子数密度;W_{13} 为单位时间内粒子从 E_1 能级被抽运至 E_3 能级的几率;A_{31} 和 A_{21} 分别为单位时间内能级 E_3 和 E_2 上的粒子跃迁到能级 E_1 的自发辐射几率;S_{32} 为能级 E_3 上的粒子跃迁到能级 E_2 的无辐射跃迁几率;S_{21} 为能级 E_2 上的粒子跃迁到能级 E_1 的无辐射跃迁几率;N_l 为第 l 个模式的光子数密度;τ_{Rl} 为该模式的腔内光子平均寿命,且

$$\tau_{Rl} = \frac{L'}{\delta c} \tag{3.22}$$

式中:L' 是谐振腔的光学长度。

2. 四能级系统

四能级系统跃迁过程如图 3.2 所示,E_2 和 E_1 间的受激辐射导致

激光产生。其速率方程为

$$\frac{dn_3}{dt} = n_0 W_{03} - n_3(S_{32} + A_{30}) \tag{3.23}$$

$$\frac{dn_2}{dt} = -\left(n_2 - \frac{f_2}{f_1}n_1\right)\sigma_{21}(\nu,\nu_0)vN_l - n_2(A_{21} + S_{21}) + n_3 S_{32} \tag{3.24}$$

$$\frac{dn_0}{dt} = n_1 S_{10} - n_0 W_{03} + n_3 A_{30} \tag{3.25}$$

$$n_0 + n_1 + n_2 + n_3 = n \tag{3.26}$$

$$\frac{dN_l}{dt} = \left(n_2 - \frac{f_2}{f_1}n_1\right)\sigma_{21}(\nu,\nu_0)vN_l - \frac{N_l}{\tau_{Rl}} \tag{3.27}$$

式中各种符号表达的意义和三能级系统类似。

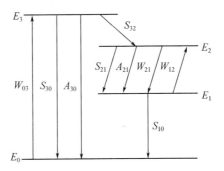

图 3.2 四能级系统示意图

3. 半导体激光器

描述有源层内载流子密度 s 和光子数密度 N_l 变化的速率方程为

$$\frac{ds}{dt} = \frac{J}{eV} - \frac{s}{\tau} - A_g(s - s_{tr})N_l \tag{3.28}$$

$$\frac{dN_l}{dt} = A_g(s - s_{tr})N_l \Gamma_m - \frac{N_l}{\tau_{Rl}} \tag{3.29}$$

式中：τ 为有源层内载流子的寿命；J 为注入有源层的电流；e 为基本电荷；V 为有源层体积；s_{tr} 是有源区对光透明时的载流子密度；A_g 是一个

与频率有关的常数,称作受激辐射因子;Γ_m 是约束因子,它描述该模式约束在有源层的功率与总功率之比(其他功率逃逸到上、下包围层)。

四、增益系数

设在 z 处光强为 $I(z)$,$z+\mathrm{d}z$ 处光强为 $I(z)+\mathrm{d}I(z)$,则增益系数定义为

$$g = \frac{\mathrm{d}I(z)}{I(z)\mathrm{d}z} \tag{3.30}$$

增益系数和光频率 ν 的关系曲线称作增益曲线。

1. 均匀加宽工作物质的增益系数

1) 反转集居数

若入射光频率为 ν_1,光强为 I_{ν_1},在此光作用下,工作物质的反转集居数密度

$$\Delta n = \frac{\Delta n^0}{1 + \dfrac{I_{\nu_1}}{I_s(\nu_1)}} \tag{3.31}$$

式中:$I_s(\nu_1)$ 是与频率为 ν_1 的强光相对应的饱和光强。

$$I_s(\nu_1) = \frac{h\nu_1}{\sigma_{21}(\nu_1,\nu_0)\tau_2} \approx \frac{h\nu_0}{\sigma_{21}(\nu_1,\nu_0)\tau_2} \tag{3.32}$$

式中:τ_2 为高能级寿命。式(3.31)表明,由于受激辐射消耗激发态粒子,所以反转集居数密度随 I_{ν_1} 的增加而减少,这一现象称为反转集居数饱和。在 $I_{\nu_1} \ll I_s(\nu_1)$ 的小信号情况下,有

$$\Delta n \approx \Delta n^0 = nW_{03}\tau_2 \tag{3.33}$$

若工作物质具有洛伦兹线型,则

$$\Delta n = \frac{(\nu_1-\nu_0)^2+\left(\dfrac{\Delta\nu_H}{2}\right)^2}{(\nu_1-\nu_0)^2+\left(\dfrac{\Delta\nu_H}{2}\right)^2\left(1+\dfrac{I_{\nu_1}}{I_s}\right)}\Delta n^0 \tag{3.34}$$

式中:I_s 是中心频率处的饱和光强,且

$$I_s = \frac{h\nu_0}{\sigma_{21}\tau_2} \qquad (3.35)$$

对洛伦兹线型,I_s 和 $I_s(\nu_1)$ 的关系是

$$\frac{I_s(\nu_1)}{I_s} = 1 + \frac{4(\nu_1-\nu_0)^2}{(\Delta\nu_H)^2} \qquad (3.36)$$

中心频率处的饱和光强最小,饱和效应最强。

2) 频率为 ν_1,光强为 I_{ν_1} 的准单色光的增益系数

$$g_H(\nu_1,I_{\nu_1}) = \Delta n\sigma(\nu_1,\nu_0) = \frac{g_H^0(\nu_1)}{1+\dfrac{I_{\nu_1}}{I_s(\nu_1)}} \qquad (3.37)$$

式中小信号增益系数

$$g_H^0(\nu_1) = \Delta n^0 \sigma_{21}(\nu_1,\nu_0) \qquad (3.38)$$

若线型函数为洛伦兹线型,则

$$g_H(\nu_1,I_{\nu_1}) = g_H^0(\nu_0)\frac{\left(\dfrac{\Delta\nu_H}{2}\right)^2}{(\nu_1-\nu_0)^2+\left(\dfrac{\Delta\nu_H}{2}\right)^2\left(1+\dfrac{I_{\nu_1}}{I_s}\right)} \qquad (3.39)$$

增益系数随 I_{ν_1} 之增大而减小的现象称为增益饱和。入射光频率偏离中心频率越远则饱和效应越弱。

3) 与频率为 ν_1,光强为 I_{ν_1} 的准单色光同时入射的弱准单色光的增益系数

频率为 ν_1 的强光引起 Δn 的下降,而 Δn 的下降不仅使该光本身的增益系数下降,还将迫使其他频率的弱光的增益系数以同等程度下降。频率为 ν 的弱光的增益系数

$$g_H(\nu,I_{\nu_1}) = \Delta n\sigma_{21}(\nu,\nu_0) = \frac{g_H^0(\nu)}{1+\dfrac{I_{\nu_1}}{I_s(\nu_1)}} \qquad (3.40)$$

所以,在强光的作用下,整条增益曲线按同一比例下降。

2. 非均匀加宽工作物质的增益系数

1）频率为 ν_1，光强为 I_{ν_1} 的准单色光的增益系数

对非均匀加宽工作物质，在计算增益系数时，必须将粒子按其表观中心频率分类，表观中心频率在 $\nu'_0 \sim \nu'_0 + d\nu'_0$ 范围内的粒子发射一条中心频率为 ν'_0，线宽为 $\Delta\nu_H$ 的均匀加宽谱线。这部分粒子对增益系数的贡献 dg 可按均匀加宽增益系数表达式计算，总的增益系数应是具有各种表观中心频率的全部粒子贡献的总和。

如果该工作物质中表观中心频率为 ν'_0 的粒子发射的谱线属洛伦兹线型，则频率为 ν_1 的光的增益系数为

$$g_i(\nu_1, I_{\nu_1}) = \frac{g_i^0(\nu_1)}{\sqrt{1 + \frac{I_{\nu_1}}{I_s}}} \tag{3.41}$$

式中：I_s 是该工作物质的均匀加宽中心频率饱和光强，可由式（3.35）计算。若非均匀加宽属多普勒加宽，则式（3.41）中的小信号增益系数

$$g_i^0(\nu_1) = \Delta n^0 \sigma_{21}(\nu_1, \nu_0) = g_i^0(\nu_0) \exp\left[-4(\ln 2)\left(\frac{\nu_1 - \nu_0}{\Delta\nu_D}\right)^2\right]$$

$$\tag{3.42}$$

式中

$$g_i^0(\nu_0) = \Delta n^0 \sigma_{21} \tag{3.43}$$

式中：σ_{21} 是非均匀加宽中心频率发射截面。非均匀加宽工作物质的增益饱和效应的强弱与频率无关。

2）烧孔效应

在非均匀加宽工作物质中，频率为 ν_1 的强光只引起表观中心频率在 ν_1 附近的反转集居数饱和，因而在 $\Delta n(\nu'_0) - \nu'_0$ 的曲线上形成一个烧孔。若有一频率为 ν 的弱光同时入射，仅当 ν 在 ν_1 附近时才因作贡献的高能级粒子减少而使增益系数较小信号时减少，当 ν 远离 ν_1 时增益系数不受影响，因而在弱光（频率为 ν）的增益曲线上形成凹陷，称为烧孔，如图 3.3 所示。

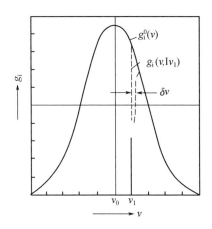

图 3.3 非均匀加宽工作物质中弱光的增益曲线

在多普勒加宽的非均匀加宽驻波腔激光器中,频率为 ν_1 的振荡模将在弱光(频率为 ν)的增益曲线上对称地烧两个孔,如图 3.4 所示。

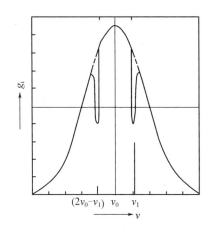

图 3.4 多普勒非均匀加宽驻波腔激光器
工作物质中弱光的增益曲线

3. 半导体激光器

光波模在半导体激光器的有源区中的增益系数

$$g(\nu, I_\nu) = \frac{g^0(\nu)}{1 + \dfrac{I_\nu}{I_s(\nu)}} \tag{3.44}$$

其中小信号增益系数

$$g^0(\nu) = \frac{A_g}{\nu} \Gamma_m \left(\frac{\tau J}{eV} - s_{tr} \right) \tag{3.45}$$

饱和光强

$$I_s(\nu) = \frac{h\nu v}{A_g \tau} \tag{3.46}$$

思考题

3.1 均匀加宽和非均匀加宽的本质区别是什么？

3.2 为什么原子(分子,离子)在能级上的有限寿命会造成加宽？为什么当下能级不是基态时,自然线宽不仅和上能级的自发辐射寿命有关,而且和下能级的自发辐射寿命有关？

3.3 阐明为什么气体工作物质的温度越高,分子(原子)量越小,多普勒加宽越大。

3.4 为什么气体工作物质中的碰撞线宽正比于气体压强？

3.5 实验证明,在气压不太高时碰撞线宽和气压成正比,即 $\Delta\nu_L = \alpha p$。比例常数 α 和哪些因素有关？

3.6 指出下列激光工作物质中占优势的谱线加宽机制：
(1) 温度为4K和常温时的红宝石；(2) Nd:YAG；(3) 染料；(4) 氩离子；(5) CO_2（压强为2000Pa）；(6) He-Ne。

3.7 三能级系统和四能级系统的最本质区别何在？为什么三能级系统实现集居数反转要比四能级困难？

3.8 各举出两种本质上属于三能级系统和四能级系统的激光工作物质,并阐明其形成集居数反转的激励过程。

3.9 在典型的三能级速率方程组中,式(3.18)忽略了 $n_3 W_{31}$ 项,在典型的四能级速率方程组中,式(3.23)忽略了 $n_3 W_{30}$ 项。为什么可以作此忽略。是否任何能级系统都能作类似忽略。

3.10 列出光泵时二能级系统的速率方程,证明用光泵的方法,不能在纯粹的二能级系统中实现集居数反转。

3.11 推导入射光在非均匀加宽工作物质中的增益系数时,为什么不能像处理均匀加宽工作物质那样,直接从速率方程中求出反转粒子数密度 Δn,并从而得出增益系数表示式,而必须将粒子按表观中心频率分类并利用均匀加宽增益系数表达式才能求出非均匀加宽工作物质的增益系数?

3.12 何谓增益饱和,均匀加宽工作物质的增益饱和与非均匀加宽工作物质的增益饱和的基本特征是什么?

3.13 从物理实质上阐明,在均匀加宽工作物质中,当入射光为中心频率时增益饱和效应最强,而频率偏离中心频率越大时饱和效应越弱。

3.14 从物理实质上阐明,在非均匀加宽工作物质中,增益饱和效应的强弱和入射光频率无关。

3.15 吸收是增益的反过程,吸收过程通常与二能级系统相联系,试写出当入射光频率为 ν,光强为 I_ν 时,均匀加宽和非均匀加宽吸收物质中吸收系数的表达式,并写出饱和光强表示式。

3.16 均匀加宽四能级系统中,τ_2 是没有受激辐射时高能级粒子的寿命。在有受激辐射时有效寿命将减小。入射光强多大时粒子的有效寿命减为 $\tau_2/2$?

3.17 为什么典型的三能级系统的饱和光强和泵浦跃迁几率的大小有关(见习题 3.23 的结果),而典型的四能级系统的饱和光强却与此无关?

3.18 从物理实质上阐明为什么均匀加宽增益工作物质的饱和光强和发射截面及高能级寿命成反比。

3.19 非均匀加宽工作物质中增益系数表达式(3.41)中的 I_s 是该工作物质的均匀加宽中心频率饱和光强。对此,你怎样理解?

3.20 某种多普勒加宽气体吸收物质被置于光腔中,设吸收谱线对应的能级为 E_2 和 E_1(基态),中心频率为 ν_0。如果光腔中存在频率为 ν 的单模光波场,试定性画出下列情况下基态粒子数按速度的分布

函数 $n_1(v_z)$：

(1) $\nu \gg \nu_0$；

(2) $\nu - \nu_0 = \frac{1}{2}\Delta\nu_D$；

(3) $\nu = \nu_0$。

3.21 在环形 $He^3-(Ne^{20}+Ne^{22})$ 激光器中，设 Ne^{20} 和 Ne^{22} 小信号增益曲线中心频率分别为 ν_{01} 和 ν_{02}，腔内存在顺时针及反时针两束激光，其光强分别为 I_+ 和 I_-，其频率为 ν_1，$\nu_{01} < \nu_0 < \nu_{02}$。试分别写出和 I_+ 及 I_- 相互作用的 Ne^{20} 和 Ne^{22} 原子的速度 v_z（v_z 的正方向如图 3.5 所示）。

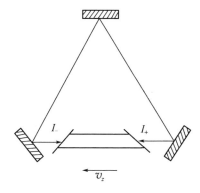

图 3.5

3.22 今有频率 ν_1，光强 I_{ν_1} 的光及频率为 ν 的弱光在洛伦兹均匀加宽及多普勒非均匀加宽工作物质中传播，请作出下列情况下的 $\Delta n(\nu_0') - \nu_0'$，$g(\nu_1) - \nu_1$，$g(\nu) - \nu$ 曲线示意图，并标出上述曲线的宽度和某些曲线上的烧孔宽度及曲线轮廓线的相对高度：

(1) $I_{\nu_1} \ll I_s$；

(2) 频率为 ν_1 的光和频率为 ν 的弱光在增益工作物质中同向传播，$I_{\nu_1} = I_s$；

(3) 频率 ν_1 的光和频率为 ν 的弱光在含增益工作物质的驻波型谐振腔中往返传播，$I_{\nu_1} = I_s$。

3.23 今有频率为 ν_1，光强为 I_{ν_1} 的强光在均匀加宽及非均匀加宽工作物质中传播，$I_{\nu_1}=I_s$，请作下述三种情况下自发辐射线型函数的示意图。

（1）光在气体或晶体增益工作物质中传播；

（2）光在含气体增益工作物质的驻波型谐振腔中往返传播；

（3）光在含晶体增益工作物质的驻波型谐振腔中往返传播；

（4）光在含气体或晶体增益工作物质的行波型谐振腔中传播。

（晶体工作物质的质量极好或极差，工作于常温）

3.24 频率为 ν_1 的强光和频率为 ν 的弱光同时入射到多普勒非均匀加宽工作物质中，作出下述三种情况下弱光吸收曲线 $\beta(\nu,I_{\nu_1})-\nu$ 的示意图：

（1）二光同向入射；

（2）二光相向入射；

（3）二光垂直入射。

3.25 怎样通过实验测得小信号中心频率增益（吸收）系数及发射（吸收）截面？

3.26 怎样通过实验测得饱和光强？

3.27 怎样通过实验测得自发辐射谱线宽度及激发态寿命？

3.28 若激光器工作物质的长度不同于腔长，工作物质的折射率不同于谐振腔其余部分的折射率，试写出描述该激光器中光子数密度变化的速率方程。

例 题

例3.1 考虑某二能级工作物质，其 E_2 能级的自发辐射寿命为 τ_{s_2}，无辐射跃迁寿命为 τ_{nr_2}。假设在 $t=0$ 时刻 E_2 上的原子数密度为 n_{20}，工作物质的体积为 V，自发辐射光的频率为 ν，求：

（1）自发辐射光功率随时间 t 的变化规律；

（2）能级 E_2 上的原子在其衰减过程中总共发出的自发辐射光子数；

（3）自发辐射光子数与初始时刻能级 E_2 上的粒子数之比 η_2（η_2

称为量子产额或 E_2 能级向 E_1 能级跃迁的荧光效率）。

解：

（1）该原子在 E_2 能级上的寿命 τ_2 计算如下：

$$\frac{1}{\tau_2} = \frac{1}{\tau_{s2}} + \frac{1}{\tau_{nr2}}$$

若 t 时刻能级 E_2 上的原子数密度为 $n_2(t)$，则

$$\frac{dn_2(t)}{dt} = -\frac{n_2(t)}{\tau_2}$$

由上式可得

$$n_2(t) = n_{20} e^{-\frac{t}{\tau_2}}$$

在 t 时刻体积 V 中产生的自发辐射光功率

$$P(t) = \frac{n_2(t)}{\tau_{s2}} h\nu V = \frac{h\nu V}{\tau_{s2}} n_{20} e^{-\frac{t}{\tau_2}} = \frac{h\nu V}{\tau_{s2}} n_{20} e^{-t\left(\frac{1}{\tau_{s2}} + \frac{1}{\tau_{nr2}}\right)}$$

（2）在 dt 时间内体积 V 中产生的自发辐射光子总数

$$dN = \frac{n_2(t)V}{\tau_{s2}} dt$$

能级 E_2 上的原子发出的自发辐射光子总数

$$N_{all} = \int_0^\infty \frac{n_2(t)V}{\tau_{s2}} dt = \frac{V}{\tau_{s2}} \int_0^\infty n_{20} e^{-\frac{t}{\tau_2}} dt =$$

$$\frac{\tau_2}{\tau_{s2}} n_{20} V = n_{20} V \frac{\tau_{nr2}}{\tau_{s2} + \tau_{nr2}}$$

（3）量子产额

$$\eta_2 = \frac{N_{all}}{n_{20} V} = \frac{\tau_{nr2}}{\tau_{s2} + \tau_{nr2}}$$

例 3.2 某激光工作物质的自发辐射谱线形状呈三角形，如图 3.6 所示。光子能量 $h\nu_0 = 1.476\text{eV}$。高能级自发辐射寿命 τ_{s2} 为 5ns，小信号中心频率增益系数 $g^0(\nu_0) = 10\text{cm}^{-1}$。求：

（1）中心频率线型函数的值 $\tilde{g}(\nu_0, \nu_0)$；

（2）达到上述小信号中心频率增益系数所需的小信号反转集居数

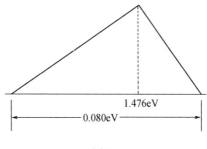

图 3.6

密度(假设折射率 $\eta = 1$)。

解：

(1) 设三角形谱线底边对应的频率间隔为 $\Delta\nu$，则

$$h\Delta\nu = 0.08 \times 1.60218 \times 10^{-19}(\text{J})$$

$$\Delta\nu = \frac{0.08 \times 1.60218 \times 10^{-19}}{6.626 \times 10^{-34}} = 0.1935 \times 10^{14}(\text{Hz})$$

设三角形谱线线型函数的高为 $\tilde{g}(\nu_0,\nu_0)$，利用线型函数的归一化条件，可有

$$\int_{-\infty}^{+\infty}\tilde{g}(\nu,\nu_0)\mathrm{d}\nu = \frac{1}{2}\tilde{g}(\nu_0,\nu_0)\Delta\nu = 1$$

由上式可求出

$$\tilde{g}(\nu_0,\nu_0) = \frac{2}{\Delta\nu} = 1.03 \times 10^{-13}\text{s}$$

(2) 由光子能量 $h\nu_0 = 1.476 \times 1.60218 \times 10^{-19}\text{J}$ 可求得

$$\nu_0 = \frac{1.476 \times 1.60218 \times 10^{-19}}{6.6256 \times 10^{-34}} = 3.57 \times 10^{14}(\text{Hz})$$

$$\sigma_{21} = \frac{A_{21}c^2}{8\pi\nu_0^2}\tilde{g}(\nu_0,\nu_0) = \frac{c^2}{8\pi\tau_{s2}\nu_0^2}\tilde{g}(\nu_0,\nu_0) =$$

$$\frac{3^2 \times 10^{20}}{8\pi \times 5 \times 10^{-9} \times (3.57 \times 10^{14})^2} \times 1.03 \times 10^{-13} =$$

$$5.788 \times 10^{-15}(\text{cm}^2)$$

所需小信号反转集居数密度

$$\Delta n^0 = \frac{g^0(\nu_0)}{\sigma_{21}} = \frac{10}{5.788 \times 15^{-15}} = 1.73 \times 10^{15} (\text{cm}^{-3})$$

例3.3 设铬离子数密度为 n 的红宝石被一矩形脉冲泵浦光照射,其激励跃迁几率可表示为

$$W_{13}(t) = W_p, \qquad 0 < t \leqslant t_0$$
$$W_{13}(t) = 0, \qquad t > t_0$$

如图3.7所示。求激光跃迁上能级铬离子数密度 $n_2(t)$,并画出相应的图形。

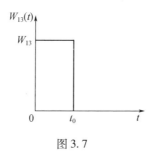

图3.7

解:

由于红宝石中,$S_{32} \gg W_{13}$,使 $n_3 \approx 0$,因此

$$\frac{dn_3(t)}{dt} = n_1 W_{13}(t) - n_3(S_{32} + A_{31}) = 0$$

由上式可得

$$\frac{n_3 S_{32}}{\eta_1} = n_1 W_{13}(t)$$

式中:$\eta_1 = S_{32}/(S_{32} + A_{31})$ 表示由 E_3 能级向 E_2 能级无辐射跃迁的量子效率。考虑到红宝石未置于谐振腔中,也无相应频率的光入射,$E_2 - E_1$ 能级间的受激辐射极其微弱,因此在描述 E_2 能级粒子数密度 $n_2(t)$ 随时间变化的速率方程中可以略去受激跃迁项,可有

$$\frac{dn_2(t)}{dt} = n_3 S_{32} - n_2(t)(A_{21} + S_{21}) =$$

$$\eta_1 W_{13}(t)[n - n_2(t)] - \frac{A_{21} n_2(t)}{\eta_2} \tag{3.47}$$

式中:$\eta_2 = A_{21}/(A_{21} + S_{21})$ 为 E_2 能级向基态跃迁的荧光效率(也称量子产额)。

在 $0 < t \leq t_0$ 时,$W_{13} = W_p$,式(3.47)可改写为

$$\frac{dn_2(t)}{dt} + n_2(t)\left(\eta_1 W_p + \frac{A_{21}}{\eta_2}\right) = \eta_1 W_p$$

由上述微分方程可得

$$n_2(t)\exp\left[\left(\eta_1 W_p + \frac{A_{21}}{\eta_2}\right)t\right] = \frac{\eta_1 W_p}{\left(\eta_1 W_p + \frac{A_{21}}{\eta_2}\right)}\exp\left[\left(\eta_1 W_p + \frac{A_{21}}{\eta_2}\right)t\right] + C \tag{3.48}$$

$t = 0$ 时,$n_2(t) = 0$,所以

$$C = \frac{\eta_1 W_p}{\eta_1 W_p + \frac{A_{21}}{\eta_2}}$$

将上式代入式(3.48),可得

$$n_2(t) = \frac{\eta_1 W_p}{\eta_1 W_p + \frac{A_{21}}{\eta_2}}\left\{1 - \exp\left[-\left(\eta_1 W_p + \frac{A_{21}}{\eta_2}\right)t\right]\right\}$$

在 $t > t_0$ 时,$W_{13}(t) = 0$,式(3.47)可写为

$$\frac{dn_2(t)}{dt} = \frac{A_{21}}{\eta_2}n_2(t)$$

由上式可解得

$$n_2(t) = n_2(t_0)\exp\left[-\frac{A_{21}}{\eta_2}(t - t_0)\right]$$

式中

$$n_2(t_0) = \frac{\eta_1 W_p}{\eta_1 W_p + \frac{A_{21}}{\eta_2}}\left\{1 - \exp\left[-\left(\eta_1 W_p + \frac{A_{21}}{\eta_2}\right)t_0\right]\right\}$$

$n_2(t)$ 随时间的变化示意图如图 3.8 所示。

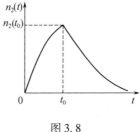

图 3.8

例 3.4 今有一个三能级系统,其中 E_1 是基态,三个能级的统计权重相等。泵浦光频率与 E_1、E_3 间跃迁相对应,其跃迁几率 $W_{13} = W_{31} = W_p$。E_3 能级的寿命 τ_3 较长,E_2 能级的寿命 τ_2 较短,$E_3 \to E_2$ 的跃迁几率为 $1/\tau_{32}$。求:

(1) 在 E_3 和 E_2 间形成集居数反转的条件;

(2) E_3 和 E_2 间的反转集居数密度和 W_p 的关系式;

(3) 泵浦(抽运)极强时 E_3 和 E_2 间的反转集居数密度。

(因无谐振腔,也无相应频率的光入射,因而 E_3 和 E_2 间的受激辐射可忽略不计)

解:

(1) 列出稳态速率方程

$$\frac{dn_3}{dt} = (n_1 - n_3)W_p - \frac{n_3}{\tau_3} = 0 \quad (3.49)$$

$$\frac{dn_2}{dt} = \frac{n_3}{\tau_{32}} - \frac{n_2}{\tau_2} = 0 \quad (3.50)$$

$$n_1 + n_2 + n_3 = n \quad (3.51)$$

由式(3.50)可得

$$n_2 = n_3 \frac{\tau_2}{\tau_{32}} \quad (3.52)$$

$$\Delta n = n_3 - n_2 = n_3 \left(1 - \frac{\tau_2}{\tau_{32}}\right) \quad (3.53)$$

由式(3.53)可得,在 E_3 和 E_2 间形成集居数反转的条件是

$$\tau_2 < \tau_{32}$$

（2）由式(3.49)可得

$$n_3 = \frac{n_1 W_p}{W_p + \dfrac{1}{\tau_3}} \tag{3.54}$$

将式(3.54)代入式(3.50)，可得

$$\frac{n_1 W_p}{\left(W_p + \dfrac{1}{\tau_3}\right)\tau_{32}} - \frac{n_2}{\tau_2} = 0$$

由上式并利用式(3.51)，可得

$$n_2 = \frac{n_1 W_p \tau_2}{\left(W_p + \dfrac{1}{\tau_3}\right)\tau_{32}} = (n - n_2 - n_3)\frac{W_p \tau_2}{\left(W_p + \dfrac{1}{\tau_3}\right)\tau_{32}}$$

上式可改写为

$$n_2\left[1 + \frac{W_p \tau_2}{\left(W_p + \dfrac{1}{\tau_3}\right)\tau_{32}}\right] = (n_1 - n_3)\frac{W_p \tau_2}{\left(W_p + \dfrac{1}{\tau_3}\right)\tau_{32}}$$

利用式(3.52)，可得

$$n_3 \frac{\tau_2}{\tau_{32}}\left[1 + \frac{W_p \tau_2}{\left(W_p + \dfrac{1}{\tau_3}\right)\tau_{32}}\right] = (n - n_3)\frac{W_p \tau_2}{\left(W_p + \dfrac{1}{\tau_3}\right)\tau_{32}}$$

由此可得

$$n_3 = \frac{nW_p \dfrac{1}{\left(W_p + \dfrac{1}{\tau_3}\right)}}{1 + \dfrac{W_p \tau_2}{\left(W_p + \dfrac{1}{\tau_3}\right)\tau_{32}} + \dfrac{W_p}{\left(W_p + \dfrac{1}{\tau_3}\right)}} = \frac{nW_p \tau_3}{1 + W_p \tau_3\left(2 + \dfrac{\tau_2}{\tau_{32}}\right)}$$

将上式代入式(3.53)，可得

$$\Delta n = \frac{nW_p\tau_3\left(1-\dfrac{\tau_2}{\tau_{32}}\right)}{1+W_p\tau_3\left(2+\dfrac{\tau_2}{\tau_{32}}\right)}$$

(3) 当 W_p 极强时，$W_p\tau_3 \gg 1$

$$\Delta n = n\frac{\left(1-\dfrac{\tau_2}{\tau_{32}}\right)}{\left(2+\dfrac{\tau_2}{\tau_{32}}\right)} = n\left(\frac{\tau_{32}-\tau_2}{2\tau_{32}+\tau_2}\right)$$

例3.5 证明二能级(下能级是基态)均匀加宽(具有洛伦兹线型)的吸收介质对频率为 ν_1，光强为 I_{ν_1} 的光的吸收系数

$$\beta(\nu_1,I_{\nu_1}) = \beta^0(\nu_0)\frac{\left(\dfrac{\Delta\nu_H}{2}\right)^2}{(\nu_1-\nu_0)^2+\left(\dfrac{\Delta\nu_H}{2}\right)^2\left(1+\dfrac{I_{\nu_1}}{I_s}\right)}$$

并给出中心频率小信号吸收系数 $\beta^0(\nu_0)$ 及中心频率饱和光强 I_s 的表示式(上下能级的统计权重分别为 f_2 和 f_1)。

解：

设粒子数密度为 n，上、下能级的粒子数密度分别为 n_2 和 n_1。稳态下，应有

$$\frac{\mathrm{d}n_2}{\mathrm{d}t} = -\Delta n\sigma_{21}(\nu_1,\nu_0)\frac{I_{\nu_1}}{h\nu_1} - \frac{n_2}{\tau_2} = 0 \quad (3.55)$$

式中：τ_2 是上能级的寿命。因 $n_1+n_2 = n$；$n_2-(f_2/f_1)n_1 = \Delta n$，可得

$$n_2 = \frac{f_2}{f_1+f_2}\left(n+\frac{f_1}{f_2}\Delta n\right) \quad (3.56)$$

将式(3.56)代入式(3.55)，可得

$$\Delta n = \frac{-\dfrac{f_2}{f_1}n}{1+\dfrac{f_1+f_2}{f_1}\sigma_{21}(\nu_1,\nu_0)\tau_2\dfrac{I_{\nu_1}}{h\nu_1}} = \frac{-\dfrac{f_2}{f_1}n}{1+\dfrac{f_1+f_2}{f_2}\sigma_{12}(\nu_1,\nu_0)\tau_2\dfrac{I_{\nu_1}}{h\nu_1}}$$

(3.57)

由式(3.15)可得

$$\sigma_{12}(\nu_1, \nu_0) = \sigma_{12} \frac{\left(\dfrac{\Delta\nu_H}{2}\right)^2}{(\nu_1 - \nu_0)^2 + \left(\dfrac{\Delta\nu_H}{2}\right)^2} \tag{3.58}$$

式中:σ_{12} 是中心频率吸收截面

$$\sigma_{12} = \frac{f_2}{f_1} \frac{v^2 A_{21}}{4\pi^2 \nu_0^2 \Delta\nu_H} \tag{3.59}$$

频率为 ν_1 的光的吸收系数

$$\beta(\nu_1, I_{\nu_1}) = -\Delta n \sigma_{21}(\nu_1, \nu_0) = \frac{n\sigma_{12}(\nu_1, \nu_0)}{1 + \dfrac{f_1 + f_2}{f_2} \sigma_{12}(\nu_1, \nu_0) \tau_2 \dfrac{I_{\nu_1}}{h\nu_1}} \tag{3.60}$$

将式(3.58)代入式(3.60),可得

$$\beta(\nu_1, I_{\nu_1}) = \beta^0(\nu_0) \frac{\left(\dfrac{\Delta\nu_H}{2}\right)^2}{(\nu_1 - \nu_0)^2 + \left(\dfrac{\Delta\nu_H}{2}\right)^2 \left(1 + \dfrac{I_{\nu_1}}{I_s}\right)} \tag{3.61}$$

式中:中心频率小信号吸收系数

$$\beta^0(\nu_0) = n\sigma_{12} \tag{3.62}$$

中心频率处的饱和光强

$$I_s = \frac{f_2}{f_1 + f_2} \frac{h\nu_1}{\sigma_{12}\tau_2} \approx \frac{f_2}{f_1 + f_2} \frac{h\nu_0}{\sigma_{12}\tau_2} = \frac{f_1}{f_1 + f_2} \frac{h\nu_0}{\sigma_{21}\tau_2} \tag{3.63}$$

例3.6 设有两束频率分别为 $\nu_0 + \delta\nu$ 和 $\nu_0 - \delta\nu$,光强为 I_1 和 I_2 的强光沿相同方向(图3.9(a))或沿相反方向(图3.9(b))通过中心频率为 ν_0 的非均匀加宽增益介质,$I_1 > I_2$。试分别画出两种情况下反转粒子数密度按速度的分布曲线,标出烧孔位置,并给出每个烧孔的深度。

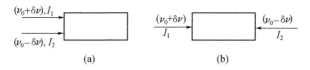

图 3.9

解:

设 z 轴与频率为 $(\nu_0 + \delta\nu)$ 的光传输方向一致,粒子沿 z 向运动时,热运动速度分量 $v_z > 0$;反之,则 $v_z < 0$。

(1) 图 3.9(a) 所示的情况:

与频率为 $(\nu_0 + \delta\nu)$,光强为 I_1 的光作用,并产生受激辐射的粒子应具有表观中心频率 $\nu_0' = \nu_0 + \delta\nu$。$\nu_0'$ 与 v_z 的关系为

$$\nu_0' = \nu_0 \left(1 + \frac{v_z}{c}\right)$$

所以产生受激辐射的粒子应具有

$$v_z = c\left(\frac{\nu_0'}{\nu_0} - 1\right) = c\,\frac{\nu_0' - \nu_0}{\nu_0} = c\,\frac{\delta\nu}{\nu_0}$$

由于产生受激辐射,使该速度附近的高能级粒子减少,所以在 $\Delta n(v_z) - v_z$ 曲线的 $v_z = c(\delta\nu/\nu_0)$ 处形成烧孔。烧孔底的 $\Delta n(v_z)$ 值为

$$\Delta n(v_z) = \frac{\Delta n^0(v_z)}{1 + \dfrac{I_1}{I_s}}$$

式中:I_s 为该介质均匀加宽谱线中心频率处的饱和光强。烧孔深度

$$\Delta n^0(v_z) - \Delta n(v_z) = \frac{I_1}{I_1 + I_s}\Delta n^0(v_z)$$

如图 3.10(a) 的烧孔(1)所示。

同理,与正向传输,频率为 $(\nu_0 - \delta\nu)$,光强为 I_2 的光作用,并产生受激辐射的粒子应具有 z 向速度分量

$$v_z = -c\,\frac{\delta\nu}{\nu_0}$$

所以在 $v_z = -c(\delta\nu/\nu_0)$ 处形成一个烧孔,烧孔深度

$$\Delta n^0(v_z) - \Delta n(v_z) = \frac{I_2}{I_2 + I_s}\Delta n^0(v_z)$$

如图 3.10(a) 的烧孔(2)所示。由于 $I_1 > I_2$,所以烧孔(2)较烧孔(1)浅。

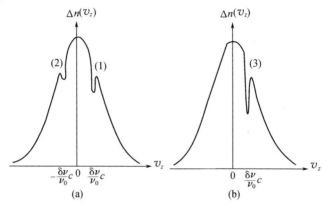

图 3.10

(2) 图 3.9(b)所示的情况:

与反向传输,频率为 $(\nu_0 - \delta\nu)$,光强为 I_2 的光作用,并产生受激辐射的粒子应具有表观中心频率

$$\nu'_0 = \nu - \delta\nu$$

ν'_0 与 v_z 的关系为

$$\nu'_0 = \nu_0\left(1 - \frac{v_z}{c}\right)$$

所以产生受激辐射的粒子应具有 z 向速度分量

$$v_z = c\frac{\nu_0 - \nu'_0}{\nu_0} = c\frac{\delta\nu}{\nu_0}$$

由此可见,频率为 $(\nu_0 - \delta\nu)$ 的反向传输光与频率为 $(\nu_0 + \delta\nu)$ 的正向传输光共同在 $\Delta n(v_z) - v_z$ 曲线的 $v_z = c(\delta\nu/\nu_0)$ 处形成一个烧孔。烧孔的深度

$$\Delta n^0(v_z) - \Delta n(v_z) = \frac{I_1 + I_2}{I_1 + I_2 + I_s}\Delta n(v_z)$$

如图 3.10(b)中烧孔(3)所示。与图 3.10(a)中烧孔(1)、(2)相比,烧孔(3)最深。

习　题

3.1　静止氖原子的 $3S_2 - 2P_4$ 谱线中心波长为 632.8nm,设原子分别以 $0.1c$、$0.4c$ 和 $0.8c$ 的速度向着观察者运动,问其表观中心波长分别为多少?

3.2　在激光出现以前,Kr^{86} 低气压放电灯是很好的单色光源。如果忽略自然加宽和碰撞加宽,试估算在 77K 温度下,其 605.7nm 谱线的相干长度是多少,并与一个单色性 $\Delta\lambda/\lambda = 10^8$ 的氦氖激光器的 632.8nm 激光的相干长度比较。

3.3　估算 CO_2 气体在室温(300K)下的多普勒线宽 $\Delta\nu_D$ 和碰撞线宽系数 α,并讨论在什么气压范围内从非均匀加宽过渡到均匀加宽。(CO_2 分子间的碰撞截面 $Q \approx 10^{18} m^2$。)

解题提示:

α 值的估算:通过估算气体压强 $p = 1Pa$ 时的碰撞线宽 $\Delta\nu_L$ 可求得碰撞线宽系数 α。$\alpha = \Delta\nu_L/p, \Delta\nu_L = 1/(\pi\tau_L)$,$CO_2$ 分子间平均碰撞时间的倒数 $1/\tau_L = nQ\sqrt{16k_bT/(\pi m)}$,每个分子的质量 $m = uM$,u 为原子质量单位,M 为分子量,单位体积内的分子数 $n = 7.26 \times 10^{22}(p/T) m^{-3}$,其中 p 的单位是 Pa,T 是绝对温度。

3.4　氦氖激光器中 Ne^{20} 的 632.8nm 谱线的跃迁上能级 $3S_2$ 的自发辐射寿命 $\tau_{s_2} \approx 2 \times 10^{-8}s$,下能级 $2P_4$ 的自发辐射寿命 $\tau_{s_1} \approx 2 \times 10^{-8}s$,放电管气压 $p \approx 266Pa$,放电管温度 $T = 350K$。试求

(1) 均匀加宽线宽 $\Delta\nu_H$;

(2) 多普勒线宽 $\Delta\nu_D$;

(3) 分析在该激光器中,哪种加宽占优势(已知氖原子的碰撞加

宽系数 $\alpha = 750 \text{kHz/Pa}$)。

3.5 氦氖激光器中 Ne^{20} 有下列三种跃迁，即 $3S_2 - 2P_4$ 的 632.8nm，$2S_2 - 2P_4$ 的 1.1523μm 和 $3S_2 - 3P_4$ 的 3.39μm 的跃迁。其相应的自发辐射几率分别为 $6.56 \times 10^6 \text{s}^{-1}$，$6.54 \times 10^6 \text{s}^{-1}$ 和 $2.87 \times 10^6 \text{s}^{-1}$。在低气压下，多普勒加宽占优势。

（1）求 400K 时三种跃迁的多普勒线宽。分别用 GHz、nm 和 cm^{-1} 为单位表示；

（2）求相应的中心频率发射截面；

（3）在小信号反转集居数密度相同的情况下，比较上述三条谱线的小信号中心频率增益系数的大小；

（4）若氦氖激光器的放电管长 1m，在 $\lambda = 3.39 \mu \text{m}$ 时的中心频率单程小信号增益为 30dB，试求 $3S_2$ 和 $3P_4$ 能级间的小信号反转集居数密度；

（5）若在 $3S_2$ 和 $2P_4$ 能级间也具有此小信号反转集居数密度，试求相应跃迁波长的中心频率单程小信号增益。

3.6 若丹明 6G 的 $S_1 \rightarrow S_0$ 跃迁的量子产额 η_2 为 0.87，相应的寿命 τ_2 约为 5ns，试计算 S_1 能级的自发辐射和无辐射跃迁寿命，分别记为 τ_{s_2} 和 τ_{nr_2}（量子产额为自发辐射光子总数和初始时刻 S_1 能级分子数之比）。

解题提示：

由速率方程 $dn_2(t)/dt = -n_2(t)/\tau_2$ 求出 t 时刻 S_1 能级上若丹明的分子数密度 $n_2(t)$，单位体积中单位时间内的自发辐射光子数 $dN/dt = n_2(t)/\tau_{s_2}$，单位体积中自发辐射的光子总数 $N_{\text{all}} = \int_0^\infty [n_2(t)/\tau_{s_2}] dt$，量子产额 $\eta_2 = N_{\text{all}}/n_2(0)$，由 η_2 为 0.87 可计算出 S_1 能级的自发辐射和无辐射跃迁寿命 τ_{s_2} 和 τ_{nr_2}。

3.7 室温下 Nd:YAG 的 1.06μm 跃迁的线型函数是线宽约为 195GHz 的洛伦兹函数。上能级的寿命 $\tau_2 = 230 \mu \text{m}$，该跃迁的量子产额 $\eta_2 = 0.42$（量子产额为自发辐射光子总数和初始时刻上能级钕离子数之比）。YAG 的折射率 $\eta = 1.82$。求中心频率发射截面 σ_{21}。

3.8　室温下红宝石能级间的跃迁几率为：$S_{32} \approx 5 \times 10^6 s^{-1}$，$A_{31} \approx 3 \times 10^5 s^{-1}$，$A_{21} \approx 3 \times 10^2 s^{-1}$，$S_{32} \approx 0$。试估算 W_{13} 等于多少时红宝石对 $\lambda = 694.3 nm$ 的光是透明的（对红宝石，激光上、下能级的统计权重 $f_1 = f_2 = 4$，计算中可不计光的各种损耗）。

3.9　短波长（真空紫外、软 X 射线）谱线的主要加宽机构是自然加宽。试证明峰值吸收截面 $\sigma_{12} = \lambda_0^2/2\pi$（假设工作物质的折射率 $\eta = 1$，上、下能级的统计权重相等，下能级是基态）。

3.10　已知红宝石的密度为 $3.98 g/cm^3$，其中 Cr_2O_3 所占比例为 0.05%（质量比），在波长 $694.3 nm$ 附近的峰值吸收系数为 $0.4 cm^{-1}$。设在泵源激励下获得小信号反转集居数密度 $\Delta n^0 = 5 \times 10^{17} cm^{-3}$。求中心波长小信号增益系数（上、下能级统计权重相等）。

解题提示：

每个 Cr_2O_3 分子的重量 $= M/N_A$，M 为分子量，N_A 为亚佛加德罗常数。

3.11　有光源一个，单色仪一台，光电倍增管及其电源一套，微安表一块，圆柱体端面抛光红宝石样品一块，红宝石中铬离子数密度 $n = 1.9 \times 10^{19} cm^{-3}$，$694.3 nm$ 荧光线宽 $\Delta\nu_F = 3.3 \times 10^{11} Hz$。可通过实验测出红宝石的吸收截面、发射截面及荧光寿命，试画出实验方框图，写出实验程序及计算公式（上、下能级统计权重相等）。

解题提示：

请思考怎样保证和判断所测吸收系数是小信号吸收系数。

3.12　若气体工作物质具有 E_2、E_1 二能级（统计权重相等），二能级的粒子数密度分别为 $n_2 \approx 0$，$n_1 = 10^{18} cm^{-3}$，E_2 能级的自发辐射寿命 $\tau_{s_2} = 10^{-4} s$。若吸收曲线为高斯型，线宽 $400 cm^{-1}$，中心频率 $\nu_0 = 3 \times 10^{14} Hz$。试求频率为 ν_0 的弱光束穿过厚度 $d = 1 cm$ 的上述介质时，光强衰减了多少（单位：dB）。

解题提示：

$\Delta\nu_D = c \times \Delta(1/\lambda)_D = c \times 400 cm^{-1}$，$c$ 为光速。

3.13　二能级的波数分别为 $18340 cm^{-1}$ 和 $2627 cm^{-1}$，相应的量子

数分别为 $J_2 = 1$ 和 $J_1 = 2$，上能级的自发辐射几率 $A_{21} = 10 \text{s}^{-1}$，测出自发辐射谱线形状如图 3.11 所示。求

(1) 中心频率发射截面 σ_{21}；

(2) 中心频率吸收截面 σ_{12}（设该工作物质的折射率为 1）。

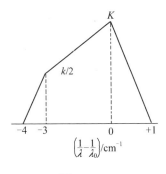

图 3.11

解题提示：

设图中的 $K = \tilde{g}(\nu_0, \nu_0)$，利用 $\text{d}\nu = c \times \text{d}(1/\lambda)$ 及线型函数归一化条件 $\int_{-\infty}^{+\infty} \tilde{g}(\nu, \nu_0) \text{d}\nu = 1$，可由图 3.11 所示自发辐射谱线形状求得 $\tilde{g}(\nu_0, \nu_0)$，$\sigma_{21} = (A_{21} \lambda_0^2/8\pi) \tilde{g}(\nu_0, \nu_0)$，$\sigma_{12} = (f_2/f_1) \sigma_{21}$。能级简并度和相应量子数的关系为 $f_2 = 2J_2 + 1$, $f_1 = 2J_1 + 1$。

3.14 考虑一个四能级系统：E_0（基态）、E_1、E_2、E_3。采用双泵浦方式，基态至 E_3 能级的泵浦速率为 R_3（单位体积单位时间内激发到高能级的粒子数），基态至 E_2 能级的泵浦速率为 R_2。在 E_3 和 E_1 能级间或 E_2 与 E_1 能级间有可能形成集居数反转。假设不存在 E_3 至 E_2 的跃迁，E_3 至 E_0 和 E_2 至 E_0 的跃迁也可忽略不计，E_1 能级的寿命为 τ_1，E_3 至 E_1 能级跃迁相应的寿命为 τ_{31}，E_2 至 E_1 能级跃迁的相应寿命为 τ_{21}。求：

(1) 稳态时 E_1、E_2 及 E_3 能级的集居数密度 n_1、n_2 和 n_3；

(2) E_3 和 E_1 间，E_2 和 E_1 间同时形成集居数反转的条件。

3.15 假设四能级系统中每个能级的统计权重相等。对其施以级联泵浦，E_1（基态）至 E_3 能级的泵浦跃迁几率 $W_{13} = W_A$，E_3 至 E_4 能级的泵浦跃迁几率 $W_{34} = W_B$。每个能级至各个下能级的跃迁几率为 γ_{ji}。求：

(1) 在 E_4 和 E_2 能级间形成集居数反转的条件；

(2) E_4 和 E_2 能级间的反转集居数密度 Δn。

解题提示：

由稳态速率方程 $\mathrm{d}n_4/\mathrm{d}t = (n_3 - n_3)W_B - n_4/\tau_4 = 0, \mathrm{d}n_3/\mathrm{d}t = (n_1 - n_3)W_A + n_4 W_B + n_4 \gamma_{43} - n_3/\tau_3 = 0, \mathrm{d}n_2/\mathrm{d}t = n_3 \gamma_{32} + n_4 \gamma_{42} - n_2 \gamma_{21} = 0$ 及 $n_1 + n_2 + n_3 + n_4 = n$，求得 n_4 和 n_2，n_4 和 n 的关系式 $n_2 = n_4[(1 + 1/W_B\tau_4)\gamma_{32} + \gamma_{42}]/\gamma_{21}$ 和 $n_4 = nW_A / \{W_A[(\gamma_{32} + \gamma_{32}/W_B\tau_4 + \gamma_{42})/\gamma_{21} + 3 + 2/W_B\tau_4] - (W_B + \gamma_{43}) + 1/\gamma_3 + 1/W_B\tau_4\}^{-1}$。由此两关系式得出 E_4 和 E_2 能级间形成集居数反转的条件和反转集居数密度。

3.16 均匀加宽气体激光工作物质的能级图如图 3.12 所示，其中能级 0 为基态。单位体积基态分子至上能级 3 的泵浦速率为 R_3，如果 τ_3/τ_1 合适，则可获得能级 3→能级 1 跃迁的增益。然而基态分子也可被激励到能级 2（单位体积的泵浦速率为 R_2），如有与 λ_{21} 相应的谐振腔，能级 2→能级 1 跃迁可形成激光，它将使能级 1 的分子数密度增加，并使波长 λ_{31} 的增益下降。假设系统处于稳态，各能级的统计权重均为 1，能级 2→能级 1 的自发辐射可忽略不计，$1/\tau_3 = 1/\tau_{30} + 1/\tau_{31}$。

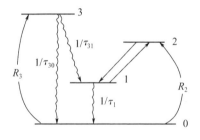

图 3.12

（1）假设 $R_2 = 0$，能级 2→能级 1 的跃迁未形成激光，写出能级 3→能级 1 跃迁的小信号中心频率增益系数 $g^0(\lambda_{31})$ 的表示式；

（2）假设 $R_2 \neq 0$，能级 2→能级 1 跃迁被激光强烈饱和，并忽略能级 2→能级 1 的自发辐射，写出小信号中心频率增益系数 $g^0(\lambda_{31})$ 的表示式。

解题提示：

（1）由能级 1，能级 2 间受激跃迁可忽略时的稳态速率方程 $\mathrm{d}n_3/\mathrm{d}t = R_3 - n_3/\tau_3 = 0, \mathrm{d}n_1/\mathrm{d}t = n_3/\tau_{31} - n_1/\tau_1 = 0$ 求得 $(n_3 - n_1)$，并由此求得 $g^0(\lambda_{31})$；

(2) 写出 $R_2 \neq 0$ 时能级 1,能级 2 间有强激光,且能级 2→能级 1 的自发辐射可忽略不计时的稳态速率方程 $dn_3/dt = R_3 - n_3/\tau_3 = 0$, $dn_2/dt = R_2 - (\sigma_{21}I/h\nu_{21})(n_2 - n_1) = 0$, $dn_1/dt = n_3/\tau_{31} - n_1/\tau_1 + (\sigma_{21}I/h\nu_{21})(n_2 - n_1) = 0$,求得此时的 $(n_3 - n_1)$ 并得到相应的 $g^0(\lambda_{31})$。

3.17 在具有洛伦兹线型的均匀加宽工作物质中,频率为 ν_1、强度为 I 的强光增益系数为 $g_H(\nu_1, I)$,$g_H(\nu_1, I)$ - ν_1 关系曲线称大信号增益曲线,求大信号增益曲线的宽度 $\Delta \nu$。

3.18 有频率为 ν_1、ν_2 二强光入射,试求均匀加宽情况下:
(1) 频率为 ν 的弱光的增益系数表达式;
(2) 频率为 ν_1 的强光的增益系数表达式。
(设频率为 ν_1 及 ν_2 的光在介质内的平均强度为 I_{ν_1} 和 I_{ν_2})
解题提示:
列出频率为 ν_1、ν_2 的二强激光同时入射时的稳态速率方程 $d\Delta n/dt = -\Delta n \sigma_{21}(\nu_1, \nu_0) I_{\nu_1}/h\nu_1 - \Delta n \sigma_{21}(\nu_1, \nu_0) I_{\nu_2}/h\nu_2 - \Delta n/\tau_2 + n_0 W_{03} = 0$,求出 Δn 表示式,并令 $I_s(\nu_1) = h\nu_1/\sigma_{21}(\nu_1, \nu_0)\tau_2 \approx h\nu_0/\sigma_{21}(\nu_1, \nu_0)\tau_2$, $I_s(\nu_2) = h\nu_2/\sigma_{21}(\nu_2, \nu_0)\tau_2 \approx h\nu_0/\sigma_{21}(\nu_2, \nu_0)\tau_2$ 后,可得 $g(\nu)$ 和 $g(\nu_1)$ 的表达式。

3.19 对于四能级系统,另有一种常见的集居数密度速率方程的写法:

$$\frac{dn_2}{dt} = R_2 - \frac{n_2}{\tau_2} - \left(n_2 - \frac{f_2}{f_1}n_1\right)\sigma_{21}(\nu, \nu_0)vN$$

$$\frac{dn_1}{dt} = R_1 - \frac{n_1}{\tau_1} + \frac{n_2}{\tau_{21}} + \left(n_2 - \frac{f_2}{f_1}n_1\right)\sigma_{21}(\nu, \nu_0)vN$$

式中:n_2、n_1 为 E_2(上能级)和 E_1(下能级)的集居数密度;R_1 和 R_2 为单位体积中,单位时间内用任何方式激励到 E_1 和 E_2 能级的粒子数,τ_{21} 为 E_2 能级由于至 E_1 能级的跃迁造成的有限寿命,τ_2 和 τ_1 分别为 E_2 和 E_1 能级的寿命,N 是频率为 ν 的准单色光的光子数密度。
(1) 试证明在稳态情况下,在均匀加宽介质中

$$\Delta n = \frac{\Delta n^0}{1 + \phi \tau_2 \sigma_{21}(\nu, \nu_0)vN}$$

式中:Δn^0 为小信号反转集居数密度;

$$\phi = 1 + \frac{f_2 \tau_1}{f_1 \tau_2}\left(1 - \frac{\tau_2}{\tau_{21}}\right)$$

(2) 给出形成集居数反转的条件;
(3) 写出中心频率处饱和光强 I_s 的表示式;
(4) 写出 $\tau_1/\tau_2 \ll 1$ 时,中心频率处饱和光强 I_s 的近似表示式。

解题提示:

由稳态速率方程 $dn_2/dt = R_2 - n_2/\tau_2 - [n_2 - (f_2/f_1)n_1]\sigma_{21}(\nu,\nu_0)vN = 0$ 及 $dn_1/dt = R_1 - n_1/\tau_1 + n_2/\tau_{21} + [n_2 - (f_2/f_1)n_1]\sigma_{21}(\nu,\nu_0)vN = 0$ 可求得 $n_1 = \tau_1[(R_1 + R_2) + n_2(1/\tau_{21} - 1/\tau_2)]$ 和 $n_2 = [R_2 + (f_2/f_1)(R_1+R_2)\sigma_{21}(\nu,\nu_0)vN\tau_1]D^{-1}$,其中 $D = \sigma_{21}(\nu,\nu_0)vN + 1/\tau_2 - (f_2/f_1)\tau_1(1/\tau_{21} - 1/\tau_2)\sigma_{21}(\nu,\nu_0)vN$。将 n_2 的表达式代入速率方程,可得 Δn 及 Δn^0 的表示式和集居数反转的条件,并求出中心频率饱和光强 I_s 的表示式。

3.20 均匀加宽 CO_2 气体的激光跃迁波长为 $\lambda = 10.6\mu m$,相应的自发辐射几率 $A_{21} = 0.34 s^{-1}$,线宽 $\Delta\nu_H = 1GHz$,上、下能级的转动量子数分别为 $J_2 = 21$ 与 $J_1 = 20$,上能级寿命 $\tau_2 = 10\mu s$,下能级寿命 $\tau_1 = 0.1\mu s$。求:
(1) 谱线中心的发射截面 σ_{21};
(2) 中心频率增益系数 $g(\nu_0) = 5\% cm^{-1}$ 时的反转集居数密度;
(3) 中心频率处的饱和光强 I_s。

解题提示:
(1) 略;
(2) 略;
(3) 利用习题 3.19 求得的 I_s 的表示式和近似表示式可求出 I_s 的精确解及近似解,上、下能级统计权重和转动量子数的关系为 $f_2 = 2J_2 + 1$, $f_1 = 2J_1 + 1$。

3.21 钇铝石榴石的激光能级的跃迁中心频率发射截面 $\sigma_{21} = 3.5 \times 10^{-19} cm^2$,上能级寿命 $\tau_2 = 0.23 ms$,求中心频率饱和光强 I_s。

3.22 隐花菁(一种染料)的甲醇溶液可用作被动调 Q 或被动锁模红宝石激光器中的可饱和吸收体。它在红宝石激光波长 694.3nm 处的吸收截面 $\sigma_{12} = 8.1 \times 10^{-16} \text{cm}^2$,其上能级的寿命 $\tau_2 = 22 \times 10^{-12}$s,与吸收相关的两个能级的统计权重相等,试求此染料的饱和光强 I_s。

解题提示:

可利用例 3.5 的结果。

3.23 若红宝石被光泵激励,求入射光频率为 ν 时激光能级跃迁的饱和光强的表示式。(上、下能级的统计权重相等。)

解题提示:

由稳态速率方程 $dn_3/dt = n_1 W_{13} - n_3(S_{32} + A_{31}) = 0$,$dn_2/dt = -\Delta n \sigma_{21}(\nu, \nu_0) I/h\nu - n_2/\tau_2 + n_3 S_{32} = 0$ 及 $n_1 + n_2 + n_3 = n$,$\Delta n = n_2 - n_1$,并考虑到 $A_{31} \ll S_{32}$,$W_{13} \ll S_{32}$ 可求得 Δn 的表示式,将其写成 $\Delta n = \Delta n^0/[1 + I/I_s(\nu)]$ 的形式,由此可求出 $I_s(\nu)$ 的表示式。

3.24 推导图 3.13 所示能级系统中能级 2→能级 0 跃迁的中心频率大信号吸收系数 $\beta(\nu_0, I)$ 及饱和光强 I_s(I 为入射光光强)的表示式。假设该工作物质具有均匀加宽线型,中心频率吸收截面 σ_{02} 及单位体积中粒子数 n 已知,$k_b T \ll h\nu_{10}$,$\tau_{10} \ll \tau_{21}$。

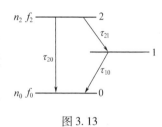

图 3.13

解题提示:

由稳态速率方程 $dn_2/dt = -\Delta n \sigma_{20} I/h\nu_0 - n_2/\tau_2 = 0$,$dn_1/dt = n_2/\tau_{21} - n_1/\tau_{10} = 0$,$n_0 + n_1 + n_2 = n$,$\Delta n = n_2 - (f_2/f_1)n_0$ 及 $n_1 \approx 0$ 求得 Δn 的表示式,并写成 $\Delta n = \Delta n^0/[1 + I/I_s]$ 的形式,由此求出中心频率大信号吸收系数和饱和光强。

3.25 气体介质中粒子数密度 $n = 10^{23} \text{cm}^{-3}$,$E_2$ 能级比基态 E_1 能级的能量高 2.48eV(跃迁中心波长 $\lambda_0 = 0.5\mu\text{m}$),$E_2$ 能级的自发辐射寿命 $\tau_{s_2} = 1\text{ms}$,$E_2 \to E_1$ 能级的自发辐射谱线具有洛伦兹线型(线宽 $\Delta\nu = 1\text{GHz}$)。在热平衡温度为 $T_1(k_b T_1 = 0.026\text{eV})$ 和 $T_2(k_b T_2 = 0.26\text{eV})$($k_b$ 为玻耳兹曼常数)时,求:

(1) 两温度下的 n_1 和 n_2(二能级统计权重相等);

（2）两温度下，单位体积中每秒自发辐射光子数；
（3）两温度下，波长 $\lambda_0 = 0.5\mu m$ 的弱光吸收系数；
（4）当中心波长吸收系数下降 1/2 的入射光强；
（5）画出 $\nu = \nu_0$ 和 $\nu = \nu_0 + \Delta\nu/2$ 时 $I(z) - z$ 的关系曲线示意图。

3.26 一个均匀加宽工作物质具有由 E_1、E_2、E_3 组成的三能级系统，三个能级的统计权重相等。E_1 为基态，E_3 及 E_2 能级的寿命分别为 τ_3 及 τ_2，$E_3 \to E_2$ 能级的弛豫速率为 $1/\tau_{32}$，中心频率发射截面为 σ_{32}。泵浦光频率与 E_1、E_2 间跃迁相应，它引起的受激辐射几率 $W_{12} = W_{21} = W_p$。泵浦光将粒子由基态激发到 E_2 能级，使 E_2 和 E_3 能级上粒子数密度之差 $\Delta n_{23} = n_2 - n_3$ 增加，从而形成一个光泵吸收体（由于热平衡下，各能级的粒子数呈玻耳兹曼分布，无泵浦时 n_2 也大于 n_3，但由于 $E_2 - E_1 \gg k_b T$，$E_3 - E_1 \gg k_b T$，故无泵浦时 $\Delta n_{23} \approx 0$，因此对频率与 $E_3 - E_2$ 跃迁相对应的光无明显的吸收作用）。若有频率恰为 $E_3 - E_2$ 跃迁谱线中心频率 ν_0 的光入射，试求：
（1）Δn_{23} 与 W_p 及入射光强 I 的关系式；
（2）对该入射光的吸收系数 β。

解题提示：

由稳态速率方程 $dn_3/dt = (n_2 - n_3)\sigma_{32}I/h\nu_0 - n_3/\tau_3 = 0$，$dn_2/dt = (n_1 - n_2)W_p + n_3(\sigma_{32}I/h\nu_0 + 1/\tau_{32}) - n_2(1/\tau_2 + \sigma_{32}I/h\nu_0) = 0$ 及 $n_1 + n_2 + n_3 = n$，求得 n_2、n_3 的表示式 $n_2 = n_3(1 + h\nu_0/\sigma_{32}\tau_3 I) = n_3(1 + I_s/I)$ 和 $n_3 = nW_p[(3 + 2I_s/I)W_p - 1/\tau_{32} + (1 + I_s/I)/\tau_2 + 1/\tau_3]^{-1}$，其中 $I_s = h\nu_0/\sigma_{32}\tau_3$，由此求出 Δn_{23}（即 $n_2 - n_3$）与 W_p 及入射光强 I 的关系式和对该入射光的吸收系数 β。

3.27 考虑一个均匀加宽三能级吸收体，三个能级的统计权重相等，E_1 是基态，$E_2 \to E_1$ 的跃迁几率为 γ_{21}，$E_3 \to E_2 \to E_1$ 的跃迁几率分别为 γ_{32} 和 γ_{31}。$E_3 \to E_1$ 能级跃迁的中心频率发射截面为 σ_{31}。今有频率为 $E_3 \to E_1$ 跃迁中心频率 ν_{13} 的光入射（光强为 I），试求：
（1）描述其吸收饱和的中心频率饱和光强 I_s 的表示式；
（2）中心频率吸收系数 $\beta(\nu_0, I)$ 的表示式。

解题提示：

由稳态速率方程 $dn_3/dt = (n_1 - n_3)\sigma_{31}I/h\nu_{13} - n_3(\gamma_{32} + \gamma_{31}) = 0$，$dn_2/dt = n_3\gamma_{32} - n_2\gamma_{21} = 0$ 及 $n_1 + n_2 + n_3 = n$，求出 $(n_1 - n_3)$ 和入射光强 I 的关系式，并写成 $n_1 - n_3 = (n_1 - n_3)^0/(1 + I/I_s)$ 的形式，从而得出中心频率饱和光强和吸收系数的表示式。

3.28 考虑一个具有激发态吸收的吸收体。它具有三个能级 E_1、E_2 和 E_3，其中 E_1 是基态，三个能级的统计权重相等，$E_3 - E_2 = E_2 - E_1 = h\nu_0$。若有光强为 I_0，频率为中心频率 ν_0 的光入射，处于基态 E_1 上的分子将吸收光能而跃迁到 E_2 能级，激发态 E_2 能级上的分子同样会吸收光能而跃迁到 E_3 能级，这一现象称为激发态吸收。假设分子自 E_3 能级跃迁到 E_2 能级的几率极大，以致 E_3 能级上的分子数密度 $n_3 \approx 0$，E_2 能级的寿命为 τ_2：

(1) 求中心频率吸收系数 β；

(2) 改变输入光强 I_0，可测出中心频率透射率 $T(I_0)$，试问如何通过所测得的 $T(I_0)$ 求出中心频率吸收截面之比 σ_{23}/σ_{12}。

解题提示：

(1) 由稳态速率方程 $dn_1/dt = (n_2 - n_1)\sigma_{21}I/h\nu_0 + n_2/\tau_2 = 0$（其中 I 为吸收体某处的频率为 ν_0 的光的光强）和 $n_1 + n_2 + n_3 \approx n_1 + n_2 = n$，求出 $n_2 = (n\sigma_{21}I/h\nu_0)/(2\sigma_{21}I/h\nu_0 + 1/\tau_2)$ 及 $n_1 - n_2 = n/(1 + I/I_s)$，$n_2 - n_3 \approx n_2 = (1/2)n(I/I_s)/(1 + I/I_s)$，其中 $I_s = h\nu_0/2\sigma_{21}\tau_2 = h\nu_0/2\sigma\tau_2$，由此求出中心频率吸收系数 $\beta = (n_2 - n_3)\sigma_{23} + (n_1 - n_2)\sigma_{12}$；

(2) 测出输入光强 $I_0 \ll I_s$ 时的小信号透射率 T^0（$T^0 = \exp(-\beta^0 l) = \exp(-n\sigma_{12}l)$），再测出 $I_0 \gg I_s$ 时的透射率 T。利用当 $I_0 \gg I_s$ 时，$\beta \approx (1/2)n\sigma_{23}$，求得 $T = \exp(-n\sigma_{23}l/2)$。由此可得 $\sigma_{23}/\sigma_{12} = 2\ln T/\ln T^0$。

3.29 如果直腔 He-Ne 激光器的一个振荡模使中心波长为 632.8nm 跃迁的增益系数 - Ne 原子速度（光传播方向的速度）曲线在半高位置（该跃迁谱线线型函数的半高全宽 $\Delta\nu_D = 1500\text{MHz}$）形成烧孔，试求烧孔中心的 Ne 原子速度。

3.30 某工作物质的能级及相应跃迁如图 3.14 所示。E_2 能级的寿命 $\tau_2 = 1\mu s$，E_1 能级的寿命 $\tau_1 = 2\mu s$。从 $t = 0$ 时刻开始，在单位时间内单位体积中由基态 E_0 激励到 E_2 能级的粒子数为 $R_2 = 10^{20}\text{cm}^{-3} \cdot \text{s}^{-1}$。在

忽略受激跃迁的情况下

（1）求 E_2 和 E_1 能级粒子数密度 n_2 和 n_1 随时间变化的表示式；

（2）达到稳态时 n_2 和 n_1 多大；

（3）求在 E_2 和 E_1 间形成集居数反转的时间范围；

（4）将该工作物质用于构成激光器时，对泵浦方式有何要求？

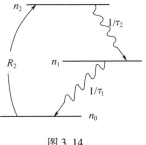

图 3.14

解题提示：

列出速率方程：$dn_2/dt = R_2 - n_2/\tau_2$，$dn_1/dt = n_2/\tau_2 - n_1/\tau_1$，解上述微分方程，并利用 $t=0$ 时 $n_2 \approx 0$, $n_1 \approx 0$ 的初始条件，求得 E_2 和 E_1 能级粒子数密度 n_2 和 n_1 随时间变化的表示式及达到稳态（$t \to \infty$）时的值。由 $n_2 > n_1$ 的条件，通过解不等式求得形成集居数反转的时间范围。

3.31 二能级原子系统被光强为 I 的外来光照射，外来光的频率被调节为二能级跃迁的中心频率。因自发辐射及其他过程导致的上能级寿命为 $\tau_2 = 1\mu s$。上能级能量（以波数表示）为 $11735 cm^{-1}$，下能级为基态（能量为 0）。上、下能级的统计权重分别为 $f_2 = 4$ 与 $f_1 = 2$。中心频率发射截面 $\sigma_{21} = 10^{-14} cm^2$。折射率为 1。

（1）求当外来光光强无限增加（$I = \infty$）时的上、下能级原子数密度的比值 n_2/n_1 及反转集居数密度 Δn；

（2）求 $n_2/n_1 = 1/2$（稳态情况）时的外来光光强 I；

（3）无外来光照射，当 $k_b T = 208 cm^{-1}$（用波数表示）时的稳态 n_2/n_1 值。

解题提示：

（1）由 $I \to \infty$ 时速率方程 $dn_2/dt = -(n_2 - f_2 n_1/f_1)\sigma_{21} I/h\nu_0 - n_2/\tau_2$ 中右端首项应保持有限求出上、下能级原子数密度的比值 n_2/n_1 及反转集居数密度；

（2）由 $dn_2/dt = 0$ 求得 n_2/n_1 的稳态值为 $1/2$ 时的外来光光强 I；

（3）略。

3.32 均匀加宽激光工作物质的能级图如图 3.15 所示。单位体积中将原子自能级0(基态)激励至能级2的速率是R_2。能级2的原子以几率τ_{21}^{-1}及τ_{20}^{-1}返回能级1和能级0。能级2→能级1的自发辐射几率$A_{21}=6\times10^6\text{s}^{-1}$，线宽$\Delta\nu=10\text{GHz}$(假设具有洛伦兹线型)。能级1上的原子以极快的速率跃迁到能级0，所以能级1的原子数密度$n_1\approx0$。折射率为1。

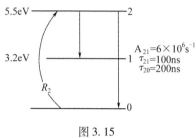

图3.15

（1）求能级2→能级1跃迁的中心频率发射截面；
（2）要使小信号中心频率增益系数$g^0(\nu_0)=0.01\text{cm}^{-1}$，$R_2$应有多大？
（3）求能级2→能级1跃迁的中心频率饱和光强；
（4）要得到上述小信号中心频率增益系数，需要多大的泵浦功率密度？
（5）将线宽用nm及cm^{-1}为单位表示。

3.33 此题提供一种测量激光器内工作物质饱和光强$I_s(\nu)$的方法，实验装置如图3.16所示。激光器由连续泵浦的均匀加宽四能级增益介质和两面反射镜组成(一面为全反射镜，另一面透过率为T)。光电二极管测量介质的部分体积中发出的侧荧光功率，由功率计从部分反射镜端测出激光输出功率并从而得出输出光强I_{out}，用光谱仪测出激光频率ν。假设增益介质低能级的集居数密度可忽略不计，上能级的泵浦速率为R。

（1）若激光器的某一面腔镜被挡住时侧荧光的功率是P_0，激光器正常工作时侧荧光的功率是P，试推导P_0/P和饱和光强$I_s(\nu)$的关系式；

（2）如果$T=1\%$时测出I_{out}是$1\text{W}/\text{cm}^2$，侧荧光功率是最大值的50%，$I_s(\nu)$等于多少？

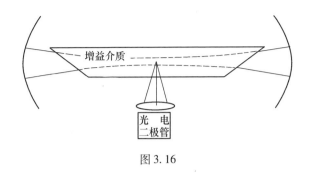

图 3.16

解题提示：

(1) 若输出光强为 I_{out}，则腔内往返光强的平均值近似为 I_{out}/T。在均匀加宽工作物质中对饱和起作用的光强是 $2I_{\text{out}}/T$。侧荧光的功率正比于激光跃迁上能级的集居数密度 n_2。按题意激光跃迁下能级的集居数密度 n_1 可忽略不计。由 $\mathrm{d}n_2/\mathrm{d}t = R_2 - n_2/\tau_2 - 2\sigma_{21}(\nu, \nu_0) n_2 I_{\text{out}}/h\nu T = R_2 - (n_2/\tau_2)[1 + 2I_{\text{out}}/TI_s(\nu)] = 0$ 求得 n_2 和 I_{out} 的关系式，并由此求出激光器未振荡和振荡时侧荧光的功率比 P_0/P 和饱和光强 $I_s(\nu)$ 的关系式。利用此方法可测出饱和光强。

(2) 将 $P_0/P = 0.5$ 代入 (1) 中所得 P_0/P 和 $I_s(\nu)$ 的关系式，可求出饱和光强 $I_s(\nu)$。

3.34 工作物质的能级系统中 E_0 是基态。E_2 及 E_1 能级的寿命是 τ_2 和 τ_1，$E_2 \to E_1$ 的自发辐射几率是 τ_{21}^{-1}。三个能级的统计权重分别是 f_0、f_1 和 f_2。为了在 E_2 和 E_1 间形成集居数反转，用一束连续的激光将粒子自 E_0 激励至 E_2，该激光的频率调谐至 E_2、E_0 间跃迁的谱线中心。

(1) 给出 E_2、E_1 间小信号反转集居数密度 Δn^0 和泵浦激光光强 I_p、E_2 和 E_0 间中心频率发射截面 σ_{20}、能级寿命和总粒子数密度 n 间的关系式；

(2) 求泵浦光强无限强时 E_2、E_1 间形成的最大反转集居数密度 $(\Delta n)_{\max}$。

3.35 激光工作物质的能级图如图 3.17 所示，泵浦激光的频率调到 3-0 跃迁的中心频率，当泵浦光强 I_p 无限增加时，求能级 2 - 能级 1

能级间小信号反转集居数密度 Δn^0（假设各能级的统计权重均为 1）。

解题提示：

由 $I_p \to \infty$ 时稳态速率方程 $\mathrm{d}n_3/\mathrm{d}t = (\sigma_{03}I_p/h\nu_{03})(n_0 - n_3) - n_3/\tau_{32} - n_3/\tau_{30} = 0$ 中各项均应为有限值的条件求出 n_3, n_0 的关系式 $n_3 = n_0$。再由 $\mathrm{d}n_2/\mathrm{d}t = n_3/\tau_{32} - n_2/\tau_{21} = 0$，$\mathrm{d}n_1/\mathrm{d}t = n_2/\tau_{21} - n_1/\tau_{10} = 0$ 和 $n_0 + n_1 + n_2 + n_3 = n$ 求出能级 2→能级 1 能级间小信号反转集居数密度。

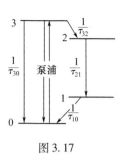

图 3.17

3.36 工作物质的能级系统如图 3.18(b) 所示。单位体积中自基态能级 0→能级 2 的激励速率是 R_2，能级 1 的寿命极短，以至于该能级的粒子数密度 $n_1 \approx 0$，能级 2 的寿命是 τ_2。今有一宽为 $T(T > \tau_2)$，光强为 I，频率与能级 2 - 能级 1 跃迁中心频率相应的矩形脉冲光照射该工作物质。观察者用光探测器检测其侧荧光并用示波器记录荧光波形。入射光脉冲及荧光波形图如图 3.18(a) 所示，S_0 与 S_1 分别为无光照及有光照时的侧荧光达到稳态时的光强。

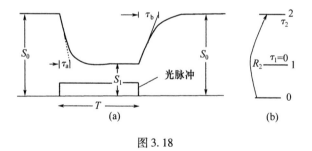

图 3.18

（1）给出 S_0/S_1 的表达式；

（2）光脉冲照射时，侧荧光光强以指数方式衰减至稳定值 S_1，试给出时间常数 τ_a 的表示式；

（3）光脉冲结束后侧荧光光强按指数上升，最后恢复到稳定值 S_0，试给出时间常数 τ_b 的表示式；

（4）利用上述实验，能测出该工作物质的哪些参数？

解题提示：

（1）侧荧光光强 S 正比于 n_2，无光照射时按稳态问题处理；由于入射光脉冲宽度 $T \gg \tau_2$，脉冲光照射时经一段时间后也能达到稳态；脉冲光去除后经过一段时间后仍能恢复至稳态；在求无光照射及脉冲光照射时的稳态 n_2 值时均可按稳态问题处理；由稳态速率方程 $\mathrm{d}n_2/\mathrm{d}t = R_2 - n_2/\tau_2 = 0$ 及 $\mathrm{d}n_2/\mathrm{d}t = R_2 - (\sigma_{21}I/h\nu_0)n_2 - n_2/\tau_2 = 0$ 求出无光照射及脉冲光照射时的稳态 n_2 值，并由此求得 S_0/S_1 的表达式。

（2）光脉冲照射时 n_2 以指数方式衰减至稳定值，解微分方程 $\mathrm{d}n_2/\mathrm{d}t = R_2 - (n_2/\tau_2)(1+I/I_s)$（其中 $I_s = h\nu_0/\sigma_{21}\tau_2$），并利用初始条件 $n_2 = S_0/k$（k 为一常数），求得 n_2 随时间下降的关系式，由此求得时间常数 τ_a 的表示式。

（3）光脉冲结束后 n_2 按指数上升至稳定值，解微分方程 $\mathrm{d}n_2/\mathrm{d}t = R_2 - n_2/\tau_2$，并利用初始条件 $n_2 = S_1/k$，求得 n_2 随时间上升的关系式，由此求得时间常数 τ_b 的表示式。

（4）略。

3.37 证明光波模在半导体激光二极管的有源区中的增益系数

$$g = \frac{g^0}{1 + \dfrac{I}{I_s(\nu)}}$$

其中小信号增益系数

$$g^0 = \frac{A_g}{\nu}\Gamma_m\left(\frac{\tau J}{eV} - S_{tr}\right)$$

饱和光强

$$I_s(\nu) = \frac{h\nu\nu}{A_g\tau}$$

解题提示：

由稳态速率方程 $\mathrm{d}s/\mathrm{d}t = J/eV - s/\tau - A_g(s - s_{tr})I/h\nu = 0$ 求出 $s - s_{tr}$，代入 $\mathrm{d}N/\mathrm{d}t = A_g(s - s_{tr})N\Gamma_m$，可完成证明。

第四章　激光振荡特性

内 容 提 要

一、连续激光器与脉冲激光器的理论处理方法

（1）连续激光器的主要特征是激活介质中各能级粒子数及腔内的光子数处于稳定状态。

（2）当泵浦持续时间远小于激光上能级寿命时（即 $t_0 \ll \tau_2$），脉冲激光器中各能级粒子数及腔内的光子数还处于剧烈的变化之中，泵浦过程就结束了，系统处于非稳态。

（3）连续激光器可用稳态速率方程处理，即有 $dN/dt = 0$ 和 $dn_i/dt = 0$。用速率方程处理脉冲激光器的非稳态问题时，可采用数值解或小信号微扰等近似方法。

（4）泵浦持续时间大于激光上能级寿命（$t_0 > \tau_2$）的长脉冲激光器可按连续激光器处理。

二、激光器振荡阈值条件

激光器振荡阈值是指激光介质的自发辐射在光腔内因不断获得受激放大而形成振荡所需的门限条件，即自激振荡阈值条件。用简单的公式表示为

$$g^0(\nu) \geqslant g_t = \frac{\delta}{l} \tag{4.1}$$

式中：g_t 为阈值增益系数。

式(4.1)的物理意义是：当某一频率（模式）的光的小信号增益系数大于阈值增益系数时便可起振而形成激光。

通常可用阈值反转粒子数密度（Δn_t）、阈值增益系数（g_t）和阈值

泵浦功率(P_{pt})这三个参数从不同的物理层面上来表示激光振荡的阈值条件。

1. 阈值反转粒子数密度 Δn_t

(1) 阈值反转粒子数密度(Δn_t)表达式：由光子数密度速率方程 (dN/dt)=0，可推出某一模式起振的阈值反转粒子数密度

$$\Delta n_t = \frac{\delta}{\sigma_{21}(\nu,\nu_0)l} \qquad (4.2)$$

式中：l 为工作物质的长度；$\sigma_{21}(\nu,\nu_0)$ 为该模式的发射截面；δ 为谐振腔的单程损耗因子。

(2) 腔内损耗越小，阈值反转粒子数密度越低。

(3) 不同模式(频率)有不同的发射截面，所以不同模式的阈值反转粒子数密度不同。中心频率处的发射截面最大，相应振荡模式的阈值反转粒子数密度最低，可表示为

$$\Delta n_t = \frac{\delta}{\sigma_{21}l}$$

2. 阈值增益系数 g_t

(1) 阈值增益系数(g_t)表达式：由式(4.1)可得阈值增益系数表达式为

$$g_t = \frac{\delta}{l} \qquad (4.3)$$

(2) 阈值增益系数唯一地由谐振腔的单程损耗因子 δ 和工作物质的长度 l 决定。

(3) 由于不同横模的衍射损耗不同，所以不同横模有不同的阈值增益系数，高次横模的阈值增益系数比基模大。

(4) 不同纵模的损耗相同，因而具有相同的阈值增益系数 g_t。

3. 阈值泵浦功率(能量)

阈值泵浦功率(能量)是指要使激光介质达到阈值反转粒子数密度，实现自激振荡时必须从外部吸收的最低泵浦功率(能量)。由于激光介质的能级系统不同及激光器工作方式不同，将分别进行阐述。

1）四能级连续（长脉冲）激光器

四能级激光器受激辐射跃迁的下能级为激发态，一般有 $n_1 \approx 0$，故 $\Delta n \approx n_2$，E_2 能级的阈值粒子数密度可表示为

$$n_{2t} \approx \Delta n_t = \frac{\delta}{\sigma_{21}(\nu,\nu_0)l} \tag{4.4}$$

使上能级粒子数密度维持在阈值所必须吸收的泵浦功率为

$$P_{pt} = \frac{h\nu_p \Delta n_t V}{\eta_F \tau_{s_2}} = \frac{h\nu_p \delta V}{\eta_F \sigma_{21}(\nu,\nu_0)\tau_{s_2}l} \tag{4.5}$$

式中：V 为工作物质体积；ν_p 为泵浦光频率。η_F 为总量子效率 $\eta_F = \eta_1 \eta_2$，泵浦量子效率 $\eta_1 = S_{32}/(S_{32}+A_{30})$，自发辐射量子效率 $\eta_2 = A_{21}/(A_{21}+S_{21})$。

2）三能级连续（长脉冲）激光器

在三能级系统中，激光跃迁的下能级为基态，因此，若上、下能级的简并度相等，则至少要将 $n/2$ 个粒子抽运到 E_2 能级，才能实现粒子数反转。所以，上能级阈值粒子数密度

$$n_{t_2} = (n+\Delta n_t)/2 \approx n/2 \tag{4.6}$$

须吸收的阈值泵浦功率为

$$P_{pt} = \frac{h\nu_p n V}{2\eta_F \tau_{s_2}} \tag{4.7}$$

式中：$\eta_F = \eta_1 \eta_2$；$\eta_1 = S_{32}/(S_{32}+A_{31})$；$\eta_2 = A_{21}/(A_{21}+S_{21})$。

3）短脉冲（$t_0 \ll \tau_2$）激光器

对于短脉冲激光器而言，可忽略泵浦时间内 E_2 能级上发生自发辐射和无辐射跃迁的影响，只需考虑泵浦效率 η_1，因此，阈值泵浦能量即为达到阈值反转粒子数密度所需吸收的泵浦光能量。

四能级短脉冲激光器的阈值泵浦能量表达式为

$$E_{pt} = \frac{h\nu_p \Delta n_t V}{\eta_1} = \frac{h\nu_p \delta V}{\eta_1 \sigma_{21}(\nu,\nu_0)l} \tag{4.8}$$

若激光跃迁上下能级的简并度相等，则三能级脉冲激光器的阈值泵浦能量为

$$E_{pt} = \frac{h\nu_p n V}{2\eta_1} \tag{4.9}$$

比较式(4.5)、式(4.8)和式(4.7)、式(4.9)可知,三能级系统激光器的阈值泵浦功率或能量比四能级系统激光器大得多。

三、激光器的振荡模式

激光器起振模式(纵模)的个数决定于振荡线宽和纵模间隔,若

$$j = \frac{\Delta\nu_{osc}}{\Delta\nu_q} \quad (4.10)$$

则起振的纵模个数等于 j 的整数部分或整数加 1(因模式频率而异)。上式中 $\Delta\nu_{osc}$ 为振荡线宽,指小信号增益曲线上小信号增益系数≥阈值增益系数时对应的频率范围;$\Delta\nu_q$ 为纵模间隔,$\Delta\nu_q = c/2L'$。振荡线宽与阈值条件和外界激发(泵浦)强弱有关,激发越强,振荡线宽越宽。

激光器最终输出的模式与激光工作物质(均匀加宽和非均匀加宽)的增益饱和行为有很大的关系。

1. 均匀加宽激光器

(1) 均匀加宽气体激光器中的模竞争导致单模输出。由于增益饱和,使几个满足阈值条件的纵模通过模竞争后仅有靠近中心频率 ν_0 的模式最终能形成稳定振荡,其他模式被抑制。因此,均匀加宽稳态气体激光器的输出模式应为单纵模。

(2) 固体激光介质中存在的增益空间烧孔效应导致均匀加宽驻波腔固体激光器输出多纵模激光。某一频率的纵模稳定振荡时在往返传播的驻波腔内形成一个驻波场分布,由于增益饱和效应,使介质中的增益系数(反转粒子数)在波腹处最小,在波节处最大,这一现象称作增益的空间烧孔效应。当泵浦作用较强时,另一些频率的模式可以利用增益系数(反转粒子数)在轴向分布的不均匀性获得足够的增益而形成振荡。

(3) 内含光隔离器的均匀加宽环行腔固体激光器因不存在增益空间烧孔而输出单纵模激光。

2. 非均匀加宽激光器

(1) 在非均匀加宽激光器中,若增益曲线内有多个纵模满足振荡条件,且模间隔足够大,不发生烧孔重叠时,所有 $g^0(\nu) > g_t$ 的纵模都能稳定振荡。因此,一般非均匀加宽激光器输出多纵模。

(2) 非均匀加宽激光器的输出模式个数随外界激发加强而增多。

(3) 若两个相邻纵模的烧孔重叠,这就意味着这两个纵模因共用一部分激活粒子而发生相互竞争,这种模竞争将导致两个模的输出功率出现无规起伏。

四、单模激光器输出光谱宽度(线宽)

激光的单色性取决于激光器输出模式的频率范围。一般定义激光器输出光谱的半高全宽为激光器输出的光谱宽度。显然,单模激光器线宽优于多模激光器,相干性极好。然而,单模激光器的输出线宽不是无限窄的,这是由于输出激光中含有自发辐射。

增益介质的自发辐射场是随机,无规的非相干场,它向有源腔(含有增益介质的谐振腔)提供的能量不能与激光辐射场相干叠加,致使有源腔的净单程损耗因子 δ_s 虽远远小于无源腔的单程损耗因子 δ,但 $\delta_s \neq 0$,经推算可得有源腔中单模线宽为

$$\Delta\nu_s \approx \frac{n_{2t}}{\Delta n_t} \frac{2\pi(\Delta\nu_c)^2 h\nu_0}{P_0} \quad (4.11)$$

式中: P_0 为激光输出功率; $\Delta\nu_c$ 为无源腔线宽。通常无源腔线宽可表示为

$$\Delta\nu_c = \frac{1}{2\pi\tau_R} = \frac{c\delta}{2\pi L'} \quad (4.12)$$

式中: τ_R 为腔内光子寿命; δ 为无源腔的单程损耗因子。因此,由式(4.11)及式(4.12)可见,输出功率越大,腔长越长,损耗越小,则线宽越窄。

由于各种不稳定因素,导致纵模频率产生漂移,漂移量远大于线宽极限 $\Delta\nu_s$。故实际单模激光器输出线宽远大于线宽极限 $\Delta\nu_s$,可通过光谱仪器或其他光学手段测量。

五、激光器输出功率与能量

1. 连续(或长脉冲)激光器的输出功率

连续激光器的输出功率由达到稳态工作时(即大信号增益系数

$g(\nu_q, I_{\nu_q}) = g_t = \delta/l$)的腔内光强决定。

1)均匀加宽单模激光器输出功率

(1)单端输出的驻波腔激光器

$$P = ATI_+ = \frac{1}{2}ATI_s(\nu_q)\left(\frac{g_H^0(\nu_q)l}{\delta} - 1\right) \quad (4.13)$$

式中:I_+为稳定工作时沿输出方向传输的腔内光强;A为激光束的有效截面面积;T为输出反射镜的透射率(假设另一面为全反射镜);$I_s(\nu_q)$是频率为ν_q的光的饱和光强。

(2)对于光泵激光器,式(4.13)可以表示为

$$P = \frac{\nu_0}{\nu_p}\frac{A}{S}\eta_0\eta_1 P_{pt}\left(\frac{P_p}{P_{pt}} - 1\right) \quad (4.14)$$

式中:S为工作物质横截面面积;耦合输出系数$\eta_0 = T/2\delta$。在低损耗情况下(输出镜的透射损耗T及其他损耗均很小时),$\eta_0 \approx T/(T+a)$,式中a为往返净损耗率(除透射损耗外的其他损耗),在高Q腔中,其值通常很小。

(3)单向传输的行波腔激光器

$$P = ATI_s(\nu_q)\left(\frac{g_H^0(\nu_q)l}{\delta} - 1\right) \quad (4.15)$$

输出功率与反射镜透射率有关,透射率的增大可提高输出功率;但同时也使腔内损耗增大,阈值升高,输出功率下降。在泵浦功率一定的情况下,输出镜的最佳透过率T_m可由$dP/dT = 0$求得。当透射率$T \ll 1$时,对驻波腔,可有

$$T_m = \sqrt{2g_H^0(\nu_q)la} - a \quad (4.16)$$

此时,输出功率P_m为

$$P_m = \frac{1}{2}AI_s(\nu_q)\left[\sqrt{2g_H^0(\nu_q)l} - \sqrt{a}\right]^2 \quad (4.17)$$

2)非均匀加宽(多普勒加宽)单模激光器输出功率

(1)当单模频率$\nu_q = \nu_0$时,驻波腔内光强为I_+的正向传输光和光强为I_-的反向传输光同时在增益曲线的中心频率处烧一个孔,决定烧

孔深度的腔内平均光强 $I_{\nu_0} = I_+ + I_- \approx 2I_+$，故输出功率

$$P = ATI_+ = \frac{1}{2}ATI_s\left[\left(\frac{g_m l}{\delta}\right)^2 - 1\right] \quad (4.18)$$

（2）当单模频率 $\nu_q \neq \nu_0$ 时，光强为 I_+ 和 I_- 的两束光分别在增益曲线上各烧一个孔，输出功率

$$P = ATI_+ = ATI_s\left[\left(\frac{g_m l}{\delta}e^{-4\ln 2\frac{(\nu_q-\nu_0)^2}{\Delta\nu_D^2}}\right)^2 - 1\right] \quad (4.19)$$

（3）兰姆凹陷

驻波腔多普勒加宽单模连续激光器的输出功率随频率变化的曲线在中心频率附近会出现一个凹陷，称为兰姆凹陷。出现凹陷的原因是：单模频率为中心频率时在增益曲线中心频率处形成的烧孔面积小于偏离中心频率时两个烧孔面积的和，而烧孔面积正比于对该模受激辐射作贡献的反转粒子数。

兰姆凹陷的宽度大致等于烧孔的宽度，即

$$\delta\nu = \Delta\nu_H\sqrt{1 + \frac{I_{\nu_q}}{I_s}} \quad (4.20)$$

激光管的充气压增高时，碰撞使宽度增加，导致兰姆凹陷变宽，变浅。

3）多模激光器的输出功率

如纵模间隔足够大，则各个模式相互独立。因此，多模激光器的输出功率为由式（4.18）和式（4.19）分别计算出的各个纵模输出功率之和。

2. 脉冲激光器的输出能量

脉冲激光器的输出能量可由从起始振荡到振荡终了这段时间内高能级上粒子数的变化来估算。对激光能量有贡献的这部分粒子数为 $(A/S)(E_p\eta_1/h\nu_p - n_{2t}V)$，腔内产生的激光能量为

$$E_{内} = h\nu_0\frac{A}{S}\left(\frac{E_p\eta_1}{h\nu_p} - n_{2t}V\right) =$$

$$\frac{\nu_0}{\nu_p}\frac{A}{S}\eta_1(E_Q - E_{pt}) \quad (4.21)$$

激光器输出能量为

$$E = \frac{\nu_0}{\nu_p} \frac{A}{S} \eta_0 \eta_1 E_{pt} \left(\frac{E_P}{E_{pt}} - 1 \right) \tag{4.22}$$

式中：输出耦合系数 η_0 是腔内往返输出透射损耗率与腔内往返损耗率（百分数定义）之比。

3. 激光器的效率

激光器效率通常可以用总效率和斜效率两种方法来表示。

（1）总效率 η_t，又可称绝对效率，定义为激光器的输出功率（能量）与泵浦输入功率（能量）的百分比。可表示为

$$\eta_t = \frac{P}{P_{in}} \quad \text{或} \quad \eta_t = \frac{E}{E_{in}} \tag{4.23}$$

式中：P_{in} 和 E_{in} 分别为泵浦输入电功率和能量。

（2）当泵浦输入电功率（或能量）高出阈值很多时，激光器输出功率（或能量）和泵浦输入电功率（或能量）的关系曲线接近直线，该直线的斜率称为斜效率 η_s（如半导体激光器的 $P-I$ 特性曲线（I 为注入电流），参见图4.1）。它反映了直线部分输出功率（能量）随泵浦输入电功率（能量）的增长而增长的速度。斜效率的定义公式可表示为

$$\eta_s = \frac{(E)_A - (E)_B}{(E_{in})_A - (E_{in})_B} \tag{4.24}$$

或

$$\eta_s = \frac{(P)_A - (P)_B}{(P_{in})_A - (P_{in})_B} \tag{4.25}$$

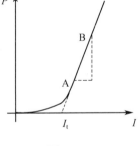

图4.1

六、弛豫振荡

从实验中观察到一般脉冲固体激光器的输出大多为无序的尖峰脉冲现象，称为弛豫振荡效应或张弛振荡现象。

1. 弛豫振荡的定性物理解释

在脉冲泵浦源的作用下，反转粒子数密度和腔内光子数密度处于

剧烈变化之中。当 $\Delta n > \Delta n_t$ 时,开始产生激光,受激辐射将使腔内光子数急剧增加并达到极值。与此同时又消耗了大量高能级粒子,致使 $\Delta n < \Delta n_t$,由于腔内增益小于损耗,光子数减少而形成一个尖峰。这种过程在脉冲泵浦持续作用时间内反复出现,构成一个尖峰脉冲序列。随着泵浦功率加大,尖峰形成越快,尖峰间隔越小。

2. 弛豫振荡的理论处理

弛豫振荡的理论处理可采用一级微扰近似方法求解非稳态速率方程,这是用非稳态速率方程求得激光器动态特性常用的一种近似方法。该方法将弛豫振荡看作是叠加于稳态的小量扰动,求出稳态解后,引入小量扰动并忽略二阶小量便可求得关于反转粒子数密度和光子数密度随时间变化的表达式。叠加于稳态值上的反转粒子数密度小量和光子数密度小量

$$\begin{cases} \Delta n'(t) = \Delta n'(0) e^{-\varphi t} \sin \Omega_R t \\ N'(t) = N'(0) e^{-\varphi t} \sin \left(\Omega_R t - \frac{\pi}{2} \right) \end{cases} \quad (t > 0) \quad (4.26)$$

式(4.26)表明反转粒子数和光子数的起伏量呈阻尼振荡,对四能级激光器阻尼振荡的衰减常数 φ 和振荡频率 Ω 分别为

$$\begin{cases} \varphi = \frac{1}{2} \sigma_{21} v \tau_R W_{03} n \\ \Omega_R = \sqrt{\frac{A_{21}}{\tau_R} \left[\frac{W_{03}}{(w_{03})_t} - 1 \right]} \end{cases} \quad (4.27)$$

3. 弛豫振荡的普遍意义

激光的建立过程是建立新的平衡的过程,在任何一个新平衡状态的建立过程中,都存在程度不同的弛豫振荡。即使是连续运转激光器,其稳定态建立的过程就是一种弛豫振荡的过程,在一般情况下,我们并不关心稳态建立的过程,只是作为一种瞬态噪声处理。

思 考 题

4.1 光子数密度速率方程中的受激辐射项在什么情况下可以忽

略不计?

4.2 为什么阈值反转粒子数密度表达式与频率有关,而阈值增益与频率无关?

4.3 $g_t = \delta/l$ 是个普适公式吗?为什么?

4.4 如何从物理上理解不同纵模的阈值增益是相同的,而不同横模的阈值增益却不同?

4.5 什么是振荡线宽?振荡线宽一定等于小信号增益曲线宽度吗?

4.6 连接在排气台上的二氧化碳激光器,当所充气压从高气压(几千帕斯卡)降到低气压(几百帕斯卡)时,输出模式由单模变为多模,试说明原因。当充气压降到133Pa以下,激光便会熄灭。为什么?

4.7 若某一均匀加宽激光器的输出单模频率稍偏离中心频率,试画出该激光器达到稳定振荡时的增益系数—频率的关系曲线。

4.8 说明空间烧孔效应导致均匀加宽激光器产生多模振荡的原因以及空间烧孔的消除方法?

4.9 非均匀加宽固体激光器中的空间烧孔效应会影响输出模式吗?为什么?

4.10 在均匀加宽的环形腔固体激光器中加入一个光隔离器使腔内光单向运行,该激光器输出模式应为单模还是多模,为什么?

4.11 非均匀加宽激光器中的模竞争现象?

4.12 根据式(4.14)中输出耦合系数 η_0 的表示式及式(4.22)中 η_0 的定义,说明下列耦合输出系数表达式的适用条件:

(1) $\eta_0 = \dfrac{T}{T+a}$; (2) $\eta_0 = \dfrac{(1-r_2)}{1-r_2+r_2 a}$;

(3) $\eta_0 = \dfrac{T}{1-r_1 r_2}$。

4.13 若一块腔镜固定在一个压电位移器上,说明当位移器移动 $\lambda/2$ 时,纵模频率移动1个纵模间隔的现象。

4.14 从物理上阐述为什么驻波腔型非均匀加宽单模激光器在中心频率 $\nu_q = \nu_0$ 的输出功率等式(4.18)和偏离中心频率 $\nu_q \neq \nu_0$ 时的输出功率等式(4.19)相比多了一个1/2因子。

4.15　什么是兰姆凹陷？如何获得宽度窄且对称的凹陷？

4.16　简述弛豫振荡的物理本质。

4.17　从物理上阐述自发辐射对激光产生和输出性能所起的作用及影响。

4.18　从物理上说明为什么输出功率加大有助于使激光器的单色性变好？

4.19　腔内均匀加宽增益介质具有最大增益系数 g_m 及中心频率饱和光强 I_{SG}，同时腔内存在一均匀加宽吸收介质，其最大吸收系数为 α_m，中心频率饱和光强为 $I_{S\alpha}$。假设二介质中心频率均为 ν_0，$\alpha_m > g_m$，$I_{S\alpha} < I_{SG}$，试问：

（1）此激光器能否起振？

（2）如果瞬时从部分透射的谐振腔一端输入一足够强的频率为 ν_0 的光信号，此激光器能否起振？写出其起振条件；讨论在何种情况下能获得稳态振荡，并写出稳定振荡时的腔内光强。

（提示①读者可自行假设题中未给出的有关参数；②既然能注入光信号，就必须考虑谐振腔的透射损耗）

例　题

例4.1　某一激光器的工作物质长度为 l，折射率为 η，谐振腔长为 L，谐振腔内除工作物质外的其余部分折射率为 η'，试由速率方程推导阈值反转粒子数密度 Δn_t 和阈值增益系数 g_t？

解：设在工作物质中平均光子数密度为 N，在谐振腔的其余部分的平均光子数密度为 N'，光在腔内往返传输时，到达工作物质界面时应有

$$N\frac{c}{\eta} = N'\frac{c}{\eta'} \tag{4.28}$$

则腔内光子数变化的速率方程为

$$\frac{\mathrm{d}[NAl + N'A(L-l)]}{\mathrm{d}t} =$$

$$\Delta n \sigma_{21}(\nu,\nu_0) v N A l - \frac{NAl + N'A(L-l)}{\tau_R} \tag{4.29}$$

式中：$\Delta n = n_2 - (f_2/f_1)n_1$；$A$ 为光束横截面积；τ_R 为光子寿命。

$$\tau_R = \frac{L'}{\delta c} = \frac{\eta l + \eta'(L-l)}{\delta c} \tag{4.30}$$

将式(4.28)和式(4.30)代入式(4.29)化简可得

$$\frac{dN}{dt} = \Delta n \sigma_{21}(\nu,\nu_0) cN \frac{l}{L'} - N\frac{\delta c}{L'} \tag{4.31}$$

由起振时应有 $dN/dt \geq 0$，可求得

$$\Delta n_t = \frac{\delta}{\sigma_{21}(\nu,\nu_0)l}$$

考虑到在阈值附近腔内光强很弱，$g^0(\nu) = \Delta n^0 \sigma_{21}(\nu,\nu_0)$，所以可得阈值增益系数为

$$g_t = \frac{\delta}{l}$$

例 4.2 632.8nm 氦氖激光器工作物质的多普勒宽度 $\Delta\nu_D = 1500\text{MHz}$，中心频率处小信号增益系数 $g_m = 1.2 \times 10^{-3}\text{cm}^{-1}$。两反射镜的透射率 T_1 和 T_2 分别为 0 和 0.03，忽略腔内的其他损耗。腔长 $L = 108\text{cm}$，放电毛细管长 $l = 100\text{cm}$。试估算有几个纵模可以振荡。

解：设振荡线宽为 $\Delta\nu_{osc}$，稳定振荡时在 $\nu = \nu_0 + (1/2)\Delta\nu_{osc}$ 处，小信号增益系数应等于阈值增益系数，$(\nu - \nu_0) = (1/2)\Delta\nu_{osc}$，故有

$$g_i^0(\nu) = g_i^0(\nu_0) e^{-(4\ln 2)\left(\frac{\Delta\nu_{osc}}{2\Delta\nu_D}\right)^2} = \frac{\delta}{l} \approx \frac{T_2}{2l} \tag{4.32}$$

$$\Delta\nu_{osc} = \sqrt{\frac{\ln\frac{2g_i^0(\nu_0)l}{T_2}}{\ln 2}} \Delta\nu_D =$$

$$\sqrt{\frac{\ln\frac{2 \times 1.2 \times 10^{-3} \times 100}{0.03}}{\ln 2}} \times 1500\text{MHz} = 2598\text{MHz}$$

$$\tag{4.33}$$

相邻模间隔

$$\Delta\nu_q = \frac{c}{2L} = \frac{3 \times 10^{10}}{2 \times 108}(\text{Hz}) = 138.9(\text{MHz})$$

$$\frac{\Delta\nu_{\text{osc}}}{\Delta\nu_q} = \frac{2598}{138.9} = 18.7$$

此激光器可有 18 个或 19 个纵模可以振荡。

例 4.3 某单模 632.8nm 氦氖激光器,腔长 10cm,而反射镜的反射率分别为 100% 及 98%,腔内损耗可忽略不计,稳态功率输出是 0.5mW,输出光束直径为 0.5mm(粗略地将输出光束看成横向均匀分布的)。试求腔内光子数,并假设反转原子数在 t_0 时刻突然从 0 增加到阈值的 1.1 倍,忽略饱和效应。试粗略估算腔内光子数自 1 噪声光子/腔模增至计算所得之稳态腔内光子数需经多长时间。

解:稳态时的输出功率可表示为

$$P_0 = I_\nu^+ TA = \frac{1}{2} N_l h\nu cAT$$

式中:I_ν^+ 为达到稳态时沿输出方向传输的腔内光强;N_l 为相应的腔内光子数密度。稳态时的腔内光子数为

$$\Phi = N_l Al = \frac{2P_0 l \lambda}{T c^2 h} = 5.31 \times 10^7$$

根据题意,在忽略饱和效应时,有

$$g \approx g^0 = 1.1 g_t = 1.1 \frac{\delta}{l}$$

$$\delta = \frac{T}{2}$$

方法一:腔内光子数变化的速率方程为

$$\frac{\mathrm{d}\Phi}{\mathrm{d}t} = \Delta n \sigma_{21} c\Phi - \frac{\Phi}{\tau_R} = \Phi c\left(\Delta n \sigma_{21} - \frac{1}{c\tau_R}\right) \approx$$

$$\Phi c\left(g^0 - \frac{\delta}{l}\right) = 0.1 \frac{\delta}{l} c\Phi$$

根据题意,在 $t = t_0$ 时刻,腔内每个模式的光子数为 1,若在 $t_0 + \Delta t$

时刻腔内振荡模式的光子数增至 5.31×10^7，则

$$\Delta t = \frac{1}{0.1\delta c}\int_1^{5.3\times 10^7}\frac{\mathrm{d}\Phi}{\Phi} = \frac{l}{0.1\delta c}\ln\Phi\bigg|_1^{5.3\times 10^7} \approx$$

$$\frac{2l}{0.1Tc}\ln(5.3\times 10^7) = 5.93\mu s$$

方法二：在 $t=t_0$ 时腔内初始光强为 I_0^+，经一次往返后变为 I^+，则

$$I^+ = I_0^+ e^{2g^0 l - 2\delta} = I_0^+ e^{0.2\delta} = I_0^+ e^{0.1T}$$

若经 k 次往返传输后达到稳态，即

$$I_\nu^+ = I_0^+ (e^{0.1T})^k$$

与此相应，

$$N_l = \frac{1}{V}(e^{0.1T})^k$$

式中：V 为模体积，则有 $N_l V = (e^{0.1T})^k = \Phi$。因此，

$$k = \frac{\ln\Phi}{0.1T} = \frac{\ln 5.3\times 10^7}{0.1\times 0.02} = 8.89\times 10^3$$

$\because$ 在腔内往返一次所需时间

$$t_0 = 2l/c$$

$\therefore$ 往返 k 次所需时间

$$t = kt_0 = 8.89\times 10^3\times\frac{20\times 10^{-2}}{3\times 10^8} = 5.93(\mu s)$$

例4.4 一环腔激光器如图4.2(a)所示，腔内激活介质长 1.5cm，发射截面为 $10^{-18}\mathrm{cm}^2$，上能级寿命为 $14\mu s$，而下能级寿命短得多，即 $\tau_1\ll\tau_2$。能级为图4.2(b)所示。求：

（1）中心频率阈值反转粒子数密度；
（2）中心频率处的饱和光强和中心波长；
（3）若小信号增益系数 $g^0 = 0.5\mathrm{cm}^{-1}$，假定中心频率光波按逆时针方向行进，计算从 M_2 镜输出光强。

解：
（1）环腔内单程损耗

$$\delta = -\ln(r_1 r_2 r_3 r_4 T_a T_b T) = -\ln 0.551 = 0.596$$

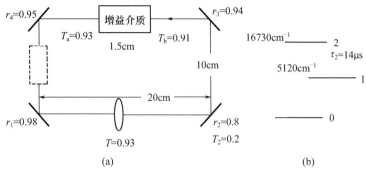

图 4.2

阈值增益

$$g_t = \frac{\delta}{l} = 0.397 \mathrm{cm}^{-1}$$

中心频率阈值反转粒子数密度

$$\Delta n_t = \frac{g_t}{\sigma_{21}} = \frac{0.397}{10^{-18}} = 3.97 \times 10^{17}(\mathrm{cm}^{-3})$$

(2) 中心频率饱和光强

$$I_s = \frac{h\nu_0}{\sigma_{21}\tau_2} = 16.49 \mathrm{kW/cm}^2$$

其中

$$h\nu_0 = hc\left(\frac{1}{\lambda_2} - \frac{1}{\lambda_1}\right) =$$
$$(16730 - 5120) \times 3 \times 10^{10} \times 6.626 \times 10^{-34} =$$
$$23.08 \times 10^{-20}(\mathrm{J})$$

中心波长 $\lambda_0 = 0.861 \mu\mathrm{m}$

(3) 工作物质中光强的变化可描述为

$$\frac{\mathrm{d}I}{I\mathrm{d}z} = \frac{g^0}{1 + (I/I_s)}$$

解微分方程可得

$$\int_{I_1}^{I_2} \mathrm{d}I\left(\frac{1}{I} + \frac{1}{I_s}\right) = \int_0^l g^0 \mathrm{d}z$$

$$\ln\frac{I_2}{I_1} + \frac{1}{I_s}(I_2 - I_1) = \ln\frac{I_2}{I_1} + \frac{I_2}{I_s}\left(1 - \frac{I_1}{I_2}\right) = g^0 l \tag{4.34}$$

式中:I_1 为工作物质输入端光强;I_2 为工作物质输出端光强,式(4.34)可写为

$$\frac{I_2}{I_s} = \frac{g^0 l - \ln(1/s)}{(1-s)} \tag{4.35}$$

式中:$s = I_1/I_2$。根据自洽条件,工作物质输出端的光强为 I_2 的光在环行腔内反时钟传输后又回到工作物质输入端时,光强应恢复到 I_1,所以

$$I_1 = (r_1 r_2 r_3 r_4 T_a T_b T) I_2 = s I_2 \tag{4.36}$$

考虑到稳态时工作物质中的增益系数 $g = g_t$,故有

$$\ln(1/s) = g_t l \tag{4.37}$$

将式(4.36)及式(4.37)代入式(4.35),可得

$$\frac{I_2}{I_s} = \frac{(g^0 - g_t)l}{(1 - r_1 r_2 r_3 r_4 T_a T_b T)} = 0.344$$

$$I_2 = 0.344 I_s = 0.344 \times 16.49 \text{kW/cm}^2 = 5.67 \text{kW/cm}^2$$

输出光强

$$I_{\text{out}} = (r_4 r_1 T T_2) I_2 =$$
$$(0.95 \times 0.98 \times 0.93 \times 0.2) 5.67 \text{kW/cm}^2 =$$
$$0.98 \text{kW/cm}^2$$

例 4.5 激光谐振腔内的光波电场强度满足下列微分方程

$$\frac{\mathrm{d}}{\mathrm{d}t}\left(\frac{E}{E_s}\right) + \frac{1}{2\tau_R}\left[1 - \frac{c}{\eta}\tau_R g(t)\right]\left(\frac{E}{E_s}\right) = 0 \tag{4.38}$$

方程中忽略了自发辐射。式中 τ_R 为光子寿命,E_s 为与饱和光强有关的场强,它和饱和光强的关系为 $E_s^2/2\eta_0 = I_s = h\nu/\sigma_{21}\tau_2$($\eta_0$ 为自由空间波阻抗常数);若下能级的集居数密度可忽略不计,则 $g(t) = n_2(t)\sigma_{21}$。E_2 能级的集居数密度速率方程为下列不完整的微分方程

$$\frac{\mathrm{d}n_2(t)}{\mathrm{d}t} = R_2 - \frac{n_2(t)}{\tau_2}[\quad] \tag{4.39}$$

(1) 括号中应出现什么项(用题中所给场强参数表示)?

(2) 试用式(4.39)和式(4.38)所得结果来描述稳态激光光强和泵浦速率的关系?

(3) 推导阈值泵浦速率 R_{2t} 的公式;

(4) 假设泵浦速率为本题(3)中计算所得阈值泵浦速率的 m 倍,推导激光器连续工作时的输出光强公式(公式用 m 因子、饱和光强和输出反射镜的透射系数表示)。

解:

(1) E_2 能级速率方程如下

$$\frac{dn_2(t)}{dt} = R_2 - \frac{n_2(t)}{\tau_2} - \frac{n_2(t)\sigma_{21}I}{h\nu} =$$

$$R_2 - \frac{n_2(t)}{\tau_2}\left[1 + \frac{\sigma_{21}\tau_2 I}{h\nu}\right] =$$

$$R_2 - \frac{n_2(t)}{\tau_2}\left[1 + \frac{I}{I_s}\right] =$$

$$R_2 - \frac{n_2(t)}{\tau_2}\left[1 + \left(\frac{E}{E_s}\right)^2\right] \quad (4.40)$$

所以式(4.39)括号内为

$$1 + \left(\frac{E}{E_s}\right)^2$$

(2) 如果泵浦太小,$g(t)$ 不大,式(4.38)方括号内的值为正,稳态场无法建立。要达到稳态情况,要求式(4.38)方括号内的值必须为零,即 $[1 - (c/\eta)\tau_R g(t)] = 0$,则有

$$g(t) = \frac{\eta}{c\tau_R} = n_2(t)\sigma_{21}$$

在稳态情况下 $dn_2/dt = 0$,由式(4.40)可得增益系数与泵浦速率的关系为

$$g(t) = n_2(t)\sigma_{21} = \frac{R_2\tau_2\sigma_{21}}{[1 + (E/E_s)^2]} = \frac{1}{(c/\eta)\tau_R}$$

所以稳态激光光强和泵浦速率的关系式为

$$\frac{I}{I_s} = \left(R_2\tau_2\sigma_{21}\tau_R\frac{c}{\eta} - 1\right) \tag{4.41}$$

(3) 在阈值处(即小信号情况下),$E\approx 0$,$I\approx 0$,由式(4.41)可得阈值泵浦速率

$$R_{2t} = \frac{1}{\tau_2\sigma_{21}(c/\eta)\tau_R} \tag{4.42}$$

(4) 式(4.42)代入式(4.41)后得

$$\frac{I}{I_s} = \frac{R_2}{R_{2t}} - 1$$

即有

$$\frac{I}{I_s} = m - 1$$

所以,腔内光强 $I = (m-1)I_s$。设输出镜透射率为 T_2,则输出光强

$$I_{out} = \frac{1}{2}T_2(m-1)I_s$$

习 题

4.1 长度为10cm的红宝石棒置于长度为20cm的光谐振腔中,红宝石694.3nm谱线的自发辐射寿命 $\tau_{s_2} \approx 4\times 10^{-3}$s,均匀加宽线宽为 2×10^5MHz。光腔单程损耗 $\delta = 0.2$。求:

(1) 中心频率模式的阈值反转粒子数密度 Δn_t;

(2) 当光泵激励产生反转粒子数密度 $\Delta n = 1.2\Delta n_t$ 时,有多少个纵模可以振荡?(红宝石折射率为1.76)

4.2 在一理想的三能级系统如红宝石中,令泵浦激励概率在 $t=0$ 瞬间达到一定值 W_{13},$W_{13}>(W_{13})_t$[$(W_{13})_t$ 为长脉冲激励时的阈值泵浦激励几率]。经 τ_d 时间后系统达到反转状态并产生振荡,试求 $\tau_d - W_{13}/(W_{13})_t$ 的函数关系,并画出归一化 $\tau_d/\tau_{s_2} - W_{13}/(W_{13})_t$ 的示意关系曲线(令 $\eta_F = 1$)。

解题提示:建立三能级系统速率方程,忽略受激跃迁过程,可求得

上能级粒子数密度 $n_2(t) = [nW_{13}/(A_{21}+W_{13})][1-\exp(-(A_{21}+W_{13})t)]$，当 $t=\tau_d$ 时，$\Delta n = \Delta n_t$，由 $n_2(\tau_d) = (n+\Delta n_t)/2 \approx n/2$ 可求出 τ_d 的表示式。长脉冲激励情况下，当时间 $t \gg \tau_d$ 时，相应的阈值高能级粒子数密度 $n_{2t} \approx \{n(W_{13})_t/[A_{21}+(W_{13})_t]\} = (n+\Delta n_t)/2 \approx n/2$，由此式可求出长脉冲激励时的阈值泵浦激励概率 $(W_{13})_t$。将此值代入 τ_d 的表示式，可得 $\tau_d - W_{13}/(W_{13})_t$ 及 $\tau_d/\tau_{s2} - W_{13}/(W_{13})_t$ 的函数关系。

4.3 光泵浦的激光器结构如图 4.3(a)所示，激光工作物质的有关参数如下：$A_{20} = 5 \times 10^7 \text{s}^{-1}$；$A_{21} = 1 \times 10^8 \text{s}^{-1}$；$\tau_1 = 20\text{ns}$；总粒子数密度 $n = n_0 + n_1 + n_2 = 10^{14}\text{cm}^{-3}$。泵浦波长 351nm 处的发射截面为 10^{-14}cm^2，能级 2→能级 1 的跃迁具有均匀加宽线型，中心波长为 535nm，线宽 $\Delta\nu = 1\text{GHz}$。忽略泵浦光传输到腔内时的损失，并假设此系统处于稳态，折射率 $\eta = 1$，各能级的统计权重如图 4.3(b)所示。试计算：

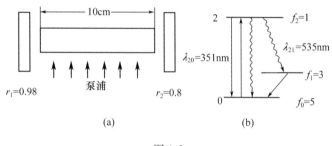

图 4.3

（1）能级 2→能级 1 中心波长的发射截面；
（2）能级 2→能级 1 的阈值增益系数；
（3）该激光器振荡在 $\lambda_{21} = 535\text{nm}$ 时的单位面积的阈值泵浦光强（单位：W/cm^2）。

解题提示：
（1）略；
（2）略；
（3）由稳态速率方程 $dn_1/dt = n_2/\tau_{21} - n_1/\tau_1 = 0$，$dn_2/dt = -(\sigma_{20} I_P/h\nu_P)[n_2 - (f_2/f_0)n_0] - n_2/\tau_2 = 0$ 及 $n_0 + n_1 + n_2 = n$ 求出 n_1 及 n_2，由此可得 $\Delta n = n_2 - (f_2/f_1)n_1 = (f_2/f_0)(\sigma_{20}I_P/h\nu_P)[1-(f_2/f_1)(\tau_1/\tau_{21})]$

n/D,其中 $D = 1/\tau_2 + [1 + (f_2/f_0)(1 + \tau_1/\tau_{21})]\sigma_{20}I_P/h\nu_P$($I_P$ 为泵浦光强)。利用题中所给有关参量的数值,可得 $(\sigma_{20}I_P/h\nu_P)(1/15 - 8\Delta n/5n) = \Delta n/n\tau_2$,其中 $8\Delta n/5n$ 项可忽略不计。由本题(1)、(2)的计算结果可求出阈值反转粒子数密度 Δn_t,代入上式,可求出阈值泵浦光强 I_{pt}。

4.4 脉冲掺钕钇铝石榴石激光器的两个反射镜透过率 T_1、T_2 分别为 0 和 0.5。工作物质直径 $d = 0.8\text{cm}$,折射率 $\eta = 1.836$,总量子效率为 1,荧光线宽 $\Delta\nu_F = 1.95 \times 10^{11}\text{Hz}$,自发辐射寿命 $\tau_{s_2} = 2.3 \times 10^{-4}\text{s}$。假设光泵吸收带的平均波长 $\lambda_P = 0.8\mu\text{m}$。试估算此激光器振荡于中心频率时所需吸收的阈值泵浦能量 E_{pt}。

4.5 一连续工作的 Nd:YAG 激光器,从能级 2→能级 1 的自发辐射几率($1/\tau_{21}$)与能级 2 总辐射跃迁几率($1/\tau_2$)的比值为 0.5,能级 2 寿命 $\tau_2 = 235\mu\text{s}$,辐射中心波长为 $1.064\mu\text{m}$,假定棒长 7.5cm,光束在介质内的光斑面积均为 0.25cm^2,耦合输出系数为 0.7,阈值反转粒子数密度为 $5.7 \times 10^{16}\text{cm}^{-3}$。求:

(1)在低于阈值的稳态情况下,要达到 $n_1/n_2 < 1\%$,下能级寿命 τ_1 应为多少?

(2)若要使该激光器的输出功率 $P = 200\text{W}$,则下能级寿命 τ_1 必须为多少才能保证下能级抽空,达到 $n_1/n_2 < 1\%$。

解题提示:

(1)在稳态情况下,应有 $n_1/\tau_1 = n_2/\tau_{21}$,由此可求出 $(n_1/n_2) < 1\%$ 时 τ_1 值的范围;

(2)若要使该激光器的输出功率 $P = 200\text{W}$,腔内单位时间产生的光子数密度应为 $dN/dt = P/\eta_0 h\nu Al$。稳态情况下,应有 $n_1/\tau_1 = dN/dt$,而激光上能级粒子数密度 n_2 应钳制在 n_{2t},$n_{2t} \approx \Delta n_t$。由此可求得 $(n_1/n_2) < 1\%$ 时 τ_1 值的范围。

4.6 测出半导体激光器的一个解理端面不镀膜与镀全反射膜时的阈值电流分别为 J_1 与 J_2。试由此计算激光器工作物质的分布损耗系数 α(解理面的反射率 $r \approx 0.33$)。

4.7 某激光器工作物质的谱线线宽为50MHz,激励速率是阈值激励速率的2倍,欲使该激光器单模振荡,腔长 L 应为多少?

4.8 一氩离子气体激光器工作在514.5nm绿光波长,假定这一波长的多普勒线宽为3.5GHz,腔长为100cm,工作物质长度近似等于腔长,腔的单程损耗因子为0.1,中心频率发射截面 σ 和上能级寿命 τ_2 分别为 $2.5 \times 10^{-13} \text{cm}^2$ 和5ns。若激光下能级的寿命远小于上能级寿命,一腔模位于谱线中心频率。计算中心频率模式的阈值反转粒子数密度和阈值泵浦速率,并求泵浦速率必须高于阈值泵浦速率多少倍才能使与该模式相邻的纵模起振?

解题提示:

由稳态速率方程 $dn_2/dt = R - n_2/\tau_2 = 0$(考虑阈值问题时受激跃迁可忽略不计)及 $\Delta n \approx n_2$,$\Delta n_t = \delta/\sigma l$ 求出中心频率模式的阈值反转粒子数密度 Δn_t 和阈值泵浦速率 R_{pt};若使与该模式相邻的纵模起振时的泵浦速率为 R_p,则应有 $R_p/R_{pt} = g_i^0(\nu_0)/g_i^0(\nu_0) \exp[-4(\ln 2)(\Delta \nu_q/\Delta \nu_D)^2]$,其中 $\Delta \nu_q$ 是相邻模间隔。

4.9 假设一均匀加宽激光器系统,其中心频率处的发射截面为 10^{-16}cm^2,工作物质长度 l 近似等于腔长,为50cm,介质折射率 $\eta = 1$。初始小信号反转粒子数密度为 10^{14}cm^{-3},两腔镜的反射率分别为 $r_2 = 0.9(T_2 = 0.1)$ 和 $r_1 = 0.98(T_1 = 0)$,往返一周的其他损耗率 a 为2%。

(1) 试求 $\Delta n/\Delta n_t$ 比值;

(2) 估算需要多长时间腔内光子数从一个噪声光子/每模增加到其 10^5 倍?

(3) 若激光波长为 $1\mu m$,上能级寿命为 $1.0\mu s$,下能级寿命近似为0,求激光器稳定工作时的激光输出光强。

解题提示:

(1) 由于 $a \ll 1$,单程损耗因子 $\delta \approx [a - \ln(r_1 r_2)]/2$,由此可求出阈值增益系数 g_t 及阈值反转粒子数密度 Δn_t;

(2) 描述腔内光子数变化的速率方程为 $d\Phi/dt = \Delta n \sigma_{21} c\Phi - \Phi/\tau_R = \Phi c(g^0 - g_t)$,式中 Φ 为腔内单模光子数。对该式积分,可得该模从腔内一个噪声光子增加到其 10^5 倍所需时间;

(3) 略。

4.10 图 4.4 所示的激光谐振腔,其两块反射镜 M_1 和 M_2 的反射率 r_1 和 r_2 分别为 0.95 和 0.85,布儒斯特窗片每个面对特定偏振光的透过率 T 为 98%,增益介质折射率 $\eta = 1$。

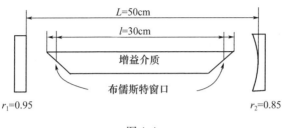

图 4.4

(1) 若小信号增益系数 $g^0 = 0$,求无源腔光子寿命(布儒斯特窗片其他损耗忽略不计);

(2) 若在中心频率处的小信号增益系数 $g^0 = 4 \times 10^{-3} \mathrm{cm}^{-1}$,该系统能否振荡,并说明你的理由。

解题提示:

(1) 当损耗很小时,单程损耗因子 $\delta \approx (1 - r_1 r_2 T^4)/2$;

(2) 略。

4.11 图 4.5(a) 为一连续工作均匀加宽激光器的能级系统,假设能级 1 和能级 2 的泵浦速率相同(即 $R_1 = R_2$),能级 1 寿命 $\tau_1 \approx 0$,能级 2 寿命 $\tau_2 = 100\mathrm{ns}$,能级 2 至能级 1 跃迁中心频率处的发射截面 $\sigma = 1.3 \times 10^{-17} \mathrm{cm}^2$,能级 0 未抽空。光谐振腔其他参数如图 4.5(b) 所示。试求:

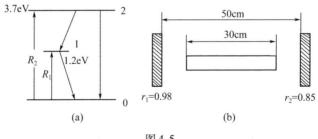

图 4.5

(1)能级2至能级1跃迁小信号增益系数为 $0.05\mathrm{cm}^{-1}$ 时所需的单位体积泵浦功率(单位:$\mathrm{W/cm}^3$);

(2)从腔的右端可获得的激光输出光强。

解题提示:

(1)由于 $\tau_1 \approx 0$,遂有 $n_1 \approx 0$,$\Delta n \approx n_2$。由稳态速率方程 $\mathrm{d}n_2/\mathrm{d}t = R_2 - n_2/\tau_2 = 0$(考虑小信号问题时可忽略受激跃迁)及 $g^0 = \Delta n^0 \sigma$ 求得小信号增益系数为 $0.05\mathrm{cm}^{-1}$ 时的 R_2 及 R_1。所需的单位体积泵浦功率为 $R_2(E_2 - E_0) + R_1(E_1 - E_0)$。

(2)腔内光强 $= I_s [g_H^0(\nu_0) l/\delta - 1]$(腔内光强指决定饱和效应强弱的腔内往返光强之和),由此可求出从腔的右端输出的光强。

4.12 如图4.6所示环形激光器中顺时针模式 ϕ_+ 及逆时针模 ϕ_- 的频率为 ν_A,输出光强为 I_+ 及 I_-。

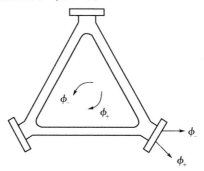

图4.6

(1)如果环形激光器中充以单一氖同位素气体 Ne^{20},其中心频率为 ν_{01},试画出 $\nu_A \neq \nu_{01}$ 及 $\nu_A = \nu_{01}$ 时的增益曲线及反转粒子数密度的轴向速度分布曲线;

(2)当 $\nu_A \neq \nu_{01}$ 时激光器可输出两束稳定的光,而当 $\nu_A = \nu_{01}$ 时出现一束光变强,另一束光熄灭的现象,试解释其原因;

(3)环形激光器中充以适当比例的 Ne^{20} 及 Ne^{22} 的混合气体,当 $\nu_A = \nu_0$ 时,并无上述一束光变强,另一束光变弱的现象,试说明其原因(图4.7为 Ne^{20}、Ne^{22} 及混合气体的增益曲线),ν_{01}、ν_{02} 及 ν_0 分别为

Ne^{20}、Ne^{22} 及混合气体增益曲线的中心频率,$\nu_{02} - \nu_{01} \approx 890\text{MHz}$;

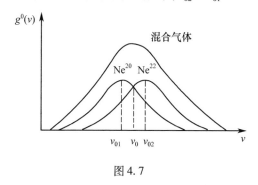

图 4.7

(4) 为了使混合气体的增益曲线对称,两种氖同位素中哪一种应多一些?

解题提示:

(1) 略;

(2) 略;

(3) ϕ_+ 使用 $v_z = c(\nu_0 - \nu_{02})/\nu_{02}$ 的 Ne^{22} 原子以及 $v_z = c(\nu_0 - \nu_{01})/\nu_{01}$ 的 Ne^{20} 原子;ϕ_- 使用 $v_z = -c(\nu_0 - \nu_{02})/\nu_{02}$ 的 Ne^{22} 原子以及 $v_z = -c(\nu_0 - \nu_{01})/\nu_{01}$ 的 Ne^{20} 原子,两个模式使用不同高能级原子;

(4) 要使混合气体的小信号增益曲线对称,必须使得 Ne^{20} 和 Ne^{22} 的增益曲线高度相等,即要满足 $g^0(\nu_{01}) = g^0(\nu_{02})$,而

$$g^0(\nu_{02})/g^0(\nu_{01}) \approx \Delta\nu_{D_{20}}\Delta n_{22}^0 / \Delta\nu_{D_{22}}\Delta n_{20}^0 = \sqrt{M_{22}/M_{20}} \Delta n_{22}^0 / \Delta n_{20}^0$$

4.13 考虑氦氖激光器的 632.8nm 跃迁,其上能级 $3S_2$ 的寿命 $\tau_2 \approx 2 \times 10^{-8}\text{s}$,下能级 $2P_4$ 的寿命 $\tau_1 \approx 2 \times 10^{-8}\text{s}$,设管内气压 $p = 266\text{Pa}$:

(1) 计算 $T = 300\text{K}$ 时的多普勒线宽 $\Delta\nu_D$;

(2) 计算均匀线宽 $\Delta\nu_H$ 及 $\Delta\nu_D/\Delta\nu_H$;

(3) 当腔内光强为(a)接近 0;(b)10W/cm^2 时谐振腔需多长才能使烧孔重叠。

(计算所需参数可查阅第三章内容提要或《激光原理》附录一)

4.14 有一均匀加宽激光器如图4.8所示,两反射镜的反射率 $r_1=0.95(T_1=0)$ 和 $r_2=0.8(T_2=0.2)$。增益介质长10cm,腔长15cm。假设增益介质和腔内其他部分折射率均为1。激光器中心波长 $\lambda_0=720\text{nm}$,中心频率发射截面 $\sigma_{21}=10^{-18}\text{cm}^2$,中心频率饱和光强为 20kW/cm^2。求:

(1) 无源腔的光子寿命;

(2) 连续工作时的中心频率阈值反转集居数密度;

(3) 假定在 $t=0$ 时,注入泵浦光,使工作物质中瞬即产生 $2\times 10^{17}\text{cm}^{-3}$ 的初始反转集居数密度,与此同时注入一束频率为增益介质中心频率(相应波长为720nm)的激光,使腔内光子数密度达到 10^8 光子数/cm³,忽略饱和效应,粗略估算需经历多长时间腔内光强能达到饱和光强的 $1/2$;

(4) 实际所需时间应比你估算的时间长还是短?

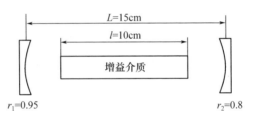

图4.8

解题提示:

(1)、(2) 单程损耗因子 $\delta \approx (1/2)\ln(1/r_1 r_2)$;

(3) 由中心频率饱和光强计算出饱和光子数密度 N_s,因腔内初始光子数密度为 10^8 光子数/cm³,远小于 N_s,属小信号情况。入射光通过增益介质时光子数密度的变化为 $N(z)=N(0)\exp[(g^0-\alpha)z]$ 其中 $\alpha=(1/2l)\ln(1/r_1 r_2)$。由此式可算出传输多长距离及经多长时间后,使腔内光子数密度达到饱和光子数密度 N_s 的 $1/2$。

4.15 光泵浦的激光系统如图4.9所示,激光工作物质能级示于图4.9(a),在热平衡状态下,能级1,能级2上的粒子可忽略不计。将泵浦光波长调到能级0→能级2跃迁中心频率,从一侧入射到工作物质上,将能级 0 的粒子抽运到能级 2。能级 2 的粒子通过自发发射和无辐射跃迁回到能级 0,其跃迁几率分别为 $A_{20}=10^6\,\text{s}^{-1}$, $S_{20}=5\times10^6\,\text{s}^{-1}$;能级 2 和能级 1 之间存在自发发射和受激发射,其自发发射爱因斯坦系数 A_{21} 为 $10^5\,\text{s}^{-1}$,能级 1 的寿命 $\tau_1=10^{-7}\,\text{s}$。为了简化,假定 $n_2,n_1\ll n_0$,基态粒子数密度视为常数, $n_0=10^{17}\,\text{cm}^{-3}$。该激光工作物质为均匀加宽介质,能级 2→能级 0 及能级 2→能级 1 跃迁谱线具有洛伦兹线型,其线宽 $\Delta\nu_H=10\,\text{GHz}$,激光器处于稳态工作。其他参数如图 4.9(b) 中所示。求:

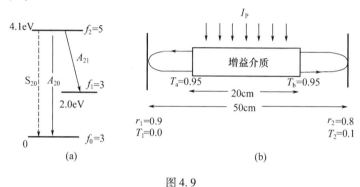

图 4.9

(1) 中心泵浦波长的吸收截面 σ_P;
(2) 能级 2→能级 1 的中心频率发射截面 σ_{21};
(3) 能级 2 寿命;
(4) 泵浦光很弱并忽略受激发射时的 n_2/n_1 比值;
(5) 阈值增益和中心频率阈值反转粒子数密度;
(6) 写出用 σ_P,I_P,σ_{21} 和 I 表示的能级 2 和能级 1 的速率方程,求阈值泵浦光强(其中 I_P 和 I 分别为泵浦光强和腔内激光光强);
(7) 如果泵浦光强是阈值的 10 倍,能级 2→能级 1 跃迁以受激发射为主,估算该激光器的输出光强。

4.16 一个环形激光器,其结构参数如图 4.10 所示,四块反射镜的反射率分别为 $r_1=0.96,r_2=0.8,r_3=0.97,r_4=0.98$;$T_1=T_3=T_4=0,T_2=0.2$。受激辐射跃迁的上能级 $E_2=3.2\,\text{eV}$,能级寿命为 1.54 ms,中心频率发射截面为 $2\times10^{-20}\,\text{cm}^2$,跃迁中心波长为 760 nm。从基态直

接泵浦到 E_2 的泵浦速率为 R_{02},若受激辐射下能级寿命近似为 0。现假定光波在腔内以逆时针方向传播(腔内置一光隔离器可实现此种状态),试求:

(1) 该激光器上能级阈值粒子数密度;
(2) 单位体积中中心频率阈值泵浦功率;
(3) 泵浦速率为阈值泵浦速率 1.5 倍时的中心频率激光输出强度。

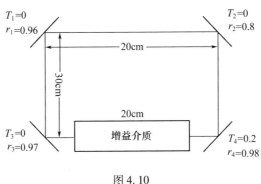

图 4.10

解题提示:

(1) 略;

(2) 由稳态速率方程 $dn_2/dt = R_{02} - n_2/\tau_2 = 0$(在考虑阈值问题时可忽略受激跃迁)及本题(1)所得上能级阈值粒子数密度可求出单位体积中阈值泵浦速率 R_{02t},并从而求出单位体积中中心频率阈值泵浦功率;

(3) 稳定工作时增益系数等于阈值增益系数,所以由 $g^0(\nu_0)/(1+I^+/I_s) = 1.5 g_t(\nu_0)/(1+I^+/I_s) = g_t(\nu_0)$,可求出稳定工作时逆时针传输的光强,并从而求出输出光强。

4.17 一均匀加宽、高增益环形激光器,其结构如上题图 4.10 所示,四块反射镜的反射率分别为 $r_1 = 0.9, r_2 = 0.7, r_3 = 0.6, r_4 = 0.95$; $T_1 = T_2 = T_4 = 0, T_3 = 0.2$。设小信号增益系数为阈值增益系数的 3 倍,中心频率附近的光波在腔内以逆时针方向传播。如中心频率饱和光强 $I_s = 5 W/cm^2$,求输出光强。

4.18 图4.11(a)所示的环腔激光器中的激活介质为均匀加宽介质，跃迁中心波长 $\lambda_0 = 600\text{nm}$，跃迁几率 $A_{21} = 6 \times 10^4 \text{s}^{-1}$，自发辐射线型为图4.11(b)所示的三角形，假设增益介质端面-空气间无损耗，上能级寿命为 $3.9\mu\text{s}$，小信号反转粒子数密度 $\Delta n^0 = 5 \times 10^{13} \text{cm}^{-3}$。激光按逆时针方向振荡。求：

(1) 中心频率发射截面 σ_{21}，饱和光强 I_s 和阈值反转粒子数密度；

(2) 在阈值以上有多少个 TEM_{00q} 模；

(3) 腔内光强达到 $3 \times I_s$ 时的反转粒子数密度；

(4) M_2 镜输出光强。

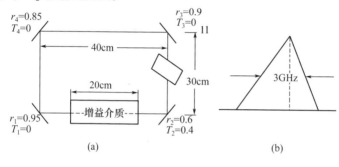

图 4.11

解题提示：

(1) 设三角形线型函数的高为 $\tilde{g}(\nu_0, \nu_0)$，利用线型函数的归一化条件 $\int_{-\infty}^{\infty} \tilde{g}(\nu, \nu_0) d\nu = 1$ 可求出 $\tilde{g}(\nu_0, \nu_0)$，由 $\sigma_{21}(\nu, \nu_0) = (A_{21}\lambda^2/8\pi)\tilde{g}(\nu, \nu_0)$ 可求出中心频率发射截面 σ_{21}，并从而求出饱和光强 I_s。由 σ_{21} 及阈值增益系数 g_t 可得阈值反转粒子数密度；

(2) 由于自发发射谱线呈三角形，其小信号增益曲线必为半高全宽 $\Delta\nu = 3\text{GHz}$ 的三角形，利用相似三角形关系，有 $2\Delta\nu/\Delta\nu_{osc} = g^0(\nu_0)/[g^0(\nu_0) - g_t]$，由此可求出振荡带宽 $\Delta\nu_{osc}$，由 $\Delta\nu_{osc}/\Delta\nu_q$ 之值可确定在阈值以上有多少个 TEM_{00q} 模；

(3) 略；

(4) 设由增益工作物质左端入射光的光强为 I_1，由增益工作物质右端出射光的光强为 I_2,根据式(4.34),应有 $\ln(I_2/I_1) + (I_2 - I_1)/I_s = g^0(\nu_0)l$。根据自洽条件,光强为 I_2 的光经诸镜反射又回到工作物质左端时,光强仍应为 I_1,故有 $I_1 = r_1 r_2 r_3 r_4 I_2$。由以上关系式可求出 I_2,并从而求出输出光强(也可根据式(4.15)求输出光强)。

4.19 一激光系统的有关参数如下图 4.12(b)所示,能级 2→能级 1 的自发发射爱因斯坦系数为 $5 \times 10^4 s^{-1}$,自发发射谱线线型近似为三角形,如图 4.12(a)所示。若以泵浦速率 R_2 将粒子激励到能级 2 后,粒子向下跃迁到能级 1,能级 1 及能级 2 的寿命均为 $10\mu s$。假设系统处于稳态,激活介质的折射率为 1.76,统计权重 $f_2 = 1, f_1 = 2$。

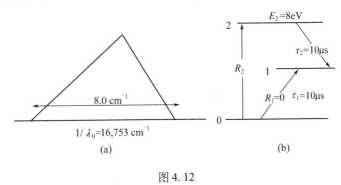

图 4.12

(1) 求能级 2→能级 1 跃迁中心频率的发射截面;
(2) 根据图 4.13 所示激光器参数,计算阈值泵浦速率;

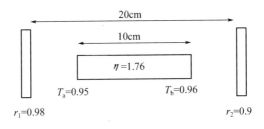

图 4.13

(3) 从速率方程出发,推导大信号情况下的能级 2 - 能级 1 反转粒子数密度和中心频率处增益系数表达式(表达式用泵浦速率、能级寿命、能级统计权重和发射截面来表示)。

4.20 低增益均匀加宽单模激光器中,输出镜最佳透射率 T_m 及阈值透射率 T_t 可由实验测出,试求往返净损耗率 a 及中心频率小信号增益系数 g_m (假设振荡频率 $\nu = \nu_0$)。

4.21 一均匀加宽激光器如图4.14所示,其性能参数如下:中心频率处的小信号增益系数为 $0.005/cm$,饱和光强为 $25 W/cm^2$,自发辐射谱线宽度为 2GHz,增益介质长为 80cm,腔长为 100cm。一块反射镜的反射率 $r_1 = 0.98$,另一反射镜为激光输出镜,其透射率为 $1 - r_2$,其他损耗可忽略不计。

(1)假设激光在中心频率振荡,用简单方法求该激光器的最佳输出透射率 T_m;

(2)假设光斑半径 $\omega = 1 cm$,求输出镜具有最佳透射率时的输出功率 P_m。

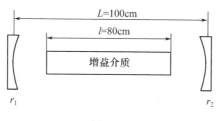

图 4.14

4.22 有一氪灯激励的连续掺钕钇铝石榴石激光器如图 4.15 所示。实验测出氪灯阈值输入电功率 p_{pt} 为 2.2kW,斜效率 $\eta_s = dP/dP_p = 0.024$(P 为激光器输出功率,P_p 为氪灯输入电功率)。掺钕钇铝石榴石棒内损耗系数 $\alpha_i = 0.005 cm^{-1}$。试求:

(1)P_p 为 10kW 时激光器的输出功率;

(2)反射镜 1 换成平面镜时的斜效率(更换反射镜引起的衍射损耗变化忽略不计;假设激光器振荡于 TEM_{00} 模);

(3)图 4.15 所示激光器中 T_1 换成 0.1 时的斜效率和 $p_p = 10kW$ 时的输出功率。

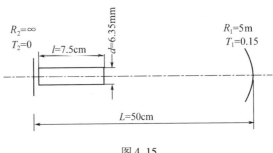

图 4.15

解题提示：

（1）p_p 为 10kW 时激光器的输出功率 $P = \eta_s p_{pt}(p_p/p_{pt} - 1)$；

（2）图示的激光器的光斑面积 $A = \pi w_0^2 = \lambda[L(R_1 - L)]^{\frac{1}{2}}$，换成平面镜后的光斑面积 $A' = \pi(d/2)^2$，斜效率 $\eta'_s = (A'/A)\eta_s$；

（3）图示激光器的单程损耗为 $\delta = -(1/2)\ln(1 - T_1) + \alpha_i l$，反射镜 1 透过率改成 $T'_1 = 0.1$ 后的单程损耗 $\delta' = -(1/2)\ln(1 - T'_1) + \alpha_i l$，阈值泵浦功率 $p'_{pt} = p_{pt}(\delta'/\delta)$，斜效率 $\eta''_s = AI_s T'_1/2p'_{pt} = \eta_s T'_1 p_p/T p'_{pt}$，当 $p_p = 10$kW 时，输出功率 $P = \eta''_s p'_{pt}(p_{pt}/p'_{pt} - 1)$。

4.23 如图 4.16 所示的放大介质在 1.05μm 波长处的小信号增益为 6dB（即 $G^0 = 4$），发射截面为 10^{-17} cm^2，上、下能级寿命分别为 500μs 和 10ns。增益介质每个端面的损耗为 2%，环腔中光隔离器的损耗可忽略不计，试计算输出光强。

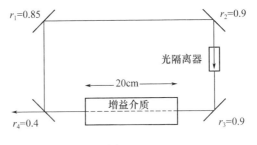

图 4.16

4.24 图 4.17 所示为准四能级的激光器系统，通过吸收光将能级 0 上的粒子激励到能级 2，如果泵浦光足够强，使能级 2→能级 1 跃迁产生增益,已知能级 1→能级 0 的跃迁很快,而且因 $E_1 - E_0$ 与 k_bT 可比拟,故在任何情况下,E_1 和 E_0 两个能级上的粒子数都遵循玻耳兹曼分布。假设 $E_2 - E_0 \gg k_bT$,各能级统计权重相等,总激活粒子数密度 $n = 3 \times 10^{20} \text{cm}^{-3}$。

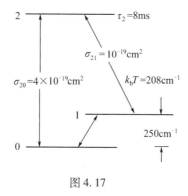

图 4.17

(1)若系统未激发,求能级 1→能级 2 的吸收系数;
(2)若激励强度无限大,求可获得的最大的小信号增益系数。

解题提示:

(1)未激发时,$n_2 = 0$, $n_1 + n_0 = n$,其中 $n_1 = n_0 e^{-(E_1 - E_0)/k_bT}$,由此可求出 n_1。能级 1→能级 2 的吸收系数 $\alpha = -g = -(n_2 - n_1)\sigma_{21}$;

(2)激励强度无限强时,$n_2 \approx n_0$,$n_2 + n_1 + n_0 = 2n_0 + n_1 = n$,$n_1 = n_0 e^{-(E_1 - E_0)/k_bT}$。由以上关系式求出 n_1,n_2,$g_{max}^0 = (n_2 - n_1)\sigma_{21}$。

4.25 一均匀加宽环形激光器工作物质的中心频率小信号增益系数是 0.2cm^{-1},饱和光强为 10mW/cm^2。谐振腔各参数如图 4.18 所示,$r_1 = r_3 = r_4 = 0.98$,$T_1 = T_3 = T_4 = 0$,$T_2 = 1 - r_2$,增益介质长度 $l_g = 10 \text{cm}$,光隔离器长度 $l_d = 2 \text{cm}$,其损耗系数为 0.5cm^{-1},腔内光按逆时针方向传播。若光频率为辐射跃迁中心频率,M_2 镜透过率可变,假设增益和损耗均不随传输距离变化,并为简单起见,腔内折射率均设为 1。

(1)用高 Q(低损耗)腔近似的简单分析方法,求归一化输出光强(I_{out}/I_s)和透过率 T_2 的函数关系并画出其曲线;
(2)求最佳透过率。

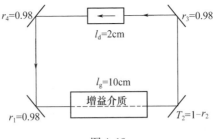

图 4.18

解题提示：

(1) 根据式(4.15)可知

$I_{out} = T_2 I_s (g^0 l_g/\delta - 1) = T_2 I_s \{g^0 l_g/[\alpha l_d + \ln(1/r_1 r_3 r_4) - \ln(1-T_2)] - 1\}$，因为是高 Q 低损耗腔，$-\ln(1-T_2) \approx T_2$（也可采用例 4.4 所采用的自洽方法求输出光强）；

(2) 由 $dI_{out}/dT_2 = 0$ 求得最佳透射率 T_{2m}。

第五章 激光放大特性

内 容 提 要

当光信号经过能级差与其频率相应的处于集居数反转状态的工作物质时,因受激辐射占优势而被放大。所以,一段处于集居数反转状态的工作物质就是一个激光放大器。

一、均匀激励连续激光行波放大器

均匀激励连续激光行波放大器是指被放大的激光是连续光或长脉冲光(脉宽≫相应跃迁的上能级寿命),工作物质中的泵浦强弱、小信号增益系数、小信号反转粒子数密度及饱和光强均与传输距离无关,且无端面反射的放大器。

光放大器的增益定义为

$$G = \frac{I(l)}{I_0} \tag{5.1}$$

式中:I_0 为输入光强;$I(l)$ 为长为 l 的光放大器的输出光强。其小信号增益

$$G^0 = \exp\{[g^0(\nu) - \alpha]l\} \tag{5.2}$$

式中:α 是工作物质中的平均损耗系数;$\{[g^0(\nu) - \alpha]l\}$ 称作小信号净单程增益因子。

对于均匀加宽工作物质,在 $\alpha \ll g(\nu)$ 时,输出光强与输入光强的关系式为

$$\ln\frac{I(l)}{I_0} + \frac{I(l) - I_0}{I_s(\nu)} = g_H^0(\nu)l \tag{5.3}$$

输入(输出)功率越大,放大器的增益 G 越小。定义 G 下降为 $G^0/2$

(3dB)时的输出功率为放大器的饱和输出功率 $P_{\text{sat}}(l)$。由式(5.3)可证明

$$P_{\text{sat}}(l) = \frac{G^0 \ln 2}{G^0 - 2} P_s(\nu) \tag{5.4}$$

式中:饱和功率

$$P_s(\nu) = A I_s(\nu) \tag{5.5}$$

放大器的增益与频率有关,增益谱宽 $\delta\nu$ 往往小于自发辐射线宽。

二、纵向光激励连续行波激光放大器

掺杂光纤放大器是典型的纵向光激励放大器。在这种光放大器中,由于泵浦光被吸收而使泵浦光强沿传播方向不断减弱,从而导致小信号反转粒子数密度及小信号增益系数与传输距离有关。在三能级系统中,饱和光强也因和激励强弱有关而随距离变化。

在忽略放大的自发辐射和损耗时,在同向泵浦情况下,描述三能级纵向连续光放大器的归一化信号光强及泵浦光强变化的输运方程为

$$\frac{\mathrm{d}I'(z)}{\mathrm{d}z} = \frac{I'_p(z) - \gamma}{I'_p(z) + (1+\gamma)I'(z) + 1} \frac{\beta^0}{\gamma} I'(z) \tag{5.6}$$

$$\frac{\mathrm{d}I'_p(z)}{\mathrm{d}z} = \frac{I'(z) + 1}{I'_p(z) + (1+\gamma)I'(z) + 1} \beta^0_p I'_p(z) \tag{5.7}$$

式中: $I'(z) = I(z)/[h\nu/\sigma_{21}(\nu)\tau_2]$, $I'_p(z) = I_p(z)/[h\nu_p/\sigma_{13}(\nu_p)\tau_2]$, $I(z)$ 与 $I_p(z)$ 分别为信号光强和泵浦光强,ν 及 ν_p 分别为信号光和泵浦光频率,$\gamma = \sigma_{12}(\nu)/\sigma_{21}(\nu)$,$\beta^0 = n\sigma_{12}(\nu)$ 与 $\beta^0_p = n\sigma_{13}(\nu_p)$ 分别为掺杂光纤中信号光与泵浦光的小信号吸收系数,可由实验测出。

泵浦光沿传输方向逐渐减小。由式(5.6)可见。当 $I_p > I_{\text{pth}}$ 时信号光增强,当 $I_p < I_{\text{pth}}$ 时信号光逐渐减弱。其中

$$I_{\text{pth}} = \gamma \frac{h\nu_p}{\sigma_{13}(\nu_p)\tau_2}$$

由式(5.6)与式(5.7)可得三能级纵向激励光放大器的小信号增益 G^0 的解析表达式为

$$\ln\left(\gamma \frac{I_{p0}}{I_{pth}} - \frac{\gamma}{\gamma+1}\beta_P^0 l - \frac{\gamma}{\gamma+1}\frac{\beta_P^0}{\beta^0}\ln G^0\right) +$$

$$\frac{1}{\gamma+1}\beta_P^0 l - \frac{\gamma}{\gamma+1}\frac{\beta_P^0}{\beta^0}\ln G^0 =$$

$$\ln\left(\gamma \frac{I_{p0}}{I_{pth}}\right) \tag{5.8}$$

式中：I_{p0} 为输入泵浦光强；l 为放大器长度。由式(5.8)可见，放大器的小信号增益与长度有关。存在着一个使小信号增益最大的最佳长度 l_m。

$$l_m = \frac{1}{\beta_P^0}\left[\ln \frac{I_{p0}}{I_{pth}} + \gamma\left(\frac{I_{p0}}{I_{pth}} - 1\right)\right]$$

输入泵浦光强越强，则最佳长度 l_m 越长。

放大器的增益将随输入（输出）光强的增大而下降。

三、脉冲行波放大器

在脉冲光放大器中，被放大的调 Q 光脉冲信号的宽度远小于工作物质的荧光寿命。

定义单位时间内流过工作物质单位横截面的光子数为光子流强度，记作

$$J(z,t) = N(z,t)v = I(z,t)/h\nu \tag{5.9}$$

对均匀加宽三能级系统（且 $\eta_F = 1$）脉冲行波放大器，当入射光频率为中心频率时，描述反转粒子数密度和光子流强度随时间和距离变化的输运方程为

$$\frac{\partial \Delta n(z,t)}{\partial t} = -\left(1 + \frac{f_2}{f_1}\right)\sigma_{21}\Delta n(z,t)J(z,t) \tag{5.10}$$

$$\frac{\partial J(z,t)}{\partial t} + v\frac{\partial J(z,t)}{\partial z} = -v\sigma_{21}\Delta n(z,t)J(z,t) - \alpha v J(z,t)$$

$$\tag{5.11}$$

对四能级系统，且入射光脉冲宽度 τ_p 远大于下能级寿命 τ_1，在光脉冲

作用期间,下能级粒子能迅速清除,因而下能级粒子数密度 $n_1 \approx 0$ 时

$$\frac{\partial \Delta n(z,t)}{\partial t} = -\sigma_{21}\Delta n(z,t)J(z,t) \tag{5.12}$$

式(5.11)仍然适用。

放大器的能量增益

$$G_E = \frac{E_l}{E_0} = \frac{J(l)}{J(0)} \tag{5.13}$$

式中:E_l 和 E_0 分别为输出和输入光脉冲能量;$J(l)$ 和 $J(0)$ 分别为输出处和输入处单位面积上流过的总光子数。

z 处单位面积上流过的总光子数为

$$J(z) = \int_0^{\tau'} J(z,t)\mathrm{d}t$$

式中:$\tau' \gg \tau_p$,τ_p 为入射光脉冲宽度。当入射光频率为中心频率时,对于三能级系统,可得

$$\frac{\mathrm{d}J(z)}{\mathrm{d}z} = \frac{1}{1+\frac{f_2}{f_1}}\left[1 - \mathrm{e}^{-\left(1+\frac{f_2}{f_1}\right)\sigma_{21}J(z)}\right]\Delta n^0 - \alpha J(z)$$

$$\tag{5.14}$$

放大器的功率增益

$$G_p(t) = \frac{J\left(l, t+\frac{1}{v}\right)}{J_0(t)} \tag{5.15}$$

设输入光脉冲是宽度为 τ_p 的矩形脉冲,则对于三能级系统,有

$$G_p(t) = \frac{J\left(l, t+\frac{1}{v}\right)}{J_0} = \frac{\mathrm{e}^{\sigma_{21}\Delta n^0 l}}{\mathrm{e}^{\sigma_{21}\Delta n^0 l} - (\mathrm{e}^{\sigma_{21}\Delta n^0 l} - 1)\mathrm{e}^{-\left(1+\frac{f_2}{f_1}\right)\sigma_{21}J_0 t}} \tag{5.16}$$

对于四能级系统,当 $\tau_p \gg \tau_1$ 时,只需将式(5.14)及式(5.16)中的"(1 +

f_2/f_1)"因子代之于"1"。而当 $\tau_p \ll \tau_1$ 时,则可按三能级系统处理。

当输入光脉冲较强时,由于脉冲前沿通过工作物质时,反转集居数尚未因受激辐射而减少,而当光脉冲后沿通过时,光脉冲引起的受激辐射已使反转集居数降低,所以前沿增益较大,而后沿只能得到较小的增益,从而导致光脉冲形状发生畸变。

四、放大的自发辐射(ASE)

不满足阈值条件,但处于集居数反转状态的工作物质对自发辐射光具有放大作用。

在一个无损耗的未饱和光放大器中,设 z 处在 ν 附近 $d\nu$ 频带间隔内的放大的自发辐射光强为 $I(\nu,z)d\nu$,则

$$I(\nu,z) = \beta [e^{g^0(\nu)z} - 1] \quad (5.17)$$

式中:β 是一个和激励程度及工作物质几何参数有关的常数。均匀加宽(洛伦兹线型)工作物质中放大的自发辐射的谱线宽度为

$$\delta\nu_{sH} = \Delta\nu_H \sqrt{\frac{g^0(\nu_0)z}{\ln\frac{\exp[g^0(\nu_0)z]+1}{2}} - 1}$$

在具有多普勒线型的非均匀加宽工作物质中,放大的自发辐射谱线宽度为

$$\delta\nu_{si} = \Delta\nu_D \sqrt{\frac{\ln[g^0(\nu_0)z] - \ln\ln\{\frac{1}{2}[e^{g^0(\nu_0)z}+1]\}}{\ln 2}}$$

思 考 题

5.1 采取什么措施可以提高从均匀激励无损连续光放大器中提取的功率极限?

5.2 采取什么措施可以提高均匀激励有损连续光放大器的输出功率极限?

5.3 为什么放大器的小信号增益和入射光频率关系曲线的半值线宽 $\delta\nu$ 会小于工作物质的谱线宽度？当输入光增强时，$\delta\nu$ 有何变化？

5.4 将内容提要中关于三能级纵向激励光放大器增益特性的叙述和例 5.2.5 中关于四能级纵向激励连续光放大器增益特性的推导相比较可见，前者的理论处理要复杂得多。试分析造成二者差别的根本原因何在。

5.5 一束横向光强呈高斯分布的强光束经过放大器或吸收体后，横向光强分布有何变化？

5.6 怎样通过测量光放大器的增益特性来确定工作物质的饱和功率 $P_s(\nu)$ 或饱和光强 $I_s(\nu)$？

5.7 在对脉冲光放大器进行理论处理时，忽略了泵浦光、自发辐射和无辐射跃迁的作用。这样做的前提是什么？

5.8 放大器中光脉冲的光子数密度为 $N(z,t)$，试写出光子流强度 $J(z,t)$，光强 $I(z,t)$，光功率 $P(z,t)$，单位面积流过的总光子数 $J(z)$，光脉冲的能量 $E(z)$ 的表示式。

5.9 光脉冲经过脉冲光放大器后，会发生形状畸变，为什么？

5.10 试举出两种你所知道的 ASE（放大的自发辐射）光源及它们的应用。

5.11 试比较激光、ASE 和自发辐射的特性。

5.12 ASE 的线宽为什么比自发辐射窄？在均匀加宽和非均匀加宽工作物质中 ASE 线宽随距离变化的行为有何不同，为什么？

5.13 如果掺铒光纤对信号光和泵浦光的损耗系数分别为 α 和 α_p，在不忽略放大的自发辐射的情况下，试写出 $dP(z)/dt, dP_p(z)/dt, dP_{ASE}(z)/dt, dn_3(z)/dt, dn_2(z)/dt$ 的表示式，其中 $P(z), P_p(z), P_{ASE}(z)$ 分别为信号光，泵浦光和放大的自发辐射功率。

5.14 掺铒光纤放大器的输出光中除信号光外，还不可避免地存在着放大的自发辐射，采取什么措施可以减小放大的自发辐射，而保留信号光。

5.15 光纤放大器中的放大的自发辐射可能会导致自激而使放大器不能正常工作，采取何种措施可防止自激。

例 题

例 5.1 有一均匀激励连续工作行波激光放大器,工作物质具有多普勒非均匀加宽线型,长为 l,中心频率小信号增益系数为 g_m,损耗系数为 α,$\alpha \ll g_m$。入射光光强为 I_0,输出光光强为 I_l。令 $\beta_0 = I_0/I_s$,$\beta_l = I_l/I_s$。试求:

(1) 入射光频率为中心频率 ν_0 时,β_l 和 β_0 的关系式;
(2) 入射光频率为 $\nu(\nu \neq \nu_0)$ 时 β_l 和 β_0 的关系式。

解:
(1) 入射光频率为中心频率 ν_0 时:
令工作物质内光强为 I,$\beta = I/I_s$,遂有

$$\frac{dI}{I dz} = \frac{g_m}{\sqrt{1 + \dfrac{I}{I_s}}} - \alpha \approx \frac{g_m}{\sqrt{1 + \dfrac{I}{I_s}}}$$

$$\frac{d\beta}{\beta dz} = \frac{g_m}{\sqrt{1 + \beta}}$$

上式可改写为

$$g_m dz = \frac{\sqrt{1+\beta}}{\beta} d\beta \tag{5.18}$$

对式(5.18)两边积分,可得

$$\int_0^l g_m dz = \int_{\beta_0}^{\beta_l} \frac{\sqrt{1+\beta}}{\beta} d\beta \tag{5.19}$$

利用积分公式

$$\int \frac{\sqrt{a+u}}{u} = 2\sqrt{a+u} + a \int \frac{du}{u\sqrt{a+bu}}$$

及

$$\int \frac{du}{u\sqrt{a+bu}} = \frac{1}{\sqrt{a}} \ln\left(\frac{\sqrt{a+bu} - \sqrt{a}}{\sqrt{a+bu} + \sqrt{a}}\right) + c$$

由式(5.19)可得

$$g_m l = \left(2\sqrt{1+\beta_l} + \ln\frac{\sqrt{1+\beta_l}-1}{\sqrt{1+\beta_l}+1}\right) -$$

$$\left(2\sqrt{1+\beta_0} + \ln\frac{\sqrt{1+\beta_0}-1}{\sqrt{1+\beta_0}+1}\right)$$

经整理,可得 β_l 和 β_0 的关系式

$$2(\sqrt{1+\beta_l} - \sqrt{1+\beta_0}) + \ln\frac{(\sqrt{1+\beta_l}-1)(\sqrt{1+\beta_0}+1)}{(\sqrt{1+\beta_l}+1)(\sqrt{1+\beta_0}-1)} = g_m l$$

(2) 入射光频率为 ν 时

$$\frac{dI}{I dz} = \frac{g_m}{\sqrt{1+\dfrac{I}{I_s}}}\exp\left[-4(\ln 2)\left(\frac{\nu-\nu_0}{\Delta\nu_D}\right)^2\right] - \alpha \approx$$

$$\frac{g_m}{\sqrt{1+\dfrac{I}{I_s}}}\exp\left[-4(\ln 2)\left(\frac{\nu-\nu_0}{\Delta\nu_D}\right)^2\right]$$

由上式可得

$$\frac{d\beta}{\beta dz} = \frac{g_m}{\sqrt{1+\beta}}\exp\left[-4(\ln 2)\left(\frac{\nu-\nu_0}{\Delta\nu_D}\right)^2\right]$$

采取和(1)相同的步骤,可得 β_l 和 β_0 的关系式

$$2(\sqrt{1+\beta_l} - \sqrt{1+\beta_0}) + \ln\frac{(\sqrt{1+\beta_l}-1)(\sqrt{1+\beta_0}+1)}{(\sqrt{1+\beta_l}+1)(\sqrt{1+\beta_0}-1)} =$$

$$g_m l \exp\left[-4(\ln 2)\left(\frac{\nu-\nu_0}{\Delta\nu_D}\right)^2\right]$$

例 5.2 (1) 求上题所述光放大器的小信号增益的半值线宽 $\delta\nu$;(2) 有一多普勒非均匀加宽行波光放大器,其自发辐射线宽 $\Delta\nu_D = 340\text{MHz}$,中心频率小信号增益 $G^0(\nu_0) = 5000$,试求其小信号增益的半值线宽 $\delta\nu$。

解：

（1）忽略损耗系数 α，当入射光频率为 ν 时，光放大器的小信号增益是

$$G^0(\nu) = \exp\left[g_m l e^{-(\ln 2)\left(\frac{\nu-\nu_0}{\Delta\nu_D}\right)^2}\right]$$

由上式可得

$$G^0(\nu_0) = \exp(g_m l)$$

$$G^0\left(\nu_0 + \frac{\delta\nu}{2}\right) = \exp\left[g_m l e^{-(\ln 2)\left(\frac{\delta\nu}{\Delta\nu_D}\right)^2}\right] = \frac{1}{2}\exp(g_m l)$$

对上式取对数，可得

$$g_m l e^{-(\ln 2)\left(\frac{\delta\nu}{\Delta\nu_D}\right)^2} = g_m l - \ln 2$$

再取一次对数，可得

$$\ln(g_m l) - (\ln 2)\left(\frac{\delta\nu}{\Delta\nu_D}\right)^2 = \ln(g_m l - \ln 2)$$

由上式可得

$$\delta\nu = \Delta\nu_D \sqrt{\frac{\ln\frac{g_m l}{g_m l - \ln 2}}{\ln 2}}$$

（2）$G^0(\nu_0) = 5000$ 时

$$g_m l = \ln 5000$$

$$\delta\nu = 340\sqrt{\frac{\ln\frac{\ln 5000}{\ln 5000 - \ln 2}}{\ln 2}}(\text{MHz}) = 119(\text{MHz})$$

例5.3 试由速率方程求半导体光放大器的
(1) 增益和入射光功率 P_0 的关系式；
(2) 增益和输出光功率 P_l 的关系式；
(3) 饱和输出光功率 P_{sat} 的表示式；
(4) 小信号增益 $G^0 = 30\text{dB}$ 时的 P_{sat}。

解：

(1) 稳态下,描述有源区中载流子密度 s 变化的速率方程为

$$\frac{\mathrm{d}s}{\mathrm{d}t} = \frac{J}{eV} - \frac{s}{\tau} - A_\mathrm{g}(s - s_\mathrm{tr})\frac{I}{vh\nu} = 0 \qquad (5.20)$$

式中:J 为注入有源区的电流;V 为有源区的体积;τ 为载流子寿命;A_g 为与频率有关的受激辐射因子;s_tr 为透明时的载流子密度;I 为放大器中光强,由式(5.20)可得

$$s = \frac{\dfrac{J\tau}{eV} + s_\mathrm{tr}\dfrac{A_\mathrm{g}\tau}{v}\dfrac{I}{h\nu}}{1 + \dfrac{A_\mathrm{g}\tau}{v}\dfrac{I}{h\nu}}$$

$$s - s_\mathrm{tr} = \frac{\dfrac{J\tau}{eV} - s_\mathrm{tr}}{1 + \dfrac{I}{I_\mathrm{s}(\nu)}} = \frac{\dfrac{J\tau}{eV} - s_\mathrm{tr}}{1 + \dfrac{P}{P_\mathrm{s}(\nu)}} \qquad (5.21)$$

式中:饱和光强 $I_\mathrm{s}(\nu) = h\nu/A_\mathrm{g}\tau$;饱和光功率 $P_\mathrm{s}(\nu) = AI_\mathrm{s}(\nu)$;$A$ 为有源区面积;P 为放大器中的光功率。有源区中光子数密度对时间的导数

$$\frac{\mathrm{d}N}{\mathrm{d}t} = A_\mathrm{g}(s - s_\mathrm{tr})N\Gamma_\mathrm{m}$$

式中:Γ_m 为约束因子。将式(5.21)代入上式,可得增益系数

$$g_\mathrm{mode} = \frac{\mathrm{d}P}{P\mathrm{d}z} = \frac{\mathrm{d}N}{Nv\mathrm{d}t} = \frac{A_\mathrm{g}}{v}(s - s_\mathrm{tr})\Gamma_\mathrm{m} = \frac{g_\mathrm{mode}^0}{1 + \dfrac{P}{P_\mathrm{s}(\nu)}} \qquad (5.22)$$

其中

$$g_\mathrm{mode}^0 = \frac{A_\mathrm{g}}{v}\Gamma_\mathrm{m}\left(\frac{J}{eV}\tau - s_\mathrm{tr}\right)$$

由式(5.22)可得

$$\frac{\left[1 + \dfrac{P}{P_\mathrm{s}(\nu)}\right]\mathrm{d}P}{P} = g_\mathrm{mode}^0 \mathrm{d}z$$

对上式两边积分,可得

$$\ln\frac{P_l}{P_0} + \frac{P_l - P_0}{P_s(\nu)} = g_{\text{mode}}^0 l$$

将上式改写为

$$\ln G + \frac{(G-1)P_0}{P_s(\nu)} = g_{\text{mode}}^0 l$$

对上式取指数,可得增益和输入光功率关系式

$$G = G^0 \exp\left[-(G-1)\frac{P_0}{P_s(\nu)}\right] \tag{5.23}$$

(2) 将式(5.23)改写为增益和输出光功率的关系式

$$G = G^0 \exp\left[-(G-1)\frac{P_l}{GP_s(\nu)}\right] \tag{5.24}$$

(3) 当 $P_l = P_{\text{sat}}$ 时,$G = G^0/2$,所以

$$\exp\left[-\left(\frac{G^0}{2}-1\right)\frac{2P_{\text{sat}}}{G^0 P_s(\nu)}\right] = \frac{1}{2}$$

对上式两端取对数,可得

$$\left(\frac{G^0}{2}-1\right)\frac{2P_{\text{sat}}}{G^0 P_s(\nu)} = \ln 2$$

所以

$$P_{\text{sat}} = \frac{G^0 \ln 2}{G^0 - 2} P_s(\nu)$$

(4) 当 $G^0 = 30\text{dB} = 1000$ 时

$$P_{\text{sat}} \approx (\ln 2) P_s(\nu) = 0.693 P_s(\nu)$$

例5.4 均匀加宽均匀激励连续工作放大器的损耗系数 $\alpha \approx 0$,频率为 ν 的输入光光强为 I_0,$I_0 \gg I_s(\nu)$,求:

(1) 输出光强 $I(l)$;
(2) 从放大器提取的单位面积光功率极限 $I_{\max}$。

解:(1)

$$\frac{dI(z)}{I(z)dz} = \frac{g_H^0(\nu)}{1 + \dfrac{I(z)}{I_s(\nu)}} \tag{5.25}$$

当 $I_0 \gg I_s(\nu)$ 时，必有 $I(z) \gg I_s(\nu)$，式(5.25)可简化为

$$\frac{dI(z)}{I(z)dz} \approx g_H^0(\nu)\frac{I_s(\nu)}{I(z)}$$

$$dI(z) \approx g_H^0(\nu)I_s(\nu)dz$$

$$I(l) \approx I_0 + g_H^0(\nu)I_s(\nu)l \tag{5.26}$$

（2）输入光越强，自放大器提取的光功率越大。当 $I_0 \gg I_s(\nu)$ 时提取的光功率达到最大，称为该放大器可提取的功率极限。由式(5.26)可得，从放大器提取的单位面积功率极限为

$$I_{\max} = I(l) - I_0 \approx g_H^0(\nu)I_s(\nu)l \tag{5.27}$$

例 5.5 列出四能级纵向激励连续工作掺杂光纤放大器中描述泵浦光强和信号光强随距离变化的输运方程及描述各能级粒子数密度随时间变化的速率方程，求：

（1）放大器中的小信号增益系数 $g^0(\nu, z)$；
（2）放大器中的大信号增益系数 $g(\nu, z)$；
（3）放大器的小信号增益 G^0。

解：

（1）若放大器中信号光强和泵浦光强分别为 $I(z)$ 和 $I_p(z)$，输入信号光强和泵浦光强分别为 I_0 和 I_{p0}。对四能级系统，可有 $n_1(z) \approx 0$，$n_3(z) \approx 0$，$\Delta n(z) \approx n_2(z)$，$n_0(z) \approx n$。在上述近似下可列出下列输运方程和稳态速率方程：

$$\frac{dI(z)}{dz} \approx n_2(z)\sigma_{21}(\nu)I(z) = g(\nu,z)I(z) \tag{5.28}$$

$$\frac{dI_p(z)}{dz} \approx -n\sigma_{03}(\nu_p)I_p = -\beta_p I_p(z) \tag{5.29}$$

$$\frac{dn_2(z)}{dt} \approx n_3(z)S_{32} - n_2(z)\sigma_{21}(\nu)\frac{I(z)}{h\nu} - \frac{n_2(z)}{\tau_2} = 0 \tag{5.30}$$

$$\frac{dn_3(z)}{dt} \approx n\sigma_{03}(\nu_p)\frac{I_p(z)}{h\nu_p} - n_3(z)S_{32} = 0 \quad (5.31)$$

并有

$$n_0(z) + n_1(z) + n_2(z) + n_3(z) = n \quad (5.32)$$

式中:β_p 为对泵浦光的小信号吸收系数。

$$\beta_p = n\sigma_{03}(\nu_p)$$

由式(5.29)可得

$$I_p(z) = I_{p0}e^{-\beta_p z}$$

由式(5.30)和式(5.31)可得反转粒子数密度

$$\Delta n \approx n_2(z) = \frac{n\sigma_{03}(\nu_p)\dfrac{I_p(z)}{h\nu_p}}{1 + \dfrac{I(z)}{I_s(\nu)}}$$

式中

$$I_s(\nu) = \frac{h\nu}{\sigma_{21}(\nu)\tau_2}$$

小信号增益系数

$$g^0(\nu,z) = \Delta n^0 \sigma_{21}(\nu) = g^0(\nu,0)e^{-\beta_p z}$$

式中

$$g^0(\nu,0) = n\sigma_{21}(\nu)\sigma_{03}(\nu_p)\tau_2\frac{I_{p0}}{h\nu_p} = \beta_p\sigma_{21}(\nu)\tau_2\frac{I_{p0}}{h\nu_p}$$

(2) $$g(\nu,z) = \frac{g^0(\nu,0)e^{-\beta_p z}}{1 + \dfrac{I(z)}{I_s(\nu)}}$$

(3) $$G^0 = \exp\left[\int_0^l g^0(\nu,z)dz\right] = \exp\left[g^0(\nu,0)\int_0^l e^{-\beta_p z}dz\right] = \exp\left[\frac{g^0(\nu,0)}{\beta_p}(1-e^{-\beta_p l})\right] = \exp\left[\sigma_{21}(\nu)\tau_2\frac{I_{p0}}{h\nu_p}(1-e^{-\beta_p l})\right]$$

例 5.6 有一长为 l 的均匀加宽理想四能级脉冲光放大器,其输入光脉冲的频率恰为工作物质的中心频率,输入光脉冲宽度为 τ_p,$\tau_1 \ll \tau_p \ll \tau_2$,$\tau_2$ 及 τ_1 分别为激光跃迁上、下能级的寿命。输入端单位面积上流过的总光子数为 $J(0)$,输出端单位面积上流过的总光子数为 $J(l)$。放大器的小信号增益为 G^0。若损耗系数 $\alpha = 0$,

(1) 给出 $J(l)$ 和 $J(0)$ 的关系式;

(2) 给出当输入光很弱,以致 $\sigma_{21} J(0) \ll 1$,$\sigma_{21} J(0) G^0 \ll 1$ 时的能量增益 G_E 的表示式;

(3) 给出当输入光脉冲很强,以致 $\sigma_{21} J(0) \gg 1$ 时的能量增益 G_E 的表示式。

解:

(1) 由于 $\tau_p \ll \tau_2$,在速率方程中可忽略泵浦及自发辐射和无辐射跃迁项。由于 $\tau_p \gg \tau_1$,可认为在光脉冲作用期间,激光跃迁下能级上的粒子被迅速清除,因而粒子数密度等于零。内容提要中给出的有关三能级系统的表示式中的"$(1 + f_2/f_1)$"因子应该用"1"代替。当损耗系数 $\alpha = 0$ 时,由式(5.14)可得

$$\frac{\mathrm{d}J(z)}{\mathrm{d}z} = [1 - \mathrm{e}^{-\sigma_{21} J(z)}] \Delta n^0 \qquad (5.33)$$

对式(5.33)积分,可有

$$\int_{J(0)}^{J(l)} \frac{\mathrm{d}J(z)}{1 - \mathrm{e}^{-\sigma_{21} J(z)}} = \int_0^l \Delta n^0 \mathrm{d}z = \Delta n^0 l \qquad (5.34)$$

利用积分公式

$$\int \frac{1}{a\mathrm{e}^{bx} + 1} \mathrm{d}x = -\frac{1}{b} \ln\left(\frac{1}{a} \mathrm{e}^{-bx} + 1\right)$$

可将式(5.34)改写为

$$\frac{1}{\sigma_{21}} \ln \frac{1 - \mathrm{e}^{\sigma_{21} J(l)}}{1 - \mathrm{e}^{\sigma_{21} J(0)}} = \Delta n^0 l$$

上式取指数,可得

$$\frac{1 - \mathrm{e}^{\sigma_{21} J(l)}}{1 - \mathrm{e}^{\sigma_{21} J(0)}} = \mathrm{e}^{\Delta n^0 \sigma_{21} l} = G^0$$

由上式可得

$$e^{\sigma_{21}J(l)} = 1 + [e^{\sigma_{21}J(0)} - 1]G^0$$

对上式取对数,可有

$$J(l) = \frac{1}{\sigma_{21}}\ln\{1 + [e^{\sigma_{21}J(0)} - 1]G^0\} \quad (5.35)$$

(2)当输入光脉冲很弱,以致 $\sigma_{21}J(0)\ll 1$, $\sigma_{21}J(0)G^0\ll 1$ 时,利用 $x\ll 1$ 时 $e^x \approx 1+x$, $\ln(1+x) \approx x$ 等近似公式,可得

$$J(l) \approx \frac{1}{\sigma_{21}}\ln[1 + \sigma_{21}J(0)G^0] \approx J(0)G^0$$

能量增益

$$G_E = \frac{J(l)}{J(0)} \approx G^0$$

(3)当输入光脉冲很强,以致 $\sigma_{21}J(0)\gg 1$ 时,由式(5.35),可得

$$J(l) \approx \frac{1}{\sigma_{21}}\ln\{e^{[\sigma_{21}J(0)+\Delta n^0\sigma_{21}l]}\} = J(0) + \Delta n^0 l \quad (5.36)$$

$$G_E = \frac{J(l)}{J(0)} = 1 + \frac{\Delta n^0 l}{J(0)} = 1 + \frac{\ln G^0}{\sigma_{21}J(0)}$$

习 题

5.1 在长为 l 的增益工作物质两端设置两反射率为 r 的反射镜,形成一个连续工作法布里－珀罗再生式放大器,如图 5.1 所示。入射光频率为 ν,谐振腔频率为 ν_c。工作物质的单程增益为 G_s。

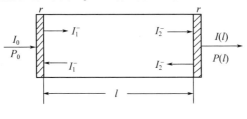

图 5.1

（1）用多光束叠加的方法求再生放大器的增益 $G = I(l)/I_0$；

（2）求 $\nu = \nu_c$ 时再生放大器的增益 $G_{\max}$；

（3）求再生放大器的带宽 $\delta\nu$；

（4）求再生放大器正常工作的 r 值的范围；

（5）入射光频率 ν 在 ν_c 附近变化时增益呈波动变化，求最大值和最小值之比 $G_{\max}/G_{\min}$。

解题提示：

（1）输入光电场振幅为 E_0，经多光束叠加后，输出光场复振幅 $E(l) = E_0(1-r)\sqrt{G_s}\,e^{-ikl}[1 + rG_s e^{-i2kl} + \cdots]$，其中 $k = 2\pi\nu/v$。

上式是一个等比级数，利用等比级数和 = 首项/(1 - 公比)，可求出 $E(l)$ 的表示式，相应的增益 $G = E(l)E^*(l)/E_0 E_0^* = (1-r)^2 G_s[(1-rG_s)^2 + 4rG_s\sin^2 kl]^{-1}$。利用谐振腔的振荡频率 $\nu_c = q(v/2l)$，$(2\pi l/v)\nu_c = q\pi$（q 为正整数），可将增益表示式改写为 $G = (1-r)^2 G_s\{(1-rG_s)^2 + 4rG_s\sin^2[(2\pi l/v)(\nu-\nu_c)]\}^{-1}$；

（2）略；

（3）略；

（4）如果 r 太大，再生放大器会自激振荡；

（5）略。

5.2 波长为 $1.55\,\mu m$ 的 InGaAsP 光放大器（折射率 $\eta \approx 3.5$），两端镀增透膜，其单程增益为 25dB。若要放大器的增益波动不超过 10%，两端的反射率应不超过多少？

解题提示：

利用习题 5.1 的答案。

5.3 一长为 15cm 的红宝石激光放大器的小信号增益为 12，求长为 20cm 的红宝石激光放大器的小信号增益。

5.4 15cm 长的钕玻璃激光放大器，在 $\lambda_0 = 1.06\,\mu m$ 处的小信号增益是 10，发射截面 $\sigma_{21} = 3 \times 10^{-20}\,cm^2$，求钕离子的反转集居数密度。

5.5 有一长为 l 的均匀激励连续工作行波放大器，其工作物质具有均匀加宽线型。入射光频率为 ν，入射光强为 I_0，输出光强为 $I(l)$。

工作物质中的损耗很小,可忽略不计。求证

$$\ln\frac{I(l)}{I_0} + \frac{I(l) - I_0}{I_s(\nu)} = g_H^0(\nu)l$$

5.6 (1) 求证上题所述放大器中小信号增益的半值线宽

$$\delta\nu = \Delta\nu_H \sqrt{\frac{\ln 2}{\ln G^0(\nu_0) - \ln 2}}$$

(2) 当 $G^0(\nu_0) = 30$dB 时,$\delta\nu$ 有多大?

5.7 有一均匀加宽的吸收盒,其线型函数为洛伦兹线型。其小信号透过率 $T^0(\nu) - \nu$ 的曲线呈凹陷型,凹陷的底相应于中心频率小信号透过率 T_m,当入射光频率 ν 远离中心频率 ν_0 时,$T^0 \approx 1$。定义凹陷半高处相应的曲线宽度 $\delta\nu$ 为小信号透过率曲线的宽度。

(1) 写出 $\delta\nu$ 和 $\Delta\nu_H$, T_m 的关系式;
(2) 求出当 $T_m = 0.8$ 时的 $\delta\nu$ 值;
(3) 求出当 $T_m = 0.4$ 时的 $\delta\nu$ 值。

5.8 无损均匀加宽连续激光放大器,长为 $l = 10$cm,饱和光子流强度 $J_s = 4 \times 10^{18}$cm^{-2}s^{-1},输入光子流强度 $J_0 = 4 \times 10^{15}$cm^{-2}s^{-1} 时输出光子流强度 $J(l) = 4 \times 10^{16}$cm$^{-2} \cdot$s^{-1},输入光频率为工作物质的中心频率。求:

(1) 小信号增益 G^0;
(2) 小信号增益系数;
(3) 增益系数降为小信号增益系数的 1/5 时的光子流强度;
(4) 输入光子流强度 $J_0 = 4 \times 10^{19}$cm$^{-2} \cdot$s^{-1} 时的增益。

5.9 有一均匀激励的均匀加宽无损连续光放大器。当输入光光强 I_0 为 1W/cm^2 时,放大器的增益为 10dB。如果输入光强 I_0 增加到 2W/cm^2 时,增益减少到 9dB。求:

(1) 放大器的饱和光强;
(2) 放大器的小信号增益(以 dB 计);
(3) 能由此放大器提取的最大单位面积功率;
(4) 当由放大器提取的单位面积功率是最大值之半时的输入

光强。

解题提示：

（1）、（2）按题意，输入光强 $I_0 = 1\text{W/cm}^2$ 时 $10\lg[I(l)/I_0] = 10$，$I_0 = 2\text{W/cm}^2$ 时 $10\lg[I(l)/I_0] = 9$。将式(5.3)改写为 $\ln[I(l)/I_0] + [I_0/I_s(\nu)][I(l)/I_0 - 1] = g_H^0(\nu)l$。将两组 I_0 及 $I(l)/I_0$ 的数据代入上式，得到两个含有两个未知数的方程。解此联立方程，可得饱和光强 $I_s(\nu)$ 及单程小信号增益因子 $g_H^0(\nu)l$，从而可求得小信号增益 $G^0(\nu)$；

（3）、（4）参阅例 5.4 并利用式(5.3)。

5.10 用波长在 589nm 附近的可调染料激光照射一含有 13.3Pa 钠蒸气及 2.66×10^5 Pa 氦气的混合室。气室温度为 23℃，气室长度 $l = 10$cm，氦气和钠蒸气原子间的碰撞截面 $Q = 10^{-14} \text{cm}^2$，钠蒸气的两个能级间的有关参数如下：

能级 $1(3^2\text{S}_{1/2}): E_1 = 0, f_1 = 2$

能级 $2(3^2\text{P}_{3/2}): E_2 = 16973\text{cm}^{-1}, f_2 = 4, A_{21} = 6.3 \times 10^7 \text{s}^{-1}$

（1）求能级 1→能级 2 跃迁的有关线宽（碰撞加宽、自然加宽、多普勒加宽、均匀加宽）；

（2）如果激光波长调到钠原子能级 1→能级 2 跃迁中心波长，求小信号吸收系数；

（3）在上述情况下，改变激光功率，试问激光光强 I 多大时气室的透过率 $T = 0.5$？

解题提示：

（1）由于 Na 蒸气的压强远小于 He 气，因此碰撞加宽主要由 Na 原子和 He 原子碰撞造成。碰撞线宽 $\Delta\nu_L = 1/\pi\tau_L$，平均碰撞时间的倒数 $1/\tau_L = n_{He} Q \sqrt{(8k_bT/\pi)(1/m_{He} + 1/m_{Na})}$，式中 m_{He} 和 m_{Na} 分别为 He 和 Na 原子的质量，原子质量 $= Mu$，其中 M 是原子量，u 是原子质量单位，单位体积中的 He 原子数 $n_{He} = 7.24 \times 10^{22}(p_{He}/T) \text{m}^{-3}$，其中压强 p_{He} 的单位是 Pa，T 是热力学温度。

（2）由（1）的结果判断其主要的谱线加宽机构（均匀加宽或非均匀加宽），据此求出中心波长吸收截面。本题中，可认为 $n_{1\text{Na}} \approx n_{\text{Na}}$，单位体积中的 Na 原子数 n_{Na} 的求法和 He 原子相同。

(3) 参阅例 3.5,求出描述吸收饱和的中心频率处的饱和光强 I_s。将式(5.3)用于吸收介质时,应有 $\ln[I(l)/I_0] + [I(l) - I_0]/I_s = -\beta_H^0(\nu_0)l$。将 I_s 值代入上式,可求出透过率为 0.5 时的入射激光光强。

5.11 有一均匀激励的均匀加宽增益盒被可变光强的激光照射。当入射光频率为中心频率 ν_0 时,盒的小信号增益是 10dB。增益物质谱线具有洛伦兹线型,其线宽 $\Delta\nu_H = 1\text{GHz}$。中心频率处的饱和光强 $I_s = 10\text{W} \cdot \text{cm}^{-2}$。假设增益盒的损耗为 0。

(1) 入射光频率 $\nu = \nu_0$,求增益和入射光强 I_0 的关系式;
(2) $|\nu - \nu_0| = 0.5\text{GHz}$,求增益和 I_0 的关系式;
(3) $\nu = \nu_0$ 时,求增益较最大增益下降 3dB 时的输出光强 I_l。

解题提示:
(1) 由式(5.3)求出 $\nu = \nu_0$ 时增益和入射光强 I_0 的关系式;
(2) 利用式(3.36)求出 $|\nu - \nu_0| = 0.5\text{GHz}$ 时的饱和光强 $I_s(\nu)$,再根据式(5.3)写出相应的增益和输入光强 I_0 的关系式;
(3) 利用式(5.3)求出增益较小信号增益下降 3dB 时的输入光强,并从而求出输出光强。

5.12 均匀激励的均匀加宽连续光放大器具有小信号增益 13dB。
(1) 若频率为 ν 的输入光光强为 $5\text{W}/\text{cm}^2$ 时的输出光强为 $30\text{W}/\text{cm}^2$,求其饱和光强 $I_s(\nu)$;
(2) 能从放大器提取的单位面积最大功率是多少?

解题提示:
(1) 利用式(5.3)求解;
(2) 参阅例 5.4。

5.13 有一个均匀加宽均匀激励的连续无损光放大器。当尽量加大输入光强时,从光放大器所能提取的最大单位面积光功率为 $1\text{kW}/\text{cm}^2$。调节输入光强,测出当单位面积输出光功率是 $0.6\text{kW}/\text{cm}^2$ 时光放大器的增益是 10(10dB),试问:
(1) 该光放大器的小信号增益是多少(以 dB 为单位)?
(2) 使该光放大器的增益较小信号增益减小 3dB 的饱和输出光

强是多少?

解题提示:

(1) 利用例 5.4 中式(5.27),并利用式(5.3)求解;

(2) 利用式(5.4)求解。

5.14 连续运转的均匀加宽激光器中,工作物质的长度为 l,输出镜透过率 $T \ll 1$,除输出镜透射损耗外,其余损耗可忽略不计,激光光束面积为 A,试利用式(5.3)或其修正式及稳定运转时腔内光强的自洽条件,导出:

(1) 单向输出驻波腔激光器的输出功率表示式;

(2) 附有光隔离器的单向运转环行激光器的输出功率表示式;

(3) 无光隔离器的环行激光器的单向输出功率表示式。并与式(4.13),及式(4.15)比较,并思考上述三种情况下,输出功率表示式差别的原因。

解题提示: (1)、(3)情况下,正反向传输的光同时作用于工作物质,加重了增益饱和,因此须对式(5.3)进行修正。

5.15 有一均匀激励连续工作行波放大器,工作物质具有均匀加宽线型,中心频率处小信号增益系数为 g_m,损耗系数为 α,长为 l。入射光频率恰为工作物质的中心频率,入射光强为 I_0。输出光强为 I_l。令 $\beta_0 = I_0/I_s$, $\beta_l = I_l/I_s$,I_s 为中心频率饱和光强。求证

$$(g_m - \alpha)l = \ln\frac{\beta_l}{\beta_0} - \frac{g_m}{\alpha}\ln\frac{g_m - \alpha(1+\beta_l)}{g_m - \alpha(1+\beta_0)}$$

解题提示:

参考例 5.1 的解题过程,但不忽略 α。利用积分公式

$$\int [1/u(a+bu)]du = -(1/a)\ln[(a+bu)/u] + c$$

及

$$\int du/(a+bu) = (1/b)\ln(a+bu) + c$$

5.16 某些光放大器由于散射等原因而具有一定的损耗,因此如有频率为 ν 的光入射,其光强沿 z 轴的变化可写为

$$\frac{1}{I}\frac{\mathrm{d}I}{\mathrm{d}z} = \frac{g^0(\nu)}{1+\dfrac{I}{I_s(\nu)}} - \alpha$$

若 $I_s(\nu) = 16\mathrm{W/cm}^2$，$g^0(\nu)l = 2$，光放大器长 $l = 5\mathrm{m}$。如果光放大器在未受激励时的透过率是 0.85，并考虑到在四能级情况下可忽略吸收，因而可认为未受激励时 $g^0(\nu) \approx 0$。

（1）损耗系数 α 有多大？

（2）计算光放大器的小信号增益（以 dB 计）；

（3）如果入射光太强，光放大器会变成衰减器，试问入射光强多大时能使放大器的增益保持 1？

5.17　有一均匀激励连续行波激光放大器，设工作物质具有（1）均匀加宽线型；（2）非均匀加宽线型。中心频率 ν_0 处的小信号增益系数为 g_m，工作物质的损耗系数为 α，入射光频率为 ν_0，其有效截面积为 A，求放大器的最大极限输出功率 P_m。

解题提示：

当光在放大器中传输时，光功率不断增加，同时因饱和效应而使增益系数不断下降。当下降至 $g = \alpha$ 时，光功率便不再继续增加，输出光功率达到极限值。无论增加放大器的长度，还是增加输入光功率，输出光功率都不能超过这一极限。只有增加泵浦功率或降低损耗，才能提高极限值。

5.18　今有一掺铒光纤放大器，用实验方法可测出该掺铒光纤的信号光和泵浦光小信号吸收系数 β 和 β_p 及阈值泵浦光强 I_{pth}（这些参数出现在式（5.8）中），试设计此实验，并叙述实验及计算程序（假设 $\gamma = 1$）。

解题提示：

（1）请读者思考如何才能使所测吸收系数是小信号吸收系数；

（2）改变泵浦光功率，使信号光的小信号增益为 1（请思考，如何才能使所测增益为小信号增益），记下此时的入射泵浦光功率 P_{p0}。由式（5.8）可推导出 $G^0 = 1$ 时 I_{pth} 的表示式 $I_{pth} = (\gamma + 1)(I_{p0}/\beta_p l)(1 - \mathrm{e}^{-\beta_p l/(\gamma+1)})$，利用所测得的 I_{p0}，β_p，l，可计算出掺铒光纤的阈值泵浦光

强 I_{pth}。

5.19 已知掺铒光纤放大器中铒离子浓度 $n = 2 \times 10^{18} \text{cm}^{-3}$, $\sigma_{12}(\nu) = \sigma_{21}(\nu) = 2 \times 10^{-21} \text{cm}^2$, $\sigma_{13}(\nu_p) = 4 \times 10^{-21} \text{cm}^2$, $l = 15\text{m}$。当输入泵浦光功率 $P_{p0} = 100\text{mW}$ 时放大器的小信号增益 $G_{dB}^0 = 0\text{dB}$,试求 $P_{p0} = 100\text{mW}$ 时光纤放大器的小信号增益(以 dB 为单位)。

解题提示：

由输入泵浦光功率 $P_{p0} = 5.5\text{mW}$ 时放大器的小信号增益 $G_{dB}^0 = 0\text{dB}$ 的条件,利用习题 5.18 所得 I_{pth} 的计算公式,可求出 P_{pth}。由式(5.8)及题中数据可得 $(P_{p0}/P_{pth} - \beta_p l/2 - \ln G^0) e^{\beta_p l/2} G^{0-1} = P_{p0}/P_{pth}$。利用此式可求得输入泵浦光功率 $P_{p0} = 100\text{mW}$ 时光纤放大器的小信号增益 G^0。

5.20 用一束激光纵向泵浦一个长为 l 的均匀加宽光放大器,如果泵浦光强在放大器长度方向呈指数衰减,衰减常数为 β_p,此时光放大器中对频率为中心频率的信号光的增益系数为

$$g(z) = \frac{g^0(0) e^{-\beta_p z}}{1 + \dfrac{I(z)}{I_s}}$$

(1) 推导输出信号光强 I_2 和输入信号光强 I_1 的关系式;
(2) 求能从此放大器提取的最大单位面积功率。

解题提示：

(1) 由增益系数定义式 $dI(z)/I(z)dz = g(z)$ 出发,推导出 I_2 和 I_1 的关系式;
(2) 从此放大器提取的最大单位面积功率等于输入信号光强 I_1 无限增强时的 $(I_2 - I_1)$。

5.21 证明在三能级 $(f_1 = f_2)$ 无损脉冲放大器中,当入射光频率为工作物质中心频率时,

(1) 若入射光脉冲极其微弱,则能量增益
$$G_E = \exp(\Delta n^0 \sigma_{21} l)$$

(2) 若入射光极强,则能量增益

$$G_E = 1 + \frac{\Delta n^0}{2J(0)}$$

解题提示：

由式(5.14)出发，并利用 $x \ll 1$ 时 $e^{-x} \approx 1-x$ 及 $x \gg 1$ 时 $e^{-x} \approx 0$ 等近似式，可完成证明。

5.22 红宝石脉冲光放大器的小信号反转集居数密度 $\Delta n^0 = 0.8 \times 10^{19} \text{cm}^{-3}$，损耗系数 $\alpha = 0.02 \text{cm}^{-1}$。尽量增强输入光脉冲能量及加大放大器长度，求该放大器单位面积所能输出的最大能量（红宝石中 $f_1 = f_2$）。

解题提示：

当输入处单位面积上流过的总光子数 $J(0)$ 很大时，z 处单位面积上流过的总光子数 $J(z)$ 必然很大，以致 $e^{-2\sigma_{21}J(z)} \approx 0$。将此近似式代入式(5.14)所示的微分方程，解此微分方程，并利用初始条件 [$z=0$ 时，$J(z) = J(0)$]，可得 $J(z)$ 的表示式 $J(z) = \Delta n^0/2\alpha + J_0 e^{-\alpha z} - (\Delta n^0/2\alpha)e^{-\alpha z}$。当 l 很大时，$e^{-\alpha l} \approx 0$，可得 $J(l) \approx \Delta n^0/2\alpha$。由此可求出该放大器单位面积所能输出的最大能量。

5.23 调 Q Nd:YAG 激光器的脉冲输出光（能量 $E(0) = 100\text{mJ}$，脉宽 $\tau_p = 20\text{ns}$），被一个直径为 6.3mm 的 Nd:YAG 无损放大器放大。放大器的小信号增益 $G^0 = 100$，假设：(a)光脉冲频率所对应的发射截面 $\sigma_{21} = 2.8 \times 10^{-19} \text{cm}^2$；(b)激光跃迁下能级的寿命 $\tau_1 \ll \tau_p$；(c)激光束光强在工作物质横截面上均匀分布。

(1) 求放大器的输出能量及相应的能量增益；

(2) 求被注入光脉冲从放大器中提取的能量占放大器储能的百分比。

解题提示：

(1) 由于 $\tau_p \gg \tau_1$，可认为在光脉冲作用期间，激光跃迁下能级上的粒子被迅速清除，因而粒子数密度等于零，属典型的四能级系统。内容提要中给出的有关三能级系统的表示式中的"$(1 + f_2/f_1)$"因子应该用"1"代替。根据题中所给数据，可证明 $e^{\sigma_{21}J(0)} \gg 1$，因而可利用例5.6所

得式(5.36)求出输出能量 $E(l)$,并从而求出能量增益 G_E;

(2) 从放大器中提取的能量为 $E(l) - E(0)$。放大器储能 $E = \Delta n^0 V h\nu$,V 为放大器体积。

5.24 一个大型的钕玻璃光放大器用以放大脉宽 1ns 的激光脉冲。该放大器的工作物质为一个长为 15cm,直径为 9cm 的钕玻璃圆柱体。假设:①测出该放大器的小信号增益近似为 4;②与光脉冲频率相应的发射截面 $\sigma_{21} = 4 \times 10^{-20} \text{cm}^2$;③激光跃迁低能级的寿命比脉冲宽度小得多;④通过光学系统使光脉冲强度均匀分布在圆柱体的横截面中;⑤ 假设损耗很小,可忽略不计。

(1) 计算放大器的储能;
(2) 使输出能量为 450J 所需的输入光能量是多少?
(3) 计算储能利用率。

解题提示:

(1) 放大器的储能 $E = h\nu \Delta n^0 l S$;

(2) 由例 5.6 中式(5.35)求出输入端单位面积上流过的总光子数 $J(0)$ 的表示式:$J(0) = (1/\sigma_{21}) \ln\{[e^{\sigma_{21} J(l)} - 1]/G^0 + 1\}$,从而求出输出能量为 450J 时的输入能量;

(3) 储能利用率 = (从放大器中提取的能量)/(放大器的储能)。

5.25 习题 5.23 所述 Nd:YAG 无损光放大器,输入的光脉冲能量仍为 $E(0) = 100\text{mJ}$,但光脉冲的宽度 τ_p 大大小于激光跃迁下能级的寿命($\tau_1 \approx 100\text{ps}$)。Nd:YAG 的激光跃迁上、下能级统计权重之比 $f_2/f_1 = 0.4675$。计算放大器的输出能量、相应的能量增益和储能利用率,并与习题 5.23 的结果比较。

解题提示:

当 $\tau_p \ll \tau_1$ 时,在脉冲作用期间,下能级粒子不能清除,该放大器属准三能级系统,应采用三能级放大器的公式。参考例 5.6 的解题程序,由式(5.14)(其中 $\alpha = 0$)导出输出端单位面积上流过的总光子数 $J(l)$ 和输入端单位面积上流过的总光子数 $J(0)$ 的关系式:$J(l) = [1/(1 + f_2/f_1)\sigma_{21}] \ln\{1 + [e^{(1+f_2/f_1)\sigma_{21}J(0)} - 1]G^0\}$。由于 $e^{(1+f_2/f_1)\sigma_{21}J(0)} \gg 1$,$J(l) \approx [1/(1 + f_2/f_1)\sigma_{21}] \times \ln[e^{(1+f_2/f_1)\sigma_{21}J(0)} G^0]$。由此计算出输出能

量和能量增益。放大器的储能 = $\Delta n^0 lShv$,储能利用率 = (从放大器中提取的能量)/(放大器的储能)。

5.26 CO_2 TEA 无损放大器的尺寸为 $10cm \times 10cm \times 100cm$。对波长为 $10.6\mu m$ 的光的小信号增益系数是 $g^0 = 4 \times 10^{-2} cm^{-1}$,输入光脉冲宽度为 200ns,大大短于下能级的衰减时间。与输入光频率相应的发射截面 $\sigma_{21} = 1.54 \times 10^{-18} cm^2$。上、下能级的统计权重相等。计算输入能量为 17J 时的输出脉冲的能量及相应的能量增益,并计算储能及储能利用率。

解题提示:

当脉冲宽度远小于下能级衰减时间时应采用三能级放大器的公式。参考例 5.6 的解题程序,由式(5.14)(其中 $\alpha = 0$)导出输出端单位面积上流过的总光子数 $J(l)$ 和输入端单位面积上流过的总光子数 $J(0)$ 的关系式:$J(l) = [1/(1+f_2/f_1)\sigma_{21}] \ln\{1 + [e^{(1+f_2/f_1)\sigma_{21}J(0)} - 1]$ $e^{g^0 l}\}$。以题中所给参量代入其中,可求得输出能量及相应的能量增益。放大器的储能 = $\Delta n^0 lShv$,储能利用率 = (从放大器中提取的能量)/(放大器的储能)。

5.27 用一脉宽 $\tau = 2ns$ 的矩形光脉冲照射一个三能级(激光跃迁上、下能级的统计权重相等)增益盒,光脉冲的波长恰好等于增益物质中心波长($1\mu m$),增益物质的中心波长发射截面 $\sigma = 10^{-14} cm^2$,增益盒的小信号增益为 30dB,其损耗为零,单位截面光脉冲能量为 W_0,当(a) $W_0 = 2\mu J/cm^2$;(b) $W_0 = 20\mu J/cm^2$;(c) $W_0 = 200\mu J/cm^2$ 时,试求增益盒输出脉冲在起始和终了时的光强 I_1 和 I_2 及功率增益 G_{p1} 和 G_{p2}。

解题提示:

由式(5.16)可得输出光强 $I(l, t+l/v)$ 和输入光强 I_0 的关系式:$I(l, t+l/v) = I_0[1 + (e^{-\sigma_{21}\Delta n^0 l} - 1)e^{-2\sigma_{21}J_0 t}]^{-1}$,由此求出不同输入能量时增益盒输出脉冲在起始和终了时的光强 I_1 和 I_2 及相应的功率增益 G_{p1} 和 G_{p2}。

5.28 波长 1300nm 的 InGaAsP 行波半导体光放大器(SOA)具有以下参数:

符号	参数	值
W	有源区宽度	$3\mu m$
d	有源区厚度	$0.3\mu m$
l	放大器长度	$500\mu m$
Γ_m	光约束因子	0.3
τ	载流子寿命	$1nm$
A_g	受激辐射因子	$1.72\times10^{-12} m^2/s$
v	有源区中光速	$0.86\times10^8 m/s$
s_{tr}	透明载流子寿命	$1\times10^{24} m^{-3}$

求偏置电流为 100mA 及 200mA 时,SOA 的小信号增益系数 g_{mode}^0 和小信号增益(以 dB 表示)。

解题提示:

由式(3.45)得出 SOA 中小信号增益系数的表示式 $g_{mode}^0 = (A_g\Gamma_m/v)(\tau J/edWl - s_{tr})$,由此求出偏置电流不同时 SOA 的小信号增益系数 g_{mode}^0 和相应的小信号增益。

5.29 针对上题所述的半导体光放大器(偏置电流为 200mA)。

(1) 求其在输入功率 $P_0 = 2mW$ 时的增益;

(2) 求其饱和输出功率。

解题提示:

(1) 由例 5.3 可得饱和光功率 $P_s(v) = AI_s(v) = Wdh\nu v/A_g\tau$。由式(5.3)可知 $\ln G + (G-1)P_0/P_s(v) = g_{mode}^0 l$。由此式并利用习题 5.28 所得 g_{mode}^0 值可求出增益 G。

(2) 利用例 5.3 所得,在 $G^0 \gg 2$ 时,饱和输出光功率 $P_{sat} \approx (\ln 2)P_s(\nu)$ 的关系式,可求出饱和输出光功率。

5.30 有一个处于小信号工作状态的长为 l 的 ASE(放大的自发

辐射)光源,其工作物质具有洛伦兹均匀加宽线型,它的小信号中心频率增益系数是 g_m。

(1) 求证自一端出射的 ASE 的半值全宽

$$\delta\nu = \Delta\nu_H \sqrt{\frac{g_m l}{\ln\frac{\exp(g_m l)+1}{2}} - 1}$$

(2) 求 $g_m l \ll 1$ 时的 $\delta\nu$;

(3) 求 $g_m l \gg 1$ 时的 $\delta\nu$。

解题提示:

(1) 由式(5.17)可得输出 ASE 的光强分布函数 $I(\nu,z) = \tilde{\beta}[e^{g_H^0(\nu)z} - 1]$。由此式及 $g_H^0(\nu) = g_m(\Delta\nu_H/2)^2/[(\nu-\nu_0)^2+(\Delta\nu_H/2)^2]$ 可求出出射 ASE 的半值全宽;

(2) 略;

(3) 略。

5.31 有一个处于小信号工作状态的长为 l 的 ASE(放大的自发辐射)光源,其工作物质具有多普勒非均匀加宽线型,它的小信号中心频率增益系数是 g_m。

(1) 求证自一端出射的 ASE 半值全宽

$$\delta\nu = \Delta\nu_D \sqrt{\frac{\ln(g_m l) - \ln\ln\left\{\frac{1}{2}[\exp(g_m l)+1]\right\}}{\ln 2}}$$

(2) 求 $g_m l \ll 1$ 时的 $\delta\nu$;

(3) 求 $g_m l \gg 1$ 时的 $\delta\nu$。

解题提示:

(1) 由式(5.17)可得输出 ASE 的光强分布函数 $I(\nu,z) = \beta[e^{g_i^0(\nu)z} - 1]$。由此式及 $g_i^0(\nu) = g_m \exp\{-(\ln 2)\times[(\nu-\nu_0)/\Delta\nu_D]^2\}$ 可求出出射 ASE 的半值全宽;

(2) 略;

(3) 略。

5.32 有一均匀加宽未饱和光放大器,其工作物质具有洛伦兹线型,$\Delta\nu_H = 2\text{GHz}$。放大器的中心频率小信号增益分别为30dB 和 20dB。求放大器输出端的放大的自发辐射(ASE)线宽 $\delta\nu$。

解题提示:

利用习题 5.30 的结果求解。

第六章 激光器特性的控制

内 容 提 要

一、模式选择

1. 模式与相干性

1）激光的空间相干性（方向性）和激光的横模结构

基于同一横模内的光波场是空间相干的，激光器发出的基（横）模（TEM_{00}模）光束具有很小的发散角，可看作近似于完全空间相干的光。因此，为了提高光束的空间相干性，应使激光器工作在TEM_{00}模。

2）激光的时间相干性（单色性）和激光的纵模结构

激光的相干时间和单色性的关系可简单表示为

$$\tau_c = \frac{1}{\Delta \nu} \tag{6.1}$$

上式说明单色性越高，相干时间越长。若基横模激光器有多个纵模同时振荡，式中 $\Delta\nu$ 可看作是多个模式的光谱宽度，此时，激光单色性变差。单纵模情况下，在理想情况下 $\Delta\nu$ 由式(4.11)所示线宽极限确定。由于各种不稳定因素，导致纵模频率产生漂移，漂移量远大于线宽极限。故实际单模激光器输出线宽远大于线宽极限，而决定于其频率稳定性。

2. 横模选择

1）横模选择的物理基础

激光谐振腔内不同的横模有不同的衍射损耗。TEM_{00}模的衍射损耗最低，高阶模的衍射损耗随横模阶次的增高而增大。

2）横模选择原理

使TEM_{00}模的单程增益大于其在腔内的损耗，即有

$$e^{g_{00}^0 l}\sqrt{r_1 r_2}(1-\delta_{00}) \geqslant 1 \qquad (6.2)$$

而其他横模(如 TEM_{10} 模)却只能满足

$$e^{g_{10}^0 l}\sqrt{r_1 r_2}(1-\delta_{10}) < 1 \qquad (6.3)$$

因此,只要将 TEM_{10} 模抑制,就可达到选基横模的目的。图 6.1 为圆形镜共焦腔不同横模的单程衍射功率损耗率和费涅耳数的关系曲线。对一般稳定球面镜腔,可求出各镜的等效费涅耳数后利用图 6.1 求出该模在各镜处的损耗(参阅第二章)。

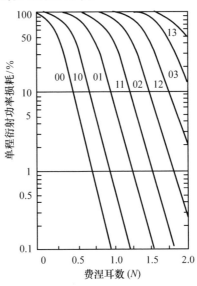

图 6.1　圆形共焦腔不同横模的单程功率损耗率与费涅耳数的关系曲线

3)横模选择的原则

(1)尽可能加大基模和高阶模的衍射损耗差,即加大 δ_{10}/δ_{00} 比值,提高横模鉴别力。

(2)要求衍射损耗在总损耗中占主导地位,即减少除衍射损耗外的其他损耗。

4)横模选择方法

常用的横模选择方法有以下几种:合理设计谐振腔腔型,选择合适的腔参数 g 和菲涅耳数 N;小孔光阑选模;非稳腔选模和微调谐振腔反射镜。

3. 纵模选择

纵模选择一般是指在特定辐射谱线宽度范围内,在基横模输出的前提下,获得单一纵模输出的方法。单纵模激光器亦称为单频激光器。

1) 纵模选择原理

加大相邻纵模的增益差,或人为引入频率相关的选择性损耗,使某一纵模满足振荡条件,其余纵模振荡被抑制。

2) 纵模选择方法

(1) 短腔法:缩短腔长,使纵模间隔 $c/2L'$ 大于或等于振荡线宽 $\Delta\nu_{osc}$,即可获得单模振荡。此方法适用于荧光线宽较窄的气体激光器。

(2) 行波腔法:在环形腔中插入只允许光单向运行的光隔离器,构成行波腔,破坏均匀加宽介质中产生多纵模振荡的空间烧孔效应形成条件。

(3) 光栅选模:用一闪耀光栅作为反射镜构成谐振腔,使某一纵模的衍射光满足自准直条件(入射角等于衍射角)产生自激振荡,其余纵模的衍射光偏离腔轴,从而不能在腔内形成振荡。适当调节光栅角度可在振荡线宽范围内调谐输出纵模的频率。

(4) F-P标准具选模:在谐振腔内插入F-P标准具,其自由谱区(相邻透射峰的频率间隔)大于或等于激光器的振荡线宽,透射峰的宽度(锐度)小于纵模间隔时可获得单纵模输出。F-P标准具的自由谱区

$$\Delta\nu_j = \frac{c}{2\mu d\cos\theta} \tag{6.4}$$

式中:d 是标准具的间隔距离;θ 为标准具法线与入射光线的夹角(即入射角);μ 为标准具介质折射率。标准具的透射谱线宽度

$$\delta\nu = \frac{c}{2\pi\mu d}\frac{1-r}{\sqrt{r}} \tag{6.5}$$

式中:r 为标准具两镜面反射率。应注意合理设计透射谱线宽度。调节入射角 θ,可调谐输出纵模的频率。

(5) 复合腔选模：由分束镜和反射镜构成干涉仪替代原谐振腔中一个反射镜，形成对频率的可选择性反射。频率为干涉仪反射峰中心频率的模式可在腔中振荡放大，其他模式则被抑制。

二、稳频技术

由于周围环境温度、振动等多种不稳定因素的影响，实际输出的激光频率会发生漂移，其漂移量大大超出线宽极限值，从而成为影响单模输出频率，输出功率稳定的主要因素。

1. 影响频率稳定的主要因素

基横模、单纵模激光器的输出频率为

$$\nu_q = q \frac{c}{2\eta L} \tag{6.6}$$

由式(6.6)可知，环境因素(如环境温度、振动、放电电流等)引起折射率变化和谐振腔几何长度的改变而导致单模输出频率的漂移。这种频率漂移可表示为

$$\frac{|\Delta \nu|}{\bar{\nu}} = \left(\frac{\Delta \eta}{\eta} + \frac{\Delta L}{L} \right) \tag{6.7}$$

式中：$|\Delta\nu|/\bar{\nu}$ 定义为频率稳定性。由式(6.7)可知，所谓稳频就是采取措施使腔长稳定或折射率保持不变。

2. 稳频方法

稳定激光频率需要：①检测激光频率偏离参考频率的误差；②通过电子伺服系统控制腔长，驱使激光频率自动回到参考频率上。稳频方法指检测误差信号的几种方法，主要有兰姆凹陷稳频、饱和吸收稳频、塞曼稳频和无源腔稳频。

三、激光器时域特性的控制与改善

由于弛豫振荡，一般脉冲激光器的输出能量分散在一群间隔很小的小尖峰脉冲上，致使激光脉冲峰值功率低，脉冲宽度宽，时间特性差。采取调 Q、锁模技术可获得峰值功率高，脉宽很窄的巨脉冲，满足各种瞬态测量、测距、高速光通信及高速信号处理等应用的需要。

1. 调 Q 技术

1) Q 调制激光器基本原理

调 Q 的基本原理是通过调节谐振腔 Q 值(即损耗)的方法使腔内的反转粒子数积累到最大,然后,在极短时间内通过光振荡将存储在激光上能级的粒子能量转化为激光能量,形成一个很强的激光巨脉冲输出。

在调 Q 过程中,腔内损耗(Q 值)、反转粒子数密度、增益及光子数密度将经历以下三个阶段的变化:

(1) 泵浦激励期间,谐振腔处于高损耗(低 Q)状态,此时,阈值增益高,不能满足 $g^0(\nu) \geq g_t = \dfrac{\delta}{l}$ 的振荡条件,激光器不能振荡,通过泵浦作用,使激光跃迁上能级的粒子数积累达到最大。

(2) 在反转粒子数密度达到最大值时,通过某种措施使损耗突然降低(高 Q),此时腔内 Δn 大大超过 Δn_t,激光器具有远大于损耗的增益,因此受激辐射光在腔内形成自激振荡,使光子数密度迅速增加。

(3) 由于受激辐射消耗了大量激光上能级粒子,致使 $\Delta n < \Delta n_t$,这便使腔内光子数密度迅速减少,直至光脉冲熄灭。

2) 调 Q 方法

调 Q 方法可分为主动调 Q 和被动调 Q 两种类型。主动调 Q 就是由外加驱动源来调节腔内损耗;而被动调 Q 是靠腔内自身光强变化来调节损耗。调 Q 方法主要有转镜调 Q、电光调 Q、声光调 Q 和饱和吸收体(如有机染料)调 Q。其中饱和吸收体调 Q 属被动调 Q。

(1) 转镜调 Q:图 6.2 为转镜调 Q 原理示意图。围绕垂直于谐振腔轴线的转轴旋转的直角棱镜或全反射镜和另一个固定放置的反射镜

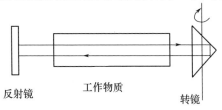

图 6.2 转镜调 Q 激光器示意图

构成转镜 Q 开关。当转镜平面法线与腔轴有一夹角时,腔内反射损耗大;当转镜平面法线与腔轴一致时,反射损耗降到最低。转镜 Q 开关的开关时间由马达转速决定,属慢速 Q 开关。

(2) 电光调 Q:图 6.3 为电光调 Q 激光器工作原理图,图中虚线框所示为电光 Q 开关,由一块电光晶体和一对偏振器 P_1,P_2 组成,起偏器 P_1 和检偏器 P_2 的偏振方向相同。其工作原理如下:当晶体加上半波电压时,入射到晶体上的线偏振光(沿 z 方向)在射出晶体时振动方向被旋转了 90°,与检偏器的偏振方向正交,被阻断不能通过检偏器,谐振腔处于高损耗(低 Q)状态,不能满足阈值振荡条件。当工作物质中的反转粒子数达到最大值时,快速退去晶体上的半波电压,此时,通过晶体的线偏振光的振动方向不变,顺利通过检偏器,谐振腔处于低损耗(高 Q)状态,实现激光振荡,形成巨脉冲输出。

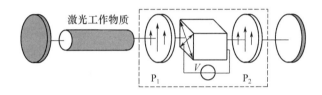

图 6.3 电光调 Q 激光器示意图

(3) 声光调 Q:声光调 Q 常用于低增益连续激光器产生脉冲序列,它是利用光通过声光介质在超声波作用下形成的声光栅发生光衍射效应来改变腔内的损耗,实现 Q 调制。声光调 Q 激光器结构简图如图 6.4 所示。

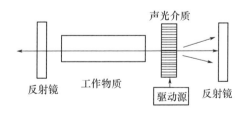

图 6.4 声光调 Q 激光器示意图

(4) 饱和吸收体调 Q：饱和吸收体调 Q 属被动调 Q，它利用饱和吸收体的吸收系数随光强增加而减少的特性对谐振腔的损耗进行调制。将饱和吸收体置于谐振腔内，泵浦开始时，腔内吸收损耗很大，不能起振。随着上能级粒子数密度的积累，当腔内放大的自发辐射光强增加到可与饱和吸收体的饱和光强相比拟时，腔内吸收损耗显著下降，从而满足 $g^0 > \delta/l$ 的振荡条件，伴随着光振荡的发生，腔内光强迅速上升。当腔内激光光强达到可与增益介质的饱和光强比拟时，随着增益系数的急剧下降，激光熄灭。

3) 调 Q 激光器的输出特性和理论处理方法

调 Q 激光器的主要输出特性表现为峰值功率、脉冲能量和脉冲宽度这三个参量。调 Q 的基本理论是建立在瞬态速率方程基础上，由于调 Q 脉冲持续时间很短，在建立速率方程时，可忽略自发辐射和泵浦激励对反转粒子数的影响。若激光跃迁上下能级统计权重相等，并假设腔长等于工作物质长度时，调 Q 三能级激光器中心频率处光子数密度和反转粒子数密度的速率方程简化为

$$\begin{cases} \dfrac{dN}{dt} = \sigma_{21} v N \Delta n - \dfrac{N}{\tau_R} = \left(\dfrac{\Delta n}{\Delta n_t} - 1\right)\dfrac{N}{\tau_R} \\ \dfrac{d\Delta n}{dt} = -2\sigma_{21} v N \Delta n = -2\dfrac{\Delta n}{\Delta n_t}\dfrac{N}{\tau_R} \end{cases} \quad (6.8)$$

解上述方程后可得腔内峰值光子数密度

$$N_m = \dfrac{1}{2}\Delta n_t \left(\dfrac{\Delta n_i}{\Delta n_t} - \ln\dfrac{\Delta n_i}{\Delta n_t} - 1\right) \quad (6.9)$$

(1) 输出脉冲峰值功率。对于单端输出的调 Q 激光器，其输出脉冲峰值功率

$$P_m = \dfrac{1}{2}h\nu_{21}N_m vAT = \\ \dfrac{1}{4}h\nu_{21}vAT\Delta n_t\left(\dfrac{\Delta n_i}{\Delta n_t} - \ln\dfrac{\Delta n_i}{\Delta n_t} - 1\right) \quad (6.10)$$

式中：A 为腔内光束横截面积；$\Delta n_i / \Delta n_t$ 为 Q 开关打开时腔内储存的反转粒子数密度与 Q 开关打开后阈值反转粒子数密度的比值。$\Delta n_i / \Delta n_t$

越大,则 P_m 越大。而 $\Delta n_i/\Delta n_t$ 取决于 Q 开关的开关比,即 Q 开关关闭时,腔的损耗因子越大,打开后,腔的损耗因子越小,则 $\Delta n_i/\Delta n_t$ 越大。

输出脉冲峰值功率也可按下式计算[4]

$$P_m = \eta_0 \frac{\Phi_m}{\tau_R} h\nu_{21} \qquad (6.11)$$

式中:η_0 是输出耦合比,其定义为往返一周的透射损耗和总损耗之比;Φ_m 为腔内峰值光子数;τ_R 为腔内平均光子寿命,在此平均光子寿命 τ_R 定义为往返一周损耗的光子数与往返传输时间之比,即

$$\frac{d\Phi(t)}{dt} = \frac{\Phi(t+\Delta t_{RT}) - \Phi(t)}{\Delta t_{RT}} = -\frac{(1-S)\Phi(t)}{\Delta t_{RT}} = -\frac{\Phi(t)}{\tau_R}$$

$$\tau_R = \frac{\Delta t_{RT}}{(1-S)} \qquad (6.12)$$

式中:$\Phi(t)$ 为腔内光子数;$\Delta t_{RT} = 2L'/c$ 为光子在腔内往返一周的时间,$(1-S)$ 为腔内往返一周的损耗因子,其中 $S = \prod_i r_i \prod_j T_j e^{-2\alpha l}$;$r_i$ 为谐振腔诸反射镜的反射率;T_j 为腔内诸元件的透射率;α 为激光工作物质的损耗系数。

(2)输出脉冲能量

$$E = \eta_0 \frac{1}{2} h\nu_{21}(\Delta n_i - \Delta n_f)V^0 = \eta_0\left(1 - \frac{\Delta n_f}{\Delta n_i}\right)E_i \qquad (6.13)$$

式中:V^0 为工作物质中激光束的体积;$\Delta n_f/\Delta n_i$ 为巨脉冲熄灭后剩余反转粒子数密度和初始反转粒子数密度的比值,它反映了调 Q 激光器的能量利用率($\mu = 1 - (\Delta n_f/\Delta n_i)$)。$\mu$ 和 $\Delta n_i/\Delta n_f$ 的关系如图 6.5 所示。

(3)脉冲宽度。设 Q 开关打开时 $t=0$,则 Δn 与 t 的关系式为

$$t = -\frac{1}{2}\tau_R \int_{\Delta n_i}^{\Delta n} \frac{d\Delta n}{\Delta n\left[\frac{N_i}{\Delta n_t} + \frac{1}{2}\left(\frac{\Delta n_i}{\Delta n_t} - \frac{\Delta n}{\Delta n_t} + \ln\frac{\Delta n}{\Delta n_i}\right)\right]} \qquad (6.14)$$

式中:N_i 为 Q 开关打开时的腔内光子数密度。对此积分式进行数值求解,可以得到巨脉冲的波形和脉宽 Δt。

通常也可以由 $\Delta t \approx E/P_m$ 粗略估算脉宽。调 Q 脉宽的下限约为

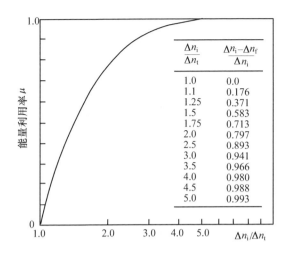

图 6.5 剩余反转集居数密度及
能量利用率和初始反转集居数密度

L/c 量级(即纳秒量级)。

对于四能级系统调 Q 激光器,基于调 Q 脉冲持续时间短的原因,四能级系统的激光跃迁下能级粒子数在脉冲建立时间内不能抽空,应按准三能级进行处理,所以上述结论同样适合于四能级系统调 Q 激光器。

2. 锁模技术

锁模是一种获得超短光脉冲(10^{-10} s ~ 10^{-15} s)的方法。

1) 基本原理

通常激光器的输出由若干个纵模组成(假定基横模输出),由于各个纵模的相位不相同并呈随机变化,因而激光器输出光强只是各个模式非相干叠加的结果。当我们采取措施使各模的初始相位保持一定关系时,就会发生相干叠加,输出一列周期性变化的锁模光脉冲串。

2) 锁模脉冲特性

若腔中有 $(2N+1)$ 个纵模振荡(即在中心频率模两侧各有 N 个纵模),设各模式振幅相等,表示为 E_0,相邻模式的初始相位差保持一定(即相位锁定),则输出锁模光脉冲串的参数如下。

(1) 脉冲峰值光强

$$I_m \propto (2N+1)^2 E_0^2 \qquad (6.15)$$

未锁定时激光器的输出光强 $I \propto (2N+1)E_0^2$，与上式比较可见，锁模后的脉冲峰值功率比未锁模的功率时提高了 $(2N+1)$ 倍。

(2) 脉冲重复率

$$f = c/2L' \qquad (6.16)$$

锁模脉冲周期

$$T_0 = \frac{1}{f} = \frac{2L'}{c}$$

式中：L' 为谐振腔光学长度。由上式可见锁模脉冲周期等于光脉冲在腔内往返一次的时间。

（如果频率间隔为 $k\Delta\nu_q$ 的诸模式相位锁定，则可得到重复频率为 $k \times f$ 的高次谐波锁模光脉冲。）

(3) 脉冲宽度

$$\tau = \frac{2\pi}{(2N+1)\Omega} \geqslant \frac{1}{\Delta\nu_{osc}} \qquad (6.17)$$

式中：$\Omega = 2\pi\Delta\nu_q$。

可见锁模脉冲的宽度决定于锁定模式带宽，它受限于振荡线宽。所以荧光线宽大的工作物质易获得窄脉冲。实验中振荡线宽内锁定模式范围取决于调制深度。应该指出，式(6.15)与式(6.17)只是粗略理论（假设相位锁定的各个模式电场振幅相等）的结果，因而只能用于粗略的估算。实际上由于各模式的增益不同，振幅也不相同，应用下文所述自洽理论模型处理锁模理论。锁模光脉冲电场的频域特性和时域特性互为傅里叶变换。而式(6.16)则是普遍公式。

3) 锁模方法

(1) 振幅调制锁模：若在图 6.6 中所示的损耗调制器加上频率 $f = c/2L'$（纵模频率间隔）的调制信号，使腔中的损耗发生频率为 $f = c/2L'$ 的周期性变化，则每个模式的振幅随之发生频率为 f 的周期性变化。此时，每个纵模都因产生边带而与相邻的纵模耦合，各模式的相位关系即被锁定。在频域上等间隔（即纵模频率间隔）并相位锁定的频谱分量的场强叠加,在时域上形成一光脉冲序列。

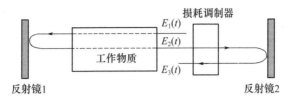

图 6.6　振幅调制锁模激光器示意图

从时域上来说,损耗调制器的调制周期恰好等于光脉冲的往返时间,在损耗为 0 时刻通过调制器的光每次都能无损地通过调制器,而其他时刻通过调制器的光每次都损失一部分能量。这就意味着只有损耗为 0 时刻通过调制器的光能形成振荡,而光信号的其他部分则被抑制,形成周期恰为 $2L'/c$ 的超短光脉冲串。

常用的损耗调制器为铌酸锂电光强度调制器和声光调制器。理想的幅度调制锁模激光器的输出为高斯光脉冲,其脉冲宽度和谱宽积为

$$\tau \cdot \Delta\nu = (2/\pi)\ln 2 \approx 0.4412 \tag{6.18}$$

(2) 相位调制锁模:相位调制锁模的机理可理解为:在腔内插入相位调制器后,由于相位调制的周期与光在腔内往返一周的时间相同。在相位调制器处于相位变化极值时,通过调制器的光信号不产生频移,其他时刻通过调制器的光信号将会有不同程度的频移,在腔内往返多次后累加的频移最终移出增益曲线而猝灭,从而形成超短脉冲序列。

理想的相位调制锁模激光器输出光脉冲的宽度和谱宽乘积为

$$\tau \cdot \Delta\nu = \frac{2\sqrt{2}\ln 2}{\pi} \approx 0.626 \tag{6.19}$$

幅度调制和相位调制锁模都属于主动锁模,均通过在腔内放入调制元件迫使各纵模的相位锁定。

(3) 被动锁模(饱和吸收体锁模):利用可饱和吸收体的吸收系数随入射光强增大而减小的特性使各纵模的相位锁定。

由自发辐射发展起来的强弱不规则的光信号通过可饱和吸收体时,强尖峰信号使吸收体透明,衰减小,弱信号则遭受较大的吸收损耗。

强、弱信号多次在腔内往返经过饱和吸收体和增益介质,使强脉冲信号不断增强形成稳定振荡,同时脉冲的前、后沿和中心由于经受不同的吸收损耗,使脉冲变得越来越陡峭。饱和吸收体锁模激光器的工作原理和再生式电脉冲振荡器相似,可饱和吸收体作为一个频谱展宽器,激光工作物质起放大和滤波的作用。

被动锁模的特点是结构简单,无需外加调制信号。碰撞被动锁模借助两个相向传输的光脉冲在饱和吸收体内对撞形成的空间光栅加大吸收损耗差,可使被动锁模过程稳定。

4)主动锁模的自洽理论

根据自洽理论,光脉冲在腔内经过激光介质、损耗调制器(或相位调制器)及反射镜反射往返一周后应再现其自身(如图 6.6 所示,$E_1(t) = E_3(t)$),由此可求出锁模脉冲脉宽和谱宽的解析表达式。通过主动锁模的自洽理论可证明理想的幅度调制锁模激光器的输出光脉冲为无啁啾(光脉冲的中心频率不随时间改变)的高斯形脉冲,相位调制锁模激光器的输出光脉冲为有啁啾(光脉冲的中心频率随时间改变)的高斯光脉冲,其脉宽与谱宽的乘积如式(6.18)、式(6.19)所示。

四、调制器和隔离器

1. 电光调制器

1)普克尔效应(线性电光效应)

电光晶体具有双折射特性,未加外电场时,主轴坐标系中折射率椭球的表达形式为

$$\frac{x^2}{\eta_x^2} + \frac{y^2}{\eta_y^2} + \frac{z^2}{\eta_z^2} = 1 \tag{6.20}$$

加入外电场时,折射率椭球会发生变化,变化后的折射率椭球一般表达式为

$$\left(\frac{1}{\eta_x^2} + \Delta b_1\right)x^2 + \left(\frac{1}{\eta_y^2} + \Delta b_2\right)y^2 + \left(\frac{1}{\eta_z^2} + \Delta b_3\right)z^2 \\ + 2\Delta b_4 yz + 2\Delta b_5 xz + 2\Delta b_6 xy = 1 \tag{6.21}$$

式中:折射率椭球各系数变化量 Δb_i 由外电场决定,其关系为

$$\begin{bmatrix} \Delta b_1 \\ \Delta b_2 \\ \Delta b_3 \\ \Delta b_4 \\ \Delta b_5 \\ \Delta b_6 \end{bmatrix} = \begin{bmatrix} \gamma_{11} & \gamma_{12} & \gamma_{13} \\ \gamma_{21} & \gamma_{22} & \gamma_{23} \\ \gamma_{31} & \gamma_{32} & \gamma_{33} \\ \gamma_{41} & \gamma_{42} & \gamma_{43} \\ \gamma_{51} & \gamma_{52} & \gamma_{53} \\ \gamma_{61} & \gamma_{62} & \gamma_{63} \end{bmatrix} \begin{bmatrix} E_x \\ E_y \\ E_z \end{bmatrix} \quad (6.22)$$

电光系数矩阵由晶体本身特性决定。

加外电场后的折射率椭球可以通过线形代数中矩阵正交化的方法,重新找到一个新的主坐标系,使得在该坐标系中,式(6.21)具有如下的简单数学形式

$$\frac{x'^2}{\eta_{x'}^2} + \frac{y'^2}{\eta_{y'}^2} + \frac{z'^2}{\eta_{z'}^2} = 1 \quad (6.23)$$

式(6.21)和式(6.23)所对应的主轴方向及主轴长度一般都不相同。

给定光的传播方向 k,做垂直于 k 的平面,交折射率椭球于一个椭圆,椭圆的长短轴方向分别代表传播平面光波的两个简正模式的偏振方向,长短轴的大小分别对应两个简正模式的折射率。

2) LN 波导调制器

LN 波导调制器中,电场沿 z 方向施加,光传播方向为 y 向。

相位调制器输出光的电场相移量为

$$\delta(t) = \frac{\pi}{\lambda_0} \eta_e^3 \gamma_{33} l \frac{U(t)}{d} = \pi \frac{U(t)}{U_\pi} \quad (6.24)$$

双臂马赫—曾德型强度调制器的输入输出光强关系为

$$I_{\text{out}}(t) = \frac{1}{2} I_{\text{in}} \left[1 + \cos\left(\pi \frac{U_1 - U_2}{U_\pi} \right) \right] \quad (6.25)$$

式中:U_π 为半波电压;U_1,U_2 为施加于两干涉臂的电压。单臂马赫—曾德型强度调制器的输入输出光强关系为

$$I_{\text{out}}(t) = \frac{1}{2} I_{\text{in}} \left\{ 1 + \cos\left[\pi \frac{U_b + U(t)}{U_\pi} \right] \right\} \quad (6.26)$$

式中:U_b 为偏置电压。

2. 光隔离器

线偏振光可以分解为等幅的左旋圆偏振光和右旋圆偏振光,在磁光晶体中,磁场导致左旋圆偏振光折射率 η_{ccw} 和右旋圆偏振光折射率 η_{cw} 不同,因此入射线偏振光在磁光晶体中传播一段距离 d 后,会发生偏振面的旋转。偏振面旋转的角度为

$$\alpha = \frac{(\eta_{cw} - \eta_{ccw})}{\lambda_0}\pi d \qquad (6.27)$$

该效应称为法拉第效应。左旋和右旋圆偏振光折射率之差取决于材料的磁化强度,偏振面旋转角度又可表示为

$$\alpha = U_R M d \qquad (6.28)$$

式中:M 为材料的磁化强度,当磁化方向与光传播方向相同时取正值,相反时取负值;U_R 为与材料有关的常数。

五、激光的非线性频率变换

激光技术中常利用非线性光学晶体中的倍频和参量放大效应实现大范围的光学频率变换,二者均属于二阶非线性光学效应。参量放大是指将一束频率为 ν_3 的强光和另一束频率稍低(ν_2)的弱光同时入射到非线性晶体中时,晶体输出端可获得频率为 ν_1 的差频光($\nu_1 = \nu_3 - \nu_2$)。由于频率为 ν_2 的光的强度会同时得到放大,故称为光学参量放大。频率为 ν_2 的输入弱光在晶体中获得的非线性增益称为参量增益,其表达式为

$$G = \frac{\kappa^2 \sinh^2\left[\left(\kappa^2 - \frac{\Delta k^2}{4}\right)^{1/2} L\right]}{\left(\kappa^2 - \frac{\Delta k^2}{4}\right)} \qquad (6.29)$$

式中

$$\kappa^2 = \frac{8\pi^2 \nu_1 \nu_2 d_{eff}^2 P_3(0)}{\eta_1 \eta_2 \eta_3 c^3 \varepsilon_0 A} \qquad (6.30)$$

η_i 为频率为 ν_i 光的折射率,A 为光束截面积,d_{eff} 为等效非线性系数;L 为晶体长度;Δk 为相位失配:

$$\Delta k = k_3 - k_1 - k_2 = \frac{2\pi}{c}(\eta_3 \nu_3 - \eta_1 \nu_1 - \eta_2 \nu_2) \qquad (6.31)$$

当 $\Delta k = 0$ 时,称为相位匹配,此时可获得最大参量增益。

思 考 题

6.1　用 F-P 标准具选单纵模时,为什么 F-P 标准具的自由谱区(相邻透射率峰的频率间隔)须大于激光器的振荡线宽,而透射谱线宽度须小于纵模间隔?

6.2　用 F-P 标准具选单纵模时,当所选模式的频率为相应谱线的中心频率时,上述要求能否放宽?试叙述其选出单纵模的条件。

6.3　用 F-P 标准具选单纵模时,将标准具放在谐振腔内还是谐振腔外更好,并说明理由。

6.4　假定激励足够强,忽略光隔离器的插入损耗,分析在均匀加宽环形激光器谐振腔中加入光隔离器或没有光隔离器两种情况下的输出模式,并说明理由。

6.5　固体或半导体激光器能用短腔法进行选模吗?为什么?

6.6　说明非稳腔选横模的原理和优点。

6.7　分析图 6.7(a)、图 6.7(b)所示两种复合腔的选模原理,讨论 l_1、l_2 应如何选择?

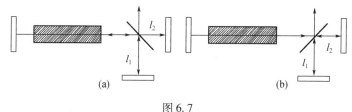

图 6.7

6.8　若一块腔镜固定在一压电微位移器上,说明当微位移器移动 $\lambda/2$,则纵模频率移动一个纵模间隔的理由。

6.9　已知一单纵模氦氖激光器其振荡频率位于谱线中心,若该激光器的一个腔镜与压电微位移器连接,试问反射镜位移为多大时会发生跳模(即振荡模式由一个纵模变为另一个相邻的纵模)?

6.10 均匀加宽内腔式气体激光器刚点燃时,输出光频率随温度变化在中心频率附近会呈现如图6.8所示的波动,并导致输出功率起伏,试解释出现该现象的物理原因,并指出频率变化的范围。

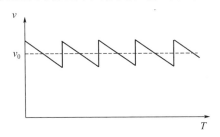

图6.8 激光频率在中心频率附近波动的示意图

6.11 简述反兰姆凹陷形成的物理机制。

6.12 《激光原理》第7版书上图6.2.7所示装置中,若增益介质和吸收介质都为非均匀加宽物质,其中心频率相同,均为ν_0'。腔内有一频率为ν_1的模式振荡,设两介质的烧孔宽度相同,由于吸收管气压很低,吸收饱和的烧孔深度较增益饱和的烧孔深。试画出当$\nu_1 \neq \nu_0'$时,上述增益曲线和吸收曲线的合成增益曲线(吸收介质的吸收曲线可位于增益坐标轴的负方向以表示负增益)。

6.13 若泵浦激励作用足够强,从物理上说明从泵浦激励作用开始经多长时间调Q激光器谐振腔内的反转粒子数密度将达到最大。

6.14 图6.9是普克尔斯盒电光调Q激光器示意图,格兰棱镜的起偏方向如箭头所示。

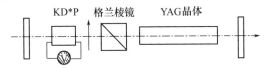

图6.9 电光调Q激光器示意图

(1)在图上标出电光晶体KD*P的X轴、Y轴、Z轴及与格兰棱镜起偏方向的相对位置。

(2)若采用脉冲退压式调Q,已知KD*P晶体的半波电压$V_{\pi/2}=$6kV,说明Q开关打开和关闭时KD*P晶体上所加电压。

6.15　试画出对 Nd:YAG 连续激光器进行声光 Q 调制时,腔内损耗、反转粒子数密度及光子数密度随时间变化示意图。(假设 Q 调制脉冲为矩形脉冲)

6.16　试比较调 Q 激光器和锁模激光器产生短脉冲的工作原理的本质区别。

6.17　试从物理上分析在幅度调制锁模激光器中,为什么通常将损耗调制器尽量靠近全反射镜放置,试说明将损耗调制器放在谐振腔中部 $L/2$ 处与放在紧靠全反射镜端处时,其锁模光脉冲的能量有何差别。

6.18　从物理上说明为什么通常被动锁模比主动锁模产生的光脉冲更窄?

6.19　什么是频率啁啾?幅度调制锁模激光器输出光脉冲为高斯形,若输出光脉冲有啁啾时,其脉宽与谱宽乘积应大于还是小于 0.4412?

6.20　如果幅度调制或损耗调制的调制频率是 $kc/2L'$(k 为大于 1 的正整数),该锁模激光器输出光脉冲的重复频率是多少?试述激光器中诸纵模的相位锁定情况。

例　题

例 6.1　一氦氖激光器的小信号增益系数 $g^0(\nu_0) = 2.5 \times 10^{-3} \text{cm}^{-1}$,多普勒线宽 $\Delta\nu_D = 1.5\text{GHz}$;谐振腔两端面反射镜的反射率 r_2 和 r_1 分别为 97% 和 100%,腔内其他损耗忽略不计。若要使激光器总是在一个或两个(不能多于两个)模式运转,求谐振腔长度范围(设工作物质长度等于腔长)。

解:根据题意可得

$$g_t = -\frac{1}{2L}\ln r_1 r_2 = -\frac{1}{2L}\ln r_2 \approx \frac{1}{2L}(1-r_2) = \frac{T_2}{2L}$$

当振荡线宽 $\Delta\nu_{osc}$ 等于相邻纵模频率间隔 $\Delta\nu_q$ 时,激光器输出一个或两个模式。下面分别求出振荡线宽和相邻纵模频率间隔。由

$$g^0(\nu_0)\exp\left[-4\ln2\left(\frac{\Delta\nu_{osc}}{2\Delta\nu_D}\right)^2\right] = g_t = \frac{T_2}{2L}$$

可得振荡线宽

$$\Delta\nu_{osc} = \sqrt{\frac{\ln\frac{2g^0(\nu_0)L}{T_2}}{\ln2}}\Delta\nu_D$$

纵模间隔

$$\Delta\nu_q = \frac{c}{2L}$$

要使该激光器总是在一个或两个(不能多于两个)模式运转,应满足 $\Delta\nu_q \geqslant \Delta\nu_{osc}$,则应有

$$\ln\frac{2g^0(\nu_0)L}{T_2} \leqslant \left(\frac{c}{2L}\right)^2 \frac{\ln2}{(\Delta\nu_D)^2}$$

$$L^2\ln\frac{2g^0(\nu_0)L}{T_2} \leqslant \left(\frac{c}{2\Delta\nu_D}\right)^2 \ln2$$

$$L^2\ln\frac{2\times2.5\times10^{-3}\mathrm{cm}^{-1}\times L}{0.03} \leqslant \left(\frac{3\times10^{10}\mathrm{cm}}{2\times1.5\times10^9}\right)^2 \ln2$$

由上式可得

$$L \leqslant 10.83\mathrm{cm}$$

例6.2 若三能级调 Q 激光器的腔长 L 大于工作物质长 l,η 及 η' 分别为工作物质及腔中其余部分的折射率,激光跃迁上下能级的统计权重相等,试求峰值输出功率 P_m 表示式。

解:

根据式(4.31),列出三能级系统速率方程如下:

$$\frac{\mathrm{d}N}{\mathrm{d}t} = \sigma_{21}cN\Delta n\frac{l}{L'} - \frac{N}{\tau_R} \quad (6.32)$$

$$\frac{\mathrm{d}\Delta n}{\mathrm{d}t} = -2\sigma_{21}vN\Delta n \quad (6.33)$$

式中:$L' = \eta l + \eta'(L-l)$;N 为工作物质中的平均光子数密度;$v = c/\eta$,

$\tau_R = L'/c\delta$。由式(6.20)求得阈值反转粒子数密度为

$$\Delta n_t = \frac{L'}{\sigma_{21} c \tau_R l} = \frac{\delta}{\sigma_{21} l}$$

式(6.32)和式(6.33)可以改写为

$$\frac{dN}{dt} = \left(\frac{\Delta n}{\Delta n_t} - 1\right)\frac{N}{\tau_R} \tag{6.34}$$

$$\frac{d\Delta n}{dt} = -2\left(\frac{\Delta n}{\Delta n_t}\right)\frac{N}{\tau_R}\frac{L'}{\eta l} \tag{6.35}$$

式(6.34)除以式(6.35)可得

$$\frac{dN}{d\Delta n} = \frac{1}{2}\left(\frac{\Delta n_t}{\Delta n} - 1\right)\frac{\eta l}{L'} \tag{6.36}$$

将式(6.36)积分得

$$N = N_i + \frac{1}{2}\left(\Delta n_i - \Delta n + \Delta n_t \ln\frac{\Delta n}{\Delta n_i}\right)\frac{\eta l}{L'}$$

当 $\Delta n = \Delta n_t$ 时,$N = N_m$,忽略初始光子数密度 N_i,可由上式求出工作物质中的峰值光子数密度为

$$N_m = \frac{1}{2}\frac{\eta l}{L'}\Delta n_t\left(\frac{\Delta n_i}{\Delta n_t} - \ln\frac{\Delta n_i}{\Delta n_t} - 1\right) \tag{6.37}$$

设激光束的截面积为 A,输出反射镜透射率为 T,则峰值功率为

$$P_m = \frac{1}{2}N_m \frac{c}{\eta}h\nu AT =$$
$$\frac{1}{4}\frac{l}{L'}ch\nu AT\Delta n_t\left(\frac{\Delta n_i}{\Delta n_t} - \ln\frac{\Delta n_i}{\Delta n_t} - 1\right) \tag{6.38}$$

例6.3 图6.10所示调Q红宝石激光器的两面反射镜的透过率分别为 $T_2 = 0$,$T_1 = 0.2$,光束截面积 $A = 0.8 \text{cm}^2$,腔长 $L = 15\text{cm}$,红宝石工作物质长度 $l_g = 10\text{cm}$,折射率 $\eta_g = 1.78$,发射中心波长 λ_0 为694.3nm,发射截面 $\sigma = 2.5 \times 10^{-20} \text{cm}^{-2}$,为方便计算,假定能级的统计权重相等。$Q$ 开关长度 l_s 为 2cm,折射率 $\eta_s = 2.7$;Q 开关打开时的附加损耗系数 $\alpha_s = 0.1\text{cm}^{-1}$,腔内其他参数如图中所示。若该器件被

泵浦到阈值增益的 4 倍,试求其 Q 开关打开时的起始反转粒子数密度,调 Q 脉冲峰值功率、脉冲输出能量和脉冲宽度。

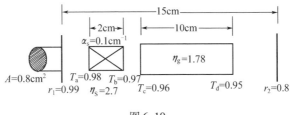

图 6.10

解:根据阈值振荡条件,应有

$$r_1 r_2 (T_a T_b T_c T_d)^2 e^{-2\alpha_s l_s + 2g_t l_g} = 1$$

$$g_t = \frac{1}{2l_g}\ln\left[\frac{1}{r_1(T_a T_b T_c T_d)^2}\right] + \alpha_s \frac{l_s}{l_g} + \frac{1}{2l_g}\ln\frac{1}{r_2} =$$

$$\left\{\frac{1}{20}\ln\left[\frac{1}{0.99 \times (0.98 \times 0.97 \times 0.96 \times 0.95)^2}\right] + 0.1 \times \frac{2}{10} + \frac{1}{20} \times \ln\frac{1}{0.8}\right\}(\text{cm}^{-1}) =$$

$$(0.0148 + 0.02 + 0.0112)(\text{cm}^{-1}) = 0.0459(\text{cm}^{-1})$$

$$\Delta n_t = \frac{g_t}{\sigma} = \frac{0.0459}{2.5 \times 10^{-20}} = 1.84 \times 10^{18}(\text{cm}^{-3})$$

Q 开关打开时起始反转粒子数密度为

$$\Delta n_i = 4\Delta n_t = 4 \times 1.84 \times 10^{18} = 7.36 \times 10^{18}(\text{cm}^{-3})$$

因激光谐振腔长 L 大于工作物质和 Q 开关长度之和,根据例 6.2,工作物质内峰值光子数密度应为

$$N_m = \frac{1}{2}\frac{\eta_g l_g}{L'}\Delta n_t \left(\frac{\Delta n_i}{\Delta n_t} - \ln\frac{\Delta n_i}{\Delta n_t} - 1\right)$$

$$L' = \eta_g l_g + \eta_s l_s + (L - l_g - l_s) =$$
$$1.78 \times 10 + 2.7 \times 2 + 3 = 26.2 \text{cm}$$

腔内总光子数

$$\Phi_m = N_m A\left[l_g + \frac{\eta_s}{\eta_g}l_s + \frac{1}{\eta_g}(L - l_g - l_s)\right] =$$

$$\frac{1}{2}\frac{\eta_g l_g A}{L'}\Delta n_t\left(\frac{\Delta n_i}{\Delta n_t} - \ln\frac{\Delta n_i}{\Delta n_t} - 1\right)\left[l_g + \frac{\eta_s}{\eta_g}l_s + \frac{1}{\eta_g}(L - l_g - l_s)\right]$$

将有关数据代入,可得

$$\Phi_m = 0.5 \times \frac{1.78 \times 10 \times 0.8}{1.78 \times 10 + 2.7 \times 2 + 3} \times 1.84 \times 10^{18} \times$$

$$(4 - \ln 4 - 1) \times \left[10 + \frac{2.7 \times 2}{1.78} + \frac{3}{1.78}\right] =$$

$$0.5 \times 0.544 \times 1.84 \times 10^{18} \times 1.614 \times 14.715 =$$

$$1.19 \times 10^{19}$$

按式(6.11)计算输出脉冲峰值功率为

$$P_m = \eta_0 \frac{\Phi_m}{\tau_R}h\nu_0$$

式中

$$\tau_R = \frac{L'}{c\delta} = \frac{L'}{c(1/2)\left[1 - r_1 r_2(T_a T_b T_c T_d)^2 e^{-2\alpha_s l_s}\right]}$$

所以可求得光子寿命为

$$\tau_R = \frac{26.2}{3 \times 10^{10} \times 0.5 \times [1 - 0.99 \times 0.8 \times (0.98 \times 0.97 \times 0.96 \times 0.95)^2 \times e^{-2 \times 0.1 \times 2}]}\text{ns} =$$

$$\frac{26.2}{3 \times 10^{10} \times 0.301}\text{ns} = 2.91(\text{ns})$$

$$\eta_0 = \frac{T_2}{1-S} = \frac{1-r_2}{1 - \prod_i r_i \prod_j T_j e^{-2\alpha_s l_s}} =$$

$$\frac{0.2}{1 - 0.99 \times 0.8 \times (0.98 \times 0.97 \times 0.96 \times 0.95)^2 \times \exp(-2 \times 0.1 \times 2)} = 0.33$$

输出脉冲的峰值功率为

$$P_m = \eta_0 \frac{\Phi_m}{\tau_R}h\nu_0 =$$

$$0.33 \times \frac{1.19 \times 10^{19}}{2.91 \times 10^{-9}} \times \frac{6.626 \times 10^{-34} \times 3 \times 10^{8}}{0.694 \times 10^{-6}} \text{W} = 390(\text{MW})$$

由图 6.5 可以查得,当 $\Delta n_i / \Delta n_t = 4$ 时,能量利用率 $\mu = 0.98$,脉冲输出能量为

$$E = \eta_0 \mu \left(h\nu_0 A \cdot l_g \frac{\Delta n_i}{2} \right) =$$
$$0.33 \times 0.98 \times 2.86 \times 10^{-19} \times 0.8 \times 10 \times 3.68 \times 10^{18}(\text{J}) =$$
$$2.72(\text{J})$$

由输出能量和输出峰值功率可粗略估算脉冲宽度

$$\tau \approx \frac{E}{P_m} = \frac{2.72}{390 \times 10^{6}}(\text{s}) = 6.97(\text{ns})$$

例 6.4 考虑一多纵模锁模激光器,在频域可用一分布函数来描述各纵模振幅按频率的分布,用积分近似求和方法得到输出光脉冲在时域中是高斯分布。求证在频域中它的频谱也是高斯分布,并求出线宽 $\Delta \nu$(频谱半功率点的全宽)与脉宽(光强半功率点的全宽)的关系(假设锁模光脉冲无啁啾)。

解:

高斯光脉冲在时域上的光强分布可写作

$$I(t) = E_0^2 \exp(-2at^2) \tag{6.39}$$

式中:a 为实常数。

当 $t=0$ 时,$I(0) \propto E_0^2$。设 $t = t_1$ 时为脉冲半功率点,$I(t_1) = I(0)/2$

$$I(t_1) \propto E_0^2 \exp(-2at_1^2) = \frac{1}{2} E_0^2$$

所以脉宽

$$\tau = 2t_1 = \sqrt{2\ln 2 / a} \tag{6.40}$$

无频率啁啾时光脉冲电场可写作

$$E(t) = E_0 \exp[-(at^2 - i\omega_0 t)]$$

作傅里叶变换,可得

$$E(\omega) = \frac{1}{2\pi}\int_{-\infty}^{\infty} E_0 \exp(-at^2 + i\omega_0 t - i\omega t)dt$$

因为

$$\int_{-\infty}^{\infty}\exp(-ax^2)dx = \sqrt{\pi/a}$$

所以,可得高斯光脉冲在频域的表达式为

$$E(\omega) = (E_0/2\sqrt{a\pi})\exp[(-\omega_0-\omega)^2/2a] \quad (6.41)$$

$$I(\omega) = E(\omega)E^*(\omega) = (E_0^2/4a\pi)\exp[(-\omega_0-\omega)^2/2a]$$

当 $\omega = \omega_0$ 时,$I(\omega_0) \propto E_0^2/4a\pi$,设 $\omega = \omega_1$ 时为频谱半功率点,由

$$I(\omega_1) \propto \frac{E_0^2}{4a\pi}\exp\left[-\frac{(\omega-\omega_0)^2}{2a}\right] = \frac{1}{2}\left(\frac{E_0^2}{4a\pi}\right)$$

可求得

$$\omega_0 - \omega_1 = \sqrt{2a\ln 2} \quad (6.42)$$

锁模脉冲谱宽

$$\Delta\nu = 2(\omega_0-\omega_1)/2\pi = \sqrt{2a\ln 2}/\pi$$

所以光脉冲的谱宽和脉宽的乘积为

$$\tau \cdot \Delta\nu = 2\ln 2/\pi = 0.4412$$

例 6.5 从示波器上观测到一锁模气体激光器的输出脉冲波形如图 6.11 所示,假定光探测器和示波器响应足够快。根据脉冲包络波形 $I(t) = I_0 e^{-(t/\tau)^2}$ 及图中所示参数,求:

(1) 激光器的腔长为多长时才能产生图示的脉冲输出;
(2) 从图上求出激光脉冲的半高全宽及参数 τ 的数值;
(3) 光脉冲峰值功率和平均功率的比值;
(4) 给出该激光器输出光脉冲电场频谱和功率谱表达式。

解:

(1) 根据图 6.11 测得脉冲间隔(周期)T_0 为 4ns,即 $2L'/c = 4$ns,所以腔长

$$L = 60\text{cm}$$

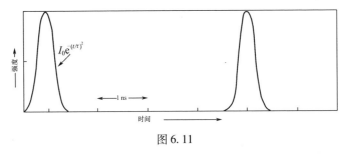

图 6.11

(2) 从图上可测出锁模脉冲宽度 $\Delta t = 0.4\text{ns}$,脉冲的电场表达式可写为

$$E(t) = E_0 e^{-\frac{1}{2}(t/\tau)^2} e^{i\omega_0 t}$$

$t = 0$ 时,$E(0)E^*(0) = E_0^2$ 为极大值;设 $t = t_1$ 时为半功率点,即

$$E(t_1)E^*(t_1) = E_0^2 e^{-(t_1/\tau)^2} = \frac{1}{2}E_0^2$$

则 $(t_1/\tau) = \sqrt{\ln 2}$,因脉宽 $\Delta t = 2t_1 = 0.4\text{ns}$,所以可得

$$\tau = \frac{t_1}{\sqrt{\ln 2}} = \frac{0.2}{\sqrt{\ln 2}} = 0.24(\text{ns})$$

(3) 平均功率

$$\langle P \rangle = P_0 \frac{c}{2L} \int_{-\infty}^{+\infty} e^{-(t/\tau)^2} dt = P_0 \frac{c}{2L} 2\int_0^\infty e^{-(t/\tau)^2} dt$$

式中:P_0 为光脉冲峰值功率。

∵
$$\int_0^\infty e^{-a^2 x^2} dx = \frac{\sqrt{\pi}}{2a}$$

∴
$$\langle P \rangle = P_0 \frac{c}{2L} \sqrt{\pi}\tau = P_0 \frac{\tau \sqrt{\pi}}{2L/c}$$

峰值功率与平均功率比值

$$\frac{P_0}{\langle P \rangle} = \frac{2L/c}{\sqrt{\pi}\tau} = 9.4$$

(4) 光脉冲的电场表达式为 $E(t) = E_0 e^{-\frac{1}{2}(t/\tau)^2} e^{i\omega_0 t}$,其周期为 $T_0 = 2L/c$

$$E(\omega) = \int_{-\infty}^{+\infty} E_0 e^{-\frac{1}{2}(t/\tau)^2} e^{i\omega t} dt = 2E_0 \int_0^{+\infty} e^{-\frac{1}{2}(t/\tau)^2} \cos\omega t dt$$

根据傅立叶余弦变换有 $F_c(\alpha) = \int_0^\infty f(x) \cos\alpha x dx$，当 $f(x) = e^{-bx^2}$ 时

$$F_c(\alpha) = \frac{1}{2}\sqrt{\frac{\pi}{b}} e^{-(\alpha^2/4b)}$$

令 $b = \tau^2/2; x = t; \alpha = \omega$，可得光脉冲电场的频谱表达式

$$E(\omega) = \sqrt{\frac{\pi}{2}} \tau e^{-(\omega^2\tau^2)/2}$$

光脉冲功率谱表达式为

$$P(\omega) \propto E^2(\omega) = \frac{\pi}{2}\tau^2 e^{-(\omega\tau)^2}$$

习　题

6.1 一氩离子气体激光器振荡在 514.5nm 波长，腔内单程小信号增益为 $e^{0.1}$，谐振腔由两块曲率半径 $R = 5$m 的球面镜对称放置构成，一端为全反射镜，输出端反射镜的透射率 $T_2 = 5\%$，腔长 $L = 100$cm。为获得 TEM_{00} 模运转，在谐振腔两端插入直径相同的两个小孔，忽略其他损耗，试计算小孔孔径。

解题提示：

要实现 TEM_{00} 模运转，应有 $e^{g_{00}^0 l}\sqrt{r_1 r_2}(1 - \delta_{00}) \geq 1$；为了抑制 TEM_{10}，则应满足 $e^{g_{10}^0 l}\sqrt{r_1 r_2}(1 - \delta_{10}) < 1$。由上述不等式分别计算出 δ_{00}, δ_{10} 值的范围，再根据图 6.1 分别查得对应的有效菲涅耳数 N_{eff}，从而求得小孔孔径的取值范围。

6.2 有一平凹腔氦氖激光器，腔长 0.5m，凹面镜曲率半径为 2m，现欲用小孔光阑选出 TEM_{00} 模，试求光阑放于紧靠平面镜和紧靠凹面镜处的两种情况下小孔直径各为多少（对于氦氖激光器，当小孔光阑的直径约等于基模半径的 3.3 倍时，可选出基模）？

解题提示：

由光腰半径求出凹面镜、平面镜上的光斑半径。

6.3 如图 6.12 所示激光器的 M_1 是平面输出镜，M_2 是曲率半径 R 为 8cm 的凹面镜，凸透镜 P 的焦距 $F = 10$cm，用小孔光阑选 TEM_{00} 模，并假设透镜上光斑半径近似等于工作物质的半径 a。

（1）试给出 P、M_2 和小孔光阑间的距离；

（2）若工作物质直径 $2a$ 等于 5mm，试问小孔光阑的直径应选多大？

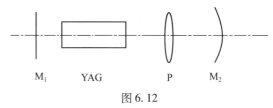

图 6.12

解题提示：

稳腔中平面镜 M_1 处应为束腰，若 P 与 M_1 镜的距离足够长，则另一束腰近似在透镜右侧的焦点处。透镜左侧的高斯光束经透镜变换为右侧的高斯光束。小孔光阑通常放在透镜右侧的焦点处（即束腰处）。根据凸透镜上光斑半径近似等于工作物质的半径 a 的已知条件和透镜处和 M_1 处（束腰）光斑半径的关系式 $w_p = w_0 \sqrt{1 + (l/f)^2} \approx \lambda l / \pi w_0$ 及透镜变换前后高斯光束光腰半径的关系式 $w'_0 \approx (F/L) w_0$，求出透镜 P 右侧高斯光束的光腰半径 w'_0，小孔光阑直径应大致等于 $2w'_0$。再根据自再现模在 M_2 处的波面曲率半径 $R = z + (f^2/z)$ 应与 M_2 镜曲率半径吻合的要求，求得小孔光阑与 M_2 的距离 z。

6.4 激光工作物质是钕玻璃，其荧光线宽 $\Delta\nu_F = 24.0$nm，折射率 $\eta = 1.50$，能用短腔选单纵模吗？

6.5 一低气压 CO_2 激光器，多普勒加宽 $\Delta\nu_D = 50$MHz，若激光器的泵浦功率为 2 倍的阈值泵浦功率。假设一纵模位于谱线中心，且所有模式的损耗相等。计算为使该激光器单模工作的最大腔长。

解题提示：

低气压 CO_2 激光器以多普勒加宽为主，根据题意 $P_P/P_{Pt} = 2$，可知

$g^0(\nu_0)/g_t = 2$;由稳定振荡时大信号增益系数$g[\nu_0 + (\Delta\nu_{osc}/2)] = g_t$求得振荡线宽$\Delta\nu_{osc}$;要保证单模运转,应使纵模间隔$\Delta\nu_q \geq \Delta\nu_{osc}$,根据$c/2L \geq \Delta\nu_{osc}$求得保证激光器单模工作的腔长。

6.6 一光泵固体激光器中,弛豫振荡的典型参数是:振荡周期$T = 10^{-6}$s,设每个小尖峰脉冲的脉宽是$\tau = T/2$,振荡持续时间为0.5ms,若泵浦能量为200J,激光器的效率为0.5%,试计算每个小尖峰脉冲的能量和功率。

6.7 激光器腔长500mm(光程长),振荡线宽$\Delta\nu_{osc} = 2.4 \times 10^{10}$Hz,在腔内插入法布里—珀罗标准具选单纵模。若标准具内介质折射率$\mu = 1$,试求它的间隔d及平行平板反射率r。

6.8 腔长为100cm的氩离子激光器,发射514.5nm绿光,中心频率单程小信号增益因子$g^0(\nu_0)l = 1.3$;单程损耗因子$\delta = 0.04$。为了选单纵模,在腔内斜插一个厚度为2cm的F-P标准具(标准具介质折射率μ为1.45,倾斜角很小)。若激光器输出单模的频率为多普勒加宽中心频率,已知多普勒线宽$\Delta\nu_D = 3.5$GHz,求F-P标准具的精细度F及两端面反射率r在什么范围内才能保证单模输出。

解题提示:

假定F-P标准具的透射峰与中心模频率一致,设起始光强为I_0,中心模经单程传输后的光强$I_1 = I_0 T(\nu_0) \exp[g^0(\nu_0)l - \delta]$,设中心频率对应的标准具透射率为1,由题中所给条件可知中心模可以起振;中心频率模式的相邻纵模经单程传输后的光强为$I_1 = I_0 T(\nu_0 \pm \Delta\nu_q) \exp[g^0(\nu_0 \pm \Delta\nu_q)l - \delta]$,式中F-P标准具的透射率$T(\nu_0 \pm \Delta\nu_q) = 1/[1 + (2F/\pi)^2 \sin^2\Delta\varphi]$,其中中心模和相邻纵模的相位差$\Delta\varphi = 2\pi\Delta\nu_q\mu d/c$,F-P标准具的精细度$F = \pi\sqrt{r}/(1-r)$。单模振荡时应有$T(\nu_0 \pm \Delta\nu_q) \exp[g^0(\nu_0 \pm \Delta\nu_q)l - \delta] < 1$,根据工作物质具有高斯线型的条件求出$g^0(\nu_0 \pm \Delta\nu_q)l$后,可根据上述不等式求得单模运行时标准具应具有的透过率$T(\nu_0 \pm \Delta\nu_q)$的范围,并从而求出其精细度及两端面反射率的范围。

6.9 一发射中心波长为515nm的多普勒加宽气体激光器,已知激光器谐振腔长为 50cm,光子寿命为 0.33ns,振荡线宽 $\Delta\nu_{osc}$ = 1.5GHz。光束正入射到 F-P 标准具,若标准具间隔为 d,介质折射率 $\mu=1$,精细度为 F,为选单纵模,求 d 和 F 的值。

6.10 一氦氖激光器的小信号增益系数 $g^0(\nu_0) = 2.5 \times 10^{-3}\text{cm}^{-1}$,多普勒线宽 $\Delta\nu_D$ = 1.5GHz;谐振腔两端面反射镜的反射率分别为 97% 和 100%,腔内其他损耗忽略不计。激光器工作时,由于温度引起腔长(L)的微小变化会导致纵模频率漂移,若要使激光器总是在一个或两个(不能多于两个)模式运转,求谐振腔长度 L 的范围(设工作物质长度等于腔长)。

6.11 有两支分别用石英玻璃和硬玻璃作谐振腔反射镜支撑物的结构、尺寸都相同的二氧化碳激光器,如不计其他因素的影响,当温度变化 0.5 度时,试比较两者的频率稳定度(石英玻璃和硬玻璃的线膨胀系数分别为 $\alpha_石 = 6 \times 10^{-7}/℃$,$\alpha_玻 = 6 \times 10^{-5}/℃$)。

6.12 一支中心频率为 4.7×10^{14} Hz 的单模氦氖激光器,设其振荡线宽等于多普勒线宽,即 $\Delta\nu_{osc} = \Delta\nu_D = 1500$ MHz。若不采取任何稳频措施,这种激光器的频率稳定度为多少?

6.13 一支采用主动稳频的二氧化碳激光器,调整腔长用的是长为 2cm,灵敏度 $m = 2.0 \times 10^{-2}$ μm/(V·cm) 的筒状压电陶瓷(PZT)。经测定压电陶瓷的最大变化(即腔长调整最大范围)$\Delta L = 2$ μm。要使稳频系统正常工作,需在压电陶瓷上施加多少伏电压?

解题提示:

压电陶瓷灵敏度定义为 $m = \Delta L / VL$,V 为所加电压,L 为压电陶瓷的长度,ΔL 为压电陶瓷的长度变化量。

6.14 试证明在阶跃调 Q 激光器中,能量利用率 μ 可以近似表示为

$$\mu = 1 - \exp(-\Delta n_i / \Delta n_t)$$

6.15 Q 开关红宝石激光器中,红宝石棒截面积 $S = 1\text{cm}^2$,棒长 l = 15cm,折射率为 1.76,腔长 $L = 20$ cm,铬离子浓度 $n = 1.58 \times 10^{19}\text{cm}^{-3}$,发射

截面 $\sigma = 1.27 \times 10^{-20} \mathrm{cm}^2$，光泵浦使激光上能级的初始粒子数密度 $n_{2i} = 10^{19} \mathrm{cm}^{-3}$，假设泵浦吸收带的中心波长 $\lambda = 0.45 \mu\mathrm{m}$，$E_2$ 能级的寿命 $\tau_2 = 3\mathrm{ms}$，两平面反射镜的反射率与透射率分别为 $r_1 = 0.95, T_1 = 0$，$r_2 = 0.7, T_2 = 0.3$。试求：

(1) 使 E_2 能级保持 $n_{2i} = 10^{19} \mathrm{cm}^{-3}$ 所需的泵浦功率 P_p；
(2) Q 开关接通前自发辐射功率 P；
(3) 脉冲输出峰值功率 P_m；
(4) 输出脉冲能量 E；
(5) 脉冲宽度 τ（粗略估算）。

解题提示：

(1)、(2) 略；
(3) 由于 $l < L$，棒内和腔内的光子数密度不同，输出功率公式应修正为 $P_m = (1/4)(l/L')h\nu_{21}T_2 cS\Delta n_t[\Delta n_i/\Delta n_t - \ln(\Delta n_i/\Delta n_t) - 1]$，式中 L' 为谐振腔光学长度（见例6.2）；Q 开关红宝石激光器初始反转粒子数密度 $\Delta n_i = n_{2i} - (n - n_{2i})$；
(4) 输出镜透过率 $T_2 = 0.3$，不满足 $T \ll 1, a \ll 1$ 的条件，耦合输出比 $\eta_0 = $ 往返透过损耗率/往返总损耗率，根据题意，$\eta_0 = T_2/(1 - r_1 r_2)$；
(5) 根据 $\tau \approx E/P_m$ 估算脉宽。

6.16 如图 6.13 所示 Nd:YAG 激光器的两面反射镜的透过率分别为 $T_2 = 0, T_1 = 0.1, 2w_0 = 1\mathrm{mm}, l = 7.5\mathrm{cm}, L = 50\mathrm{cm}$，Nd:YAG 的激光波长发射截面 $\sigma = 8.8 \times 10^{-19} \mathrm{cm}^2$，工作物质的单通损耗 $T_i = 6\%$，折射率 $\eta = 1.836$，所加泵浦功率为不加 Q 开关时阈值泵浦功率的 2 倍，Q 开关为快速开关，且很薄。试求其输出光脉冲峰值功率、能量利用率、输出光脉冲能量和脉冲宽度。

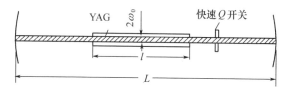

图 6.13

6.17 Q 开关调制激光器,若激光上、下能级的统计权重不等,即 $f_2 \neq f_1$,增益介质长度为 l 且等于腔长(即 $l = L$)。试证明反转粒子数密度速率方程及最大光子数密度可修正为

$$\frac{\mathrm{d}\Delta n}{\mathrm{d}t} = -\left(1 + \frac{f_2}{f_1}\right)\frac{\Delta n}{\Delta n_\mathrm{t}}\frac{N}{\tau_\mathrm{R}}$$

$$N_\mathrm{m} = \frac{\Delta n_\mathrm{i} - \Delta n_\mathrm{t}}{\left(1 + \dfrac{f_2}{f_1}\right)} - \frac{\Delta n_\mathrm{t}}{\left(1 + \dfrac{f_2}{f_1}\right)}\ln\left(\frac{\Delta n_\mathrm{i}}{\Delta n_\mathrm{t}}\right)$$

式中:$\Delta n = \left[n_2 - \dfrac{f_2}{f_1}n_1\right]$。

解题提示:

由于调 Q 脉冲持续时间短,在速率方程中可忽略自发辐射及泵浦激励项,调 Q 激光器工作物质中上、下能级粒子数密度速率方程为 $\mathrm{d}n_2/\mathrm{d}t = -(\sigma_{21}I/h\nu)[n_2 - (f_2/f_1)n_1]$ 和 $\mathrm{d}n_1/\mathrm{d}t = (\sigma_{21}I/h\nu)[n_2 - (f_2/f_1)n_1]$,由此可求得 $\mathrm{d}\Delta n/\mathrm{d}t = -\Delta n(\sigma_{21}I/h\nu) \times [1 + (f_2/f_1)]$。根据 $I = Nh\nu v, \tau_\mathrm{R} = l/\delta v, \Delta n_\mathrm{t} = \delta/\sigma_{21}l$ 可证得。

具体证明过程可参考参考文献[1]。

6.18 如图 6.14 所示的三能级 Q 开关固体激光器,长度 l 为 10cm,横截面 A 为 $1\mathrm{cm}^2$ 的激光工作物质,置于 $L = 30\mathrm{cm}$ 长的谐振腔内,掺杂离子浓度为 $1.58 \times 10^{19}/\mathrm{cm}^3$,在 694.3nm 处的吸收截面 $\sigma_{12} = 1.27 \times 10^{-20}\mathrm{cm}^2$,泵浦激励产生的激光上能级($E_2$)起始集居数密度 $n_2 = 10^{19}/\mathrm{cm}^3$,忽略 E_3 能级的集居数密度,即 $n_3 \approx 0$。用中心波长 $\lambda_0 = 450\mathrm{nm}$ 的光泵浦激励,其中 90% 的被泵浦离子从 E_3 弛豫到 E_2,E_2 的自发辐射寿命为 3ms,激光介质折射率 $\eta = 1.78$,电光晶体折射率 $\eta_\mathrm{s} = 2.35$,Q 开关长度 $l_\mathrm{s} = 8\mathrm{cm}$,反射镜参数为 $r_1 = 0.95, T_1 = 0; r_2 = 0.7, T_2 = 0.3$,激光介质两端面损耗均为 3%,$Q$ 开关每个端面损耗为 5%,Q 开关打开后的吸收损耗率 $(1 - T_\mathrm{s})$ 为 2%,能级简并度为 $f_1 = 4, f_2 = 2$。试计算:

(1) Q 开关打开前,腔内的自发辐射功率;

(2) 要使 E_2 能级的集居数密度保持在 $10^{19}/\mathrm{cm}^3$ 所需的泵浦

功率;

(3) 调 Q 光脉冲的峰值功率;

(4) 输出光脉冲能量;

(5) 简单估算光脉冲宽度。

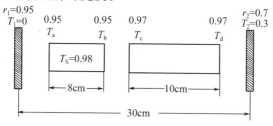

图 6.14

解题提示:

(1) 略;

(2) 略;

(3) 因 $l < L$,由例 6.2 式(6.24)及习题 6.17 可知,此调 Q 激光器的工作物质中光子数密度为 $N_m = (\eta l/L') \times \{(\Delta n_i - \Delta n_t)/(1 + f_2/f_1) - [\Delta n_t/(1 + f_2/f_1)]\ln(\Delta n_i/\Delta n_t)\}$,其中 $\Delta n_i = [n_2 - (f_2/f_1)n_1]$,对于三能级系统 $n_3 \approx 0, n_1 = n - n_2; \Delta n_t = g_t/\sigma_{21}$,其中阈值增益系数 $g_t = (1/2l)\ln(1/r_1 r_2 T_a^2 T_b^2 T_c^2 T_d^2 T_s^2), \sigma_{21} = (f_1/f_2)\sigma_{12}$;输出光脉冲峰值功率可由 $P_m = \eta_0 h\nu_0 \Phi_m/\tau_R$ 求得,其中平均光子寿命 $\tau_R = \Delta t_{RT}/(1-S), \Delta t_{RT}$ 是光在谐振腔内的往返时间,输出耦合比 $\eta_0 = T_2/(1-S) = T_2/[1 - r_1 r_2 (T_a T_b T_c T_d T_s)^2]$,腔内峰值光子数 $\Phi_m = N_m A[l + (\eta_s/\eta)l_s + (L - l - l_s)/\eta]$;

(4) 输出脉冲能量 $E = \eta_0 \mu \Delta n_i A l h\nu_{21}/(1 + f_2/f_1)$;

(5) 略。

6.19 若有一 Q 开关使激光器的阈值反转粒子数密度由 $\Delta n_{t_0} \to \Delta n_{t_1} \to \Delta n_{t_2}$(如图 6.15(a)所示),激光器相继产生两个巨脉冲(如图 6.15(b)所示),若在 $t = 0$ 时的反转粒子数密度为 Δn_i,比值 $\Delta n_i/\Delta n_{t_1} = \beta = 4$,如欲使两脉冲能量 $E_1 = E_2$,求 $\Delta n_{t_1}/\Delta n_{t_2}$ 值。

解题提示:

根据式(6.13),输出调 Q 光脉冲能量可表示为 $E = K(1 - \Delta n_f/$

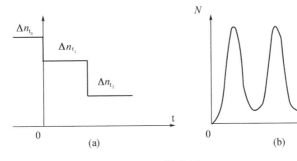

图 6.15

Δn_i)Δn_i,其中 K 为常数,由图 6.12(b)可见第二个脉冲起始时的反转粒子数密度即为第一个脉冲终了时的反转粒子数密度 Δn_{f_1},所以第一、二个调 Q 光脉冲的能量分别为 $E_1 = K[1 - (\Delta n_{f_1}/\Delta n_i)]\Delta n_i$ 和 $E_2 = K[1 - (\Delta n_{f_2}/\Delta n_{f_1})]\Delta n_{f_1}$。要使 $E_1 = E_2$,则应有 $\Delta n_i - \Delta n_{f_1} = \Delta n_{f_1} - \Delta n_{f_2}$,将此关系式代入调 Q 光脉冲熄灭后的剩余反转粒子数密度表达式(参见《激光原理》(第 7 版)中式(6.3.11))并结合题中所给已知条件可求得 $\Delta n_{t_1}/\Delta n_{t_2}$ 值。

6.20 若有一四能级调 Q 激光器,有严重的瓶颈效应(即在巨脉冲持续的时间内,激光低能级积累的粒子数不能清除)。已知比值 $\Delta n_i/\Delta n_t = 2$,试求脉冲终了时,激光高能级和低能级的粒子数密度 n_2 和 n_1(假设 Q 开关接通前,低能级是空的)。

6.21 某调 Q 掺钕钇铝石榴石激光器具有均匀加宽洛伦兹线型,$\Delta\nu_H = 120\text{GHz}$,起始反转粒子数密度 $\Delta n_i = 5\Delta n_t(\nu_0)$,式中 $\Delta n_t(\nu_0)$ 为 Q 开关开启后中心频率处的阈值反转粒子数密度。如果腔内设置一可调谐选纵模机构来改变巨脉冲的频率,且忽略插入损耗。试求当 $\nu = \nu_0 + 60\text{GHz}$ 时的归一化峰值脉冲功率 $[P_m(\nu)/P_m(\nu_0)]$;归一化脉冲能量 $[E(\nu)/E(\nu_0)]$ 和估算归一化脉冲宽度 $[\Delta t(\nu)/\Delta t(\nu_0)]$。(假设调谐时泵浦功率或能量不变,工作物质长度等于腔长)。

解题提示:

腔内设置可调谐选模机构,但忽略其插入损耗,故可认为插入可调谐选模机构前后激光器的阈值增益不变,即 $g_t(\nu_0) = g_t(\nu)$。由于不同频率的模式具有不同的受激辐射截面 $\sigma_{21}(\nu,\nu_0)$,其相应的阈值反转粒子数密度值也不同,因而有 $\Delta n_t(\nu)/\Delta n_t(\nu_0) = \sigma_{21}(\nu_0,\nu_0)/\sigma_{21}(\nu,\nu_0) = \tilde{g}(\nu_0,\nu_0)/\tilde{g}(\nu,\nu_0)$。由于调 Q 掺钕钇铝石榴石激光器在巨脉冲持续时间内激光下能级未抽空,可按准三能级系统来处理,由三能级系统的反转粒子数密度和光子数密度速率方程可求出腔内峰值光子数密度表达式 $N_m = (1/2)\Delta n_t(\nu) \times \{\Delta n_i/\Delta n_t(\nu) - \ln[\Delta n_i/\Delta n_t(\nu)] - 1\}$,由此式求出 $N_m(\nu)/N_m(\nu_0)$,进而求得归一化峰值脉冲功率 $[P_m(\nu)/P_m(\nu_0)]$,再根据能量利用率定义 $\mu(\nu) = E_{内}/E_i = 1 - (\Delta n_f/\Delta n_i)$ 和式(6.13)求出归一化脉冲能量 $[E(\nu)/E(\nu_0)]$。利用 $\Delta t \approx E/P$,即可估算出归一化脉冲宽度 $[\Delta t(\nu)/\Delta t(\nu_0)]$。

6.22 一多纵模激光器,激光的电场频谱可以用洛伦兹线型函数近似描述。求该激光器锁模后输出光脉冲的脉宽与带宽的乘积。

解题提示:

激光电场的洛伦兹线型频谱 $E(\omega) = \alpha E_0 \Delta\omega/[(\omega - \omega_0)^2 + (\Delta\omega/2)^2]$,式中 $\alpha = \Delta\omega/4$。当 $\omega = \omega_0$ 时有极大值 $E(\omega_0) = E_0$,故中心频率处的激光功率正比于 $E(\omega_0)E^*(\omega_0) = E_0^2$。令 $\omega = \omega_1$ 为半功率点,求得 $(\omega_1 - \omega_0)$ 的表达式,根据 $\Delta\nu = \Delta\omega/2\pi$,求得激光功率谱宽 $\Delta\nu = 2(\omega_1 - \omega_0)/2\pi$;再通过傅里叶变换求得激光电场在时域上的场分布,即 $E(t) = (1/2\pi)\int_{-\infty}^{\infty} E(\omega)e^{i\omega t}d\omega$;在傅里叶变换时利用 $\int_{-\infty}^{\infty} [1/(\omega^2 + a^2)]e^{i\omega t}d\omega = (\pi/a)e^{-at}$ 的关系式可得 $E(t) = \alpha E_0 e^{i\omega_0 t} e^{-2\alpha t}$。设 $t = t_1$ 时为光脉冲的半功率点,求得 $t_1 = \ln2/4\alpha$,则脉宽 $\tau = 2t_1 = \ln2/2\alpha$。由此可求得谱宽脉宽乘积 $\Delta\nu \cdot \tau = 0.142$。

6.23 一幅度调制锁模 He-Ne 激光器输出谱线形状近似于高斯函数,已知锁模脉冲谱宽为 600MHz,试计算其相应的脉冲宽度。

6.24 一锁模氩离子激光器,腔长 1m,多普勒线宽为 6000MHz,未锁模时的平均输出功率为 3W。试粗略估算该锁模激光器输出光脉冲的峰值功率、光脉冲宽度及光脉冲间隔时间。

6.25 设激光输出模式幅度按洛伦兹分布,其光功率随角频率的

变化可写为

$$P(\omega) = P_0 \sum_{-\infty}^{+\infty} \left[\frac{(\Delta\omega/2)^2}{(N\Omega)^2 + (\Delta\omega/2)^2}\right]^2 \delta[\omega - (\omega_0 + N\Omega)]$$

式中,N 为中心频率两侧的模式数;Ω 为相邻纵模的角频率间隔;P_0 为中心频率模的功率;$\Delta\omega$ 为输出脉冲的光谱宽度。试计算:

(1) 该激光器产生的平均功率;

(2) 锁模光脉冲的峰值功率;

(3) 锁模光脉冲的宽度。

解题提示:

脉冲的电场表达式为 $E(t) = Ae^{i\omega_0 t}\sum e^{iN\Omega t}(\Delta\omega/2)^2/[(N\Omega)^2 + (\Delta\omega/2)^2]$($A$ 为常数)将级数求和改写为积分形式 $E(t)/Ae^{i\omega_0 t} = (1/\Omega)\int_{-\infty}^{+\infty} e^{iN\Omega t}\{(\Delta\omega/2)^2/[(N\Omega)^2 + (\Delta\omega/2)^2]\}dN\Omega$,根据傅里叶余弦变换 $F_c(t) = \int_0^\infty f(x)\cos\alpha x dx (x = N\Omega)$,脉冲的电场 $E(t) = Ae^{i\omega_0 t}(\pi/2)(\Delta\omega/\Omega)e^{-\Delta\omega t/2}$,瞬时功率 $P(t) = \pi(\Delta\omega/\Omega)\langle P\rangle \times e^{-\Delta\omega t}$。平均功率 $\langle P(t)\rangle = (\Omega/2\pi)\cdot 2\int_0^{\pi/\Omega} P(t)dt$(若 $P(t)$ 为偶函数)。根据半高全宽的定义,由 $t=0$ 求得脉冲峰值功率,设 $t = t_1$ 为半功率点,由 $P(t)$ 的表示式求出 t_1,脉宽 $\tau = 2t_1$。

6.26 设锁模脉冲激光器输出光脉冲的功率谱分布由下式给出

$$P(\omega) = P_0 \sum_{n=-\infty}^{+\infty} \text{sech}^2\left(\frac{N\Omega}{\Delta\omega}\right)\delta[\omega - (\omega_0 + N\Omega)]$$

式中:N 为除中心频率模外两侧的模式个数;P_0 为中心频率模的光功率;$\Delta\omega$ 为光谱宽度,设 $(\Delta\omega/\Omega) = 10$,模间隔 $\Delta\nu_q = \Omega/2\pi = 100\text{MHz}$,$P_0 = 10\text{mW}$。试计算:

(1) 平均功率的表达式及其值;

(2) 锁模光脉冲的峰值功率表达式及其值;

(3) 锁模光脉冲的宽度。

解题提示:

由功率谱表达式写出脉冲的电场表达式为 $E(t) = Ae^{i\omega_0 t}\sum_{-\infty}^{+\infty}\mathrm{sech}(N\Omega/\Delta\omega)e^{iN\Omega t}e^{i\phi_n(t)}$，设完全锁定时 $\phi_n(t) = 0$，将级数求和改写为积分形式。根据傅里叶余弦变换 $F_c(\alpha) = \int_0^\infty f(x)\cos\alpha x\,dx$，$f(x) = (2/\pi)\int_0^\infty F_c(\alpha)\cos\alpha x\,dx$ 可得到光脉冲电场的时域表达式 $E(t)$ 和瞬时功率时域表达式 $P(t)$。平均功率 $\langle P\rangle = (c/2L)\int_{-L/c}^{+L/c}P(t)\,dt$，由于脉冲很窄，积分限可取 $+\infty \to -\infty$，$\langle P\rangle = (c/2L)\int_{-\infty}^{+\infty}P(t)\,dt = (c/L)\int_0^\infty P(t)\,dt$（若 $P(t)$ 为偶函数）。由 $t=0$ 时的 $P(t)$ 求得峰值功率。设 $t=t_1$ 为半功率点，由 $P(t)$ 求出 t_1，脉宽 $\tau=2t_1$。

6.27 在 LN 波导型马赫－曾德强度调制器中，采用单臂驱动方式，偏置电压设置使得该电压下对应的透过率为最大透过率的 50%。在此偏置电压的基础上附加一个正弦波电压调制信号，该调制信号的幅度峰—峰值恰好为 U_π，求输出光脉冲信号半高全宽度与正弦波周期的比值。

解题提示：

满足 50% 透过率的电压偏置点有 2 个，但两个偏置点最终结果相同。

6.28 GaAs 晶体属于 $\bar{4}3m$ 点群，不加电场时，为各向同性介质，折射率为 η_0，其电光系数矩阵为

$$\gamma = \begin{bmatrix} 0 & 0 & 0 \\ 0 & 0 & 0 \\ 0 & 0 & 0 \\ \gamma_{41} & 0 & 0 \\ 0 & \gamma_{41} & 0 \\ 0 & 0 & \gamma_{41} \end{bmatrix}$$

当外部施加电场为 $E_x = E_y = E_z = \dfrac{1}{\sqrt{3}}E$ 时。

（1）写出施加电场前和施加电场后折射率椭球在原主轴坐标系 x,y,z 下的表达式。

（2）施加电场后通过怎样的坐标变换，可以使折射率椭球表达式中不含坐标的交叉乘积项？请写出新坐标系 x',y',z' 在 x,y,z 坐标系中的表达式。

（3）求新主折射率 $\eta_{x'},\eta_{y'},\eta_{z'}$ 的表达式。

（4）当光波矢沿 x 轴方向入射到施加上述电压的 GaAs 晶体时，其对应的两个简正模式 $\boldsymbol{D}$ 矢量的偏振方向（在 x,y,z 中表示）和相应的折射率。

解题提示：

（1）略；

（2）注意到这种情形下外电场方向为特殊方向，可设其为变换后的 z' 轴。通过这一条件，可以得出 x',y' 轴的变换规律；

（3）根据上一问的结果反过来可以求出逆变换：

$$\begin{bmatrix} x \\ y \\ z \end{bmatrix} = \begin{bmatrix} \frac{1}{\sqrt{6}} & -\frac{1}{\sqrt{2}} & \frac{1}{\sqrt{3}} \\ \frac{1}{\sqrt{6}} & -\frac{1}{\sqrt{2}} & \frac{1}{\sqrt{3}} \\ -\sqrt{\frac{2}{3}} & 0 & \frac{1}{\sqrt{3}} \end{bmatrix} \begin{bmatrix} x' \\ y' \\ z' \end{bmatrix}$$

将该式代入（1）所得施加电场后折射率椭球的表达式中，即可消掉交叉乘积项。新坐标系下折射率椭球的表达式为

$$\left(\frac{1}{\eta_0^2} - \frac{1}{\sqrt{3}}\gamma_{41}E\right)x'^2 + \left(\frac{1}{\eta_0^2} - \frac{1}{\sqrt{3}}\gamma_{41}E\right)y'^2 + \left(\frac{1}{\eta_0^2} + \frac{2}{\sqrt{3}}\gamma_{41}E\right)z'^2 = 1$$

通过求导数方法可得到新主折射率。

（4）与 x 轴垂直的平面上所有点都满足 $x=0$，将这一条件代入（1）所得折射率椭球可得椭圆截面。

6.29 法拉第效应中，输出光相对于输入光偏振面的旋转来源于顺时针和逆时针圆偏振光的折射率差异 $\Delta\eta = \eta_{\text{cw}} - \eta_{\text{ccw}}$，试求当 $\Delta\eta = 0.001$ 时，$1.06\mu m$ 的线偏振光经过 1cm 的磁光介质后，其偏振面旋转

的角度是多少？

解题提示：

略。

6.30 利用 Nd:YAG 激光器倍频后泵浦 BBO 晶体实现 780nm 波长光波的参量放大。取 $d_{\text{eff}} = 1.94 \times 10^{-12}$ m/V，输入泵浦光功率为 10W，折射率约为 1.6。试估算当满足相位匹配条件下，高斯光束束腰半径分别为 1mm 和 2mm 时，BBO 晶体单位长度上产生的参量增益分别为多少？

解题提示：

需要求出闲频光波长。光束截面可按照 $A = \pi w_0^2$ 估算。

习题参考答案

第一章

1.1 略

1.2 略

1.3 略

1.4 6.328×10^{10}

1.5 $5\text{m}, 5 \times 10^{-3}\text{m}, 5 \times 10^{-7}\text{m}$

1.6

	eV	μm	nm	cm^{-1}	Hz
1eV	1eV	$1.2407\mu\text{m}$	$1.2407 \times 10^3\text{nm}$	$8.06 \times 10^3\text{cm}^{-1}$	$2.418 \times 10^{14}\text{Hz}$
$1 \times 10^{-1}\mu\text{m}$	12.4eV	$1 \times 10^{-1}\mu\text{m}$	$1 \times 10^2\text{nm}$	$1 \times 10^5\text{cm}^{-1}$	$3 \times 10^{15}\text{Hz}$

1.7 $5.03 \times 10^{19}\text{s}^{-1}, 2.5 \times 10^{18}\text{s}^{-1}, 5.03 \times 10^{23}\text{s}^{-1}$

1.8 （1）≈ 1；（2）≈ 0；（3）$6.26 \times 10^3\text{K}$

1.9 $6.248 \times 10^{12}\text{Hz}$，红外波段

1.10 （1）$6 \times 10^{16}\text{J}^{-1} \cdot \text{m}^3 \cdot \text{s}^{-2}$；（2）$> 5.0 \times 10^{-11}\text{J} \cdot \text{m}^{-3} \cdot \text{s}$

1.11 （1）$7.7 \times 10^2\text{s}^{-1}$，$1.30 \times 10^{-3}\text{s}$；（2）$7.7 \times 10^5\text{s}^{-1}$，$1.3 \times 10^{-6}\text{s}$；（3）$7.7 \times 10^8\text{s}^{-1}$，$1.3 \times 10^{-9}\text{s}$；（4）$7.7 \times 10^{14}\text{s}^{-1}$，$1.3 \times 10^{-15}\text{s}$

1.12 $15, 0.06, 0.5$，在 E_2 和 E_3 间、E_2 和 E_4 间、E_3 和 E_4 间实现了粒子数反转。

1.13 （1）36.79%；（2）0.693m^{-1}

1.14 （1）$3.2 \times 10^{15}\text{s}^{-1}$；（2）$4.05 \times 10^5\text{W} \cdot \text{m}^{-2} \cdot \text{s} \cdot \text{sr}^{-1}$；（3）$1.48 \times 10^9\text{K}$

第 二 章

2.1 $\begin{bmatrix} 1 & 0 \\ \left(1-\dfrac{\eta_2}{\eta_1}\right)\dfrac{1}{R} & \dfrac{\eta_1}{\eta_2} \end{bmatrix}$

2.2 $\begin{bmatrix} 1 & 0 \\ 0 & \dfrac{\eta_1}{\eta_2} \end{bmatrix}$

2.3 $\begin{bmatrix} 1 & \dfrac{\eta_1 d}{\eta_2} \\ 0 & 1 \end{bmatrix}$

2.4 $\begin{bmatrix} 1+\left(1-\dfrac{\eta_1}{\eta_2}\right)\dfrac{d}{R} & \dfrac{\eta_1}{\eta_2}d \\ \left(\dfrac{\eta_2}{\eta_1}-1\right)\dfrac{1}{R} & 1 \end{bmatrix}$

2.5 $\begin{bmatrix} 0 & F \\ -\dfrac{1}{F} & 2 \end{bmatrix}$

2.6 $R>L$;$R_1>L,R_2>L$ 或 $R_1<L,R_2<L$ 但 $R_1+R_2>L$;$R_2>L$ 并 $|R_1|>R_2-L$

2.7 略。

2.8 $1.171\,\mathrm{m}<L<2.171\,\mathrm{m}$

2.9 子午光线:$R>\dfrac{4}{\sqrt{3}}l$ 或 $\dfrac{4l}{3\sqrt{3}}<R<\dfrac{2}{\sqrt{3}}l$;弧矢光线:$R>\sqrt{3}l$ 或 $\dfrac{l}{\sqrt{3}}<R<\dfrac{\sqrt{3}}{2}l$;任意光线:$R>\dfrac{4}{\sqrt{3}}l$ 或 $\dfrac{4}{3\sqrt{3}}l<R<\dfrac{\sqrt{3}}{2}l$

2.10　(1) 略；(2) 略；

(3) $\begin{bmatrix} 1-\dfrac{2d_1}{F}-\dfrac{2d_2}{F}+\dfrac{2d_1d_2}{F^2} & \left(1-\dfrac{d_1}{F}\right)\left(2d_1+2d_2-\dfrac{2d_1d_2}{F}\right) \\ -\dfrac{2}{F}\left(1-\dfrac{d_2}{F}\right) & 1-\dfrac{2d_1}{F}-\dfrac{2d_2}{F}+\dfrac{2d_1d_2}{F^2} \end{bmatrix}$；

(4) $0<\left(1-\dfrac{d_1}{F}\right)\left(1-\dfrac{d_2}{F}\right)<1$

2.11　$d<0.577R$

2.12　(1) 略；(2) 略；(3) $\begin{bmatrix} 0 & \dfrac{R}{2} \\ -\dfrac{2}{R} & 1 \end{bmatrix}$；(4) 稳定腔

2.13　$F/2$

2.14　不可能

2.15　略

2.16　略

2.17　(1) $\begin{bmatrix} A & B \\ C & D \end{bmatrix} = \begin{bmatrix} A_a^2+B_aC_a & A_aB_a+B_aD_a \\ A_aC_a+D_aC_a & D_a^2+B_aC_a \end{bmatrix}$, 其中 $A_a = A_1D_1+B_1C_1, B_a=2B_1D_1, C_a=2A_1C_1, D_a=A_a=A_1D_1+B_1C_1$；(2) $0<A_1D_1<1$；(3) $0<\left(1-\dfrac{d_1}{F}\right)\left(1-\dfrac{d_2}{F}\right)<1$

2.18　(1) $\nu_{00q}=\dfrac{c}{2d}\left\{q+\dfrac{1}{3}\right\}$；(2) (a) 100MHz、$8.3\times10^{-4}\text{Å}$，(b) 9.496×10^8；(c) 251.9ns；(d) 158.2

2.19　(1) 78.9ns；(2) 38.8ns；(3) 253.8ns；(4) 略。

2.20　(1) 78.66ns；(2) 2.34×10^8

2.21　(1) 100cm；(2) 47.01ns；

(3) $\nu_{mnq}=\dfrac{c}{2(d_1+d_2+d_3)}\left[q+\dfrac{1+m+n}{\pi}\left(\arctan\dfrac{d_1}{f_1}+\arctan\dfrac{d_2}{f_2}+\arctan\dfrac{d_3}{f_3}\right)\right]$

2.22　(1) $0.3164\mu\text{m}$；(2) 7.5；(3) 2.37×10^5

2.23 （1）$0.6294\mu m$；（2）6.56；（3）1140MHz；（4）4.18×10^5, 0.1396ns

2.24 （1）$\frac{d}{R} = \frac{1}{3}$, $f^2 = 2d^2$；（2）16.2MHz

2.25 （1）$\Delta\nu_{1/2} = 2\text{GHz}$，$\Delta\lambda_{1/2} = 0.024\text{Å}$，$\Delta(1/\lambda)_{1/2} = 0.067\text{cm}^{-1}$；
（2）2.5×10^5；（3）0.0796ns；（4）20GHz，0.67cm^{-1}，0.24Å

2.26 （1）稳定腔；（2）66.6MHz；（3）>2.16mm；
    （4）$5.13 \times 10^{-4}\text{cm}^{-1}$

2.27 （1）0.75m；（2）75ns；（3）2.54×10^8；
    （4）$1.878 \times 10^{-4}\text{cm}^{-1}$；（5）94.2

2.28 （1）稳定腔；（2）$2.95 \times 10^{-2}\text{cm}$；（3）$5.91 \times 10^{-2}\text{cm}$；
（4）1.13×10^{-10}；（5）$\nu_{mnq} = \frac{c}{2L}\left(q + \frac{1+2m+n}{\pi}\arctan\frac{L}{f}\right)$

2.29 $\pm 0.0158\text{Å}$

2.30 （1）± 0.1978大气压；（2）75GHz；
    （3）0.0425ns，1.26×10^5

2.31 （1）$\nu_{mnq} = \frac{c}{2(d_1+d_2)}\left[q + \frac{1+m+n}{\pi}\left(\arctan\frac{d_1}{f_1} + \arctan\frac{d_2}{f_2}\right)\right]$；（2）28.2ns；（3）$1.032 \times 10^8$；（4）-99.4ns, 激光器正在起振过程中。

2.32 （1）$0.85\mu m$；（2）略；（3）1.5GHz

2.33 $0.7\text{mm} < 2a < 0.83\text{mm}$

2.34 $z_1 = -1.31\text{m}, z_2 = -0.51\text{m}, f = 0.5\text{m}$

2.35 $1.72 \times 10^{-3}\text{m}, 1.98 \times 10^{-3}\text{m}, 0.92 \times 10^{-3}\text{m}, 3.95 \times 10^{-3}\text{rad}$, $5.5 \times 10^{-13}, 1.01 \times 10^{-9}$

2.36 略

2.37 略

2.38 $1.83\text{mm}, 1\text{m}, 3.67 \times 10^{-3}\text{rad}$

2.39 $L = R/2$ 时远扬发散角最小；$\theta^2 = \frac{4\lambda}{\pi\sqrt{L(R-L)}}$

2.40 (1) 4.03×10^{-2}cm；(2) 38.4V/cm；
(3) 1.59×10^{16} s^{-1}；(4) 5mw

2.41 三条节线的 x 坐标位置分别在 0 和 $\pm \frac{\sqrt{3}}{2} w_{0s}$ 处，等间距分布

2.42 $TEM_{00}: \varphi = \frac{\pi}{4}$ 或 $\frac{3\pi}{4}$, $TEM_{02}: r^2 = \left(1 \pm \frac{\sqrt{2}}{2}\right) w_{0s}^2$

2.43 $I(x,0) = p_{00} \left(\frac{2}{\pi w_0^2}\right) \left(1 + \frac{2x^2}{w_0^2}\right) e^{-2\left(\frac{x}{w_0}\right)^2}$

2.44

z	30cm	10m	1000m
$w(z)$	1.45mm	2.97cm	2.96m
$R(z)$	0.79m	10.0m	1000m

2.45 (1) 119.5m；(2) 124.4m；(3) 109.6V/cm，21.9V/cm

2.46 (1) 44.6m；(2) 86.5%；(3) 2.54eV，488nm，0.488μm，615THz，2.049×10^4 cm^{-1}；(4) 69V/cm

2.47 略

2.48 (1) 略；(2) 略；(3) $r = 0$ 时光强最小，$r = \frac{w}{\sqrt{2}}$ 时光强最大

2.49 (1) TEM_{21} 模；(2) TEM_{20}，2mm，4.47mm

2.50 $T_{00} = 1 - e^{-2(a/w)^2}$,
$T_{01} = 1 - [1 + 2(a/w)^2] e^{-2(a/w)^2}$,
$T_{11} = 1 - [2(a/w)^4 + 2(a/w)^2 + 1] e^{-2(a/w)^2}$

2.51 i44.7cm，(30 + i44.7)cm，i44.7cm

2.52

l	10m	1m	10cm	0
l'	2.004cm	2.034cm	2.017cm	1.996cm
w'_0	2.403μm	22.45μm	55.24μm	56.14μm

2.53 14.06μm，8.12cm

2.54 (1) 8.5km；(2) 85m；(3) 无准直望远镜时无损伤,有望

远镜时有伤害。

2.55 （1）$z=4\text{cm}$；（2）1rad

2.56 （1）0.64mm，2.538m；（2）-0.277m

2.57 距束腰 1.39m 和 23.87m 处

2.58 50.9

2.59 略

2.60 （1）略；

（2）$\begin{bmatrix} 1-\dfrac{4d}{R_2}-\dfrac{2d}{R_3}+\dfrac{4d^2}{R_2R_3} & 3d-4d^2\left(\dfrac{1}{R_2}+\dfrac{1}{R_3}\right)+\dfrac{4d^3}{R_2R_3}\cdots \\ \dfrac{4d}{R_2R_3}-\dfrac{2}{R_2}-\dfrac{2}{R_3}\cdots & 1-\dfrac{2d}{R_2}-\dfrac{4d}{R_3}+\dfrac{4d^2}{R_2R_3} \end{bmatrix}$；

（3）稳定腔

2.61 $\begin{bmatrix} 1 & 0 \\ -\text{i}\dfrac{\lambda b^2}{2\pi} & 1 \end{bmatrix}$

2.62 x/w 取 0 或者 $\pm\sqrt{3}/2$ 时，y/w 取 $\pm 1/2$ 时，电场为零。

2.63 $w_0=\left(\dfrac{\lambda}{\pi}\sqrt{dF-d^2}\right)^{\frac{1}{2}}$

2.64 （1）略；（2）$\begin{bmatrix} 1-\dfrac{3d}{2F} & \dfrac{3d}{2}+\dfrac{3d}{2}\left(1-\dfrac{3d}{2F}\right) \\ -\dfrac{1}{F} & 1-\dfrac{3d}{2F} \end{bmatrix}$；

（3）$w_0^2=\dfrac{\dfrac{3}{2}d\left(2-\dfrac{3d}{2F}\right)\lambda}{\pi\sqrt{1-\left(1-\dfrac{3d}{2F}\right)^2}}$；（4）略

2.65 （1）略；（2）$0<\dfrac{d}{F}<1$；（3）80cm，0.39mm

2.66 （1）$\nu_{mnq}=\dfrac{c}{2d}\left[q+\dfrac{(1+m+n)}{\pi}\left(\arctan\dfrac{l+d}{f}-\arctan\dfrac{l}{f}\right)\right]$；

（2）91.3MHz；（3）$R_1=-6.5\text{m}$，$R_2=2.56\text{m}$

231

2.67 （1）$0 < \left(1-\dfrac{d_1}{F}\right)\left(1-\dfrac{d_2}{F}\right) < 1$；（2）$w_{01}^2 = \dfrac{\lambda}{\pi} \times \sqrt{\dfrac{\left(1-\dfrac{d_1}{F}\right)}{\left(1-\dfrac{d_2}{F}\right)}}$

$\sqrt{F}\sqrt{d_1+d_2-\dfrac{d_1 d_2}{F}}$，$w_{02}^2 = \dfrac{\lambda}{\pi}\sqrt{\dfrac{\left(1-\dfrac{d_2}{F}\right)}{\left(1-\dfrac{d_1}{F}\right)}}\sqrt{F} \times \sqrt{d_1+d_2-\dfrac{d_1 d_2}{F}}$

2.68 （1）$w_{01} = 0.122\text{mm}$，$w_{02} = 0.273\text{mm}$；
（2）$\theta_1 = 3.3 \times 10^{-3}\text{rad}$，$\theta_2 = 1.48 \times 10^{-3}\text{rad}$

2.69 （1）$\begin{bmatrix} 1 & 2d \\ -\dfrac{2}{R} & 1-\dfrac{d}{R} \end{bmatrix}$；（2）$w_s = \sqrt{\dfrac{d\lambda}{\pi\left(\dfrac{d}{R}-\dfrac{d^2}{R^2}\right)^{1/2}}}$

2.70 （1）$w_s^2 = \dfrac{\lambda_0 (dR_1)^{1/2}}{\pi\left(1-\dfrac{d}{R_1}\right)^{1/2}}$，$0.266\text{cm}$；

（2）23.1ns，4.11×10^6

2.71 $0.375\text{m}, 0.125\text{m}, 1.28\text{mm}$

2.72 （1）$l > F + \sqrt{F^2 - f^2}$ 或者 $l < F - \sqrt{F^2 - f^2}$；
（2）当 $F < R(l)/2$ 才有聚焦作用，F 越小，聚焦效果越好

2.73 略

2.74 略

2.75 略

2.76 $d_1 = F \pm \sqrt{f_1/f_2}\sqrt{F^2 - f_1 f_2}$，$d_2 = F \pm \sqrt{f_2/f_1}\sqrt{F^2 - f_1 f_2}$

2.77 （1）$\xi_{单程} = 1/2$，$\xi_{往返} = 3/4$；（2）$>2.5\text{cm}$；（3）$>2\text{cm}$；
（4）$\xi_{单程}$ 和 $\xi_{往返}$ 不变。

2.78 （1）p_1 在右侧无穷远处，p_2 在 M_2 右侧 3.12cm 处；

（3）$\dfrac{3}{4}$；（4）≥ 4

2.79　$\geqslant 1.373\text{m}^{-1}$

2.80　$410\mu\text{m}, 290\mu\text{m}$

第 三 章

3.1　572.4nm, 414.3nm, 210.9nm

3.2　89.5cm, 63.28m

3.3　$5.29\times10^{7}\text{Hz}$, 41kHz/Pa, 比 1290Pa 大许多。

3.4　(1) 0.215GHz；(2) 1.42GHz；(3) 非均匀加宽占优势。

3.5　(1) 1.52GHz、0.00203nm、0.051cm^{-1}，0.83GHz、0.00369nm、0.028cm^{-1}，0.283GHz、0.0109nm、0.0094cm^{-1}；(2) $6.5\times10^{-13}\text{cm}^2$，$3.9\times10^{-12}\text{cm}^2$，$4.4\times10^{-11}\text{cm}^2$；(3) $3.39\mu\text{m}$ 小信号中心频率增益系数最大，$1.15\mu\text{m}$ 次之，632.8nm 最小；(4) $1.57\times10^{9}\text{cm}^{-3}$；(5) 0.44dB

3.6　$\tau_{s_2}=5.75\text{ns}, \tau_{nr_2}=38.46\text{ns}$

3.7　$8.05\times10^{-19}\text{cm}^2$

3.8　318s^{-1}

3.9　略

3.10　$1.27\times10^{-2}\text{cm}^{-1}$

3.11　略

3.12　1.35dB

3.13　(1) $1.78\times10^{-20}\text{cm}^2$；(2) $1.07\times10^{-20}\text{cm}^2$

3.14　(1) $n_1=\tau_1(R_3+R_2)$，$n_2=R_2\tau_{21}$，$n_3=R_3\tau_{31}$；

(2) $\dfrac{\tau_{21}-\tau_1}{\tau_1}>\dfrac{R_3}{R_2}>\dfrac{\tau_1}{\tau_{31}-\tau_1}$

3.15　(1) $W_B>\gamma_{32}\dfrac{\gamma_{43}+\gamma_{42}+\gamma_{41}}{\gamma_{21}-\gamma_{42}-\gamma_{32}}$；

(2) $\Delta n=\dfrac{nW_A\left[\gamma_{21}-\left(1+\dfrac{1}{W_B\tau_4}\right)\gamma_{32}+\gamma_{42}\right]}{W_A\left[\left(1+\dfrac{1}{W_B\tau_4}\right)\gamma_{32}+\gamma_{42}+3\gamma_{21}+\dfrac{2\gamma_{21}}{W_B\tau_4}\right]-\gamma_{21}\left[W_B+\gamma_{43}+\dfrac{1}{\tau_3}+\dfrac{1}{W_B\tau_3\tau_4}\right]}$

其中 $\tau_3=\dfrac{1}{\gamma_{32}+\gamma_{31}}$，$\tau_4=\dfrac{1}{\gamma_{43}+\gamma_{42}+\gamma_{41}}$

3.16 （1）$g^0(\lambda_{31}) = R_3\tau_3\left(1 - \dfrac{\tau_1}{\tau_{31}}\right)\sigma_{31}$;

（2）$g^0(\lambda_{31}) = \left[R_3\tau_3\left(1 - \dfrac{\tau_1}{\tau_{31}}\right) - R_2\tau_1\right]\sigma_{31}$

3.17 $\Delta\nu_H \sqrt{1 + \dfrac{I}{I_s}}$

3.18 （1）$g(\nu) = \dfrac{g^0(\nu)}{1 + \dfrac{I_{\nu_1}}{I_s(\nu_1)} + \dfrac{I_{\nu_2}}{I_s(\nu_2)}}$;

（2）$g(\nu_1) = \dfrac{g^0(\nu_1)}{1 + \dfrac{I_{\nu_1}}{I_s(\nu_1)} + \dfrac{I_{\nu_2}}{I_s(\nu_2)}}$

3.19 （1）略；（2）$\dfrac{R_2}{R_1} > \dfrac{f_2}{f_1} \dfrac{\tau_1}{\tau_2\left(1 - \dfrac{f_2}{f_1}\dfrac{\tau_1}{\tau_{21}}\right)}$；（3）$I_s = \dfrac{h\nu_0}{\phi\sigma_{21}\tau_2}$；

（4）$I_s \approx \dfrac{h\nu_0}{\sigma_{21}\tau_2}$

3.20 （1）$9.68 \times 10^{-18}\,\mathrm{cm^2}$；（2）$5.17 \times 10^{15}\,\mathrm{cm^{-3}}$；（3）$193.7\,\mathrm{W/cm^2}$（近似解），$191.7\,\mathrm{W/cm^2}$（精确解）

3.21 $2330\,\mathrm{W/cm^2}$

3.22 $8.03 \times 10^6\,\mathrm{W/cm^2}$

3.23 $I_s(\nu) = \dfrac{h\nu_0}{2\sigma_{21}(\nu,\nu_0)}\left(\dfrac{1}{\tau_2} + W_{13}\right)$

3.24 $\beta(\nu_0, I) = \dfrac{n\sigma_{02}}{1 + \dfrac{I}{I_s}}$, $I_s = \dfrac{f_2}{f_2 + f_0}\dfrac{h\nu_0}{\sigma_{02}}\left(\dfrac{1}{\tau_{21}} + \dfrac{1}{\tau_{20}}\right)$

3.25 （1）$n_1 \approx 10^{23}\,\mathrm{cm^{-3}}$、$n_2 \approx 0$，$n_1 \approx 0.9999 \times 10^{23}\,\mathrm{cm^{-3}}$、$n_2 = 7.3 \times 10^{18}\,\mathrm{cm^{-3}}$；（2）$\approx 0$，$7.3 \times 10^{21}\,\mathrm{cm^{-3}\,s^{-1}}$；（3）$6.33 \times 10^6\,\mathrm{cm^{-1}}$，$6.329 \times 10^6\,\mathrm{cm^{-1}}$；（4）$3.14\,\mathrm{W/cm^2}$；（5）略

3.26 （1）$\Delta n_{23} = \dfrac{nW_p\tau_2}{2W_p\tau_2 + \dfrac{I}{I_s}\left[3W_p\tau_2 + \dfrac{\tau_2}{\tau_3} - \dfrac{\tau_2}{\tau_{32}} + 1\right] + 1}$，其中 $I_s = \dfrac{h\nu_0}{\sigma_{32}\tau_3}$；（2）$\beta = \sigma_{23}\Delta n_{23}$，其中 $\sigma_{23} = \sigma_{32}$

3.27 （1）$I_s = \dfrac{h\nu_{13}\gamma_{21}}{\sigma_{13}\tau_3(\gamma_{32} + 2\gamma_{21})}$，其中 $\tau_3 = \dfrac{1}{\gamma_{31} + \gamma_{32}}$，$\sigma_{13} = \sigma_{31}$；

（2）$\beta(\nu_0, I) = \dfrac{n\sigma_{23}}{1 + \dfrac{I}{I_s}}$

3.28 （1）$\beta = \dfrac{n\sigma_{12}}{1 + \dfrac{I}{I_s}}\left(1 + \dfrac{I\sigma_{23}}{2I_s\sigma_{12}}\right)$，其中 $I_s = \dfrac{h\nu_0}{2\sigma_{12}\tau_2}$，$I$ 为吸收体中某处的光强；（2）$\dfrac{\sigma_{23}}{\sigma_{12}} = 2\dfrac{\ln T}{\ln T^0}$，式中 T 为在 $I_0 \gg I_s$ 时所测得的透过率，T^0 为小信号透过率。

3.29 $\pm 474.6 \text{m/s}$

3.30 （1）$n_2 = R_2\tau_2(1 - e^{-\frac{t}{\tau_2}})$，

$n_1 = R_2\tau_1\left(1 - \dfrac{\dfrac{\tau_1}{\tau_2}}{\dfrac{\tau_1}{\tau_2} - 1}e^{-\frac{t}{\tau_1}} + \dfrac{1}{\dfrac{\tau_1}{\tau_2} - 1}e^{-\frac{t}{\tau_2}}\right)$；

（2）$n_2 = 1 \times 10^{14} \text{cm}^{-3}$，$n_1 = 2 \times 10^{14} \text{cm}^{-3}$；

（3）$0 < t < 2.2 \mu\text{s}$；（4）脉冲泵浦，持续时间 $< 2.2 \mu\text{s}$

3.31 （1）$\dfrac{n_2}{n_1} = 2$，$\Delta n = 0$；（2）$I = 7.77 \text{W/cm}^2$；

（3）$\dfrac{n_2}{n_1} = 6.29 \times 10^{-25}$

3.32 （1）$4.4 \times 10^{-14} \text{cm}^2$；（2）$3.39 \times 10^{18} \text{cm}^{-3}\text{s}^{-1}$；
（3）125.6W/cm^2；（4）2.99W/cm^3；（5）0.333cm^{-1}，0.0097nm

3.33 （1）$\dfrac{P_0}{P} = 1 + \dfrac{2I_{\text{out}}}{TI_s(\nu)}$；（2）$200 \text{W/cm}^2$

3.34 (1) $\Delta n^0 = \dfrac{f_2}{f_0} \dfrac{I_p}{I_s} \dfrac{1-\left(\dfrac{f_2}{f_1}\right)\left(\dfrac{\tau_1}{\tau_{21}}\right)}{1+\left(\dfrac{I_p}{I_s}\right)\left[1+\left(\dfrac{f_2}{f_0}\right)\left(1+\dfrac{\tau_1}{\tau_{21}}\right)\right]} n$, $I_s = \dfrac{h\nu_{02}}{\sigma_{20}\tau_2}$;

(2) $(\Delta n)_{\max} = \dfrac{f_2}{f_0} \dfrac{1-\left(\dfrac{f_2}{f_1}\right)\left(\dfrac{\tau_1}{\tau_{21}}\right)}{1+\left(\dfrac{f_2}{f_0}\right)\left(1+\dfrac{\tau_1}{\tau_{21}}\right)} n$

3.35 $\Delta n^0 = \dfrac{\tau_{21}-\tau_{10}}{\tau_{10}+\tau_{21}+2\tau_{32}} n$

3.36 (1) $\dfrac{S_0}{S_1} = 1 + \dfrac{I}{I_s}$; (2) $\tau_a = \dfrac{\tau_2}{1+\dfrac{I}{I_s}}$; (3) $\tau_b = \tau_2$

第四章

4.1 (1) $\Delta n_t = 4.06 \times 10^{17} \text{cm}^{-3}$; (2) 164 或 165 个

4.2 $\dfrac{\tau_d}{\tau_s} = \dfrac{1}{1+\dfrac{W_{13}}{(W_{13})_t}} \ln\left[\dfrac{2W_{13}/(W_{13})_t}{(W_{13}/(W_{13})_t)-1}\right]$

4.3 (1) $7.26 \times 10^{-12} \text{cm}^2$; (2) $1.217 \times 10^{-2} \text{cm}^{-1}$;
(3) 2.14W/cm^2

4.4 0.073J

4.5 (1) $\leqslant 4.7 \mu\text{s}$; (2) $\leqslant 0.7 \mu\text{s}$

4.6 $\alpha = \dfrac{\ln 3}{l(J_1/J_2 - 1)}$

4.7 $\leqslant 3\text{m}$

4.8 $4 \times 10^9/\text{cm}^3$, $8 \times 10^{17} \text{cm}^{-3}\text{s}^{-1}$, 1.005

4.9 (1) 6.87; (2) 44.9ns; (3) 0.584kW/cm^2

4.10 (1) 13.1ns; (2) 不能振荡。

4.11 (1) 30.18kW/cm^3;(2) 1.22MW/cm^2

4.12 (1) 略;(2) 略;(3) 略;(4) Ne^{20}应该多一些。

4.13 (1) 1314.7MHz;(2) 215.4MHz,6.1;
(3) (a) $>0.7\text{m}$;(b) $>0.54\text{m}$

4.14 (1) 4.17ns;(2) $1.37\times10^{16}\text{cm}^{-3}$;(3) 1.68ns;
(4) $>1.68\text{ns}$

4.15 (1) $3.87\times10^{-15}\text{cm}^2$;(2) $8.85\times10^{-16}\text{cm}^2$;
(3) $0.164\mu\text{s}$;(4) 100;(5) $1.33\times10^{-2}\text{cm}^{-1}$,$1.5\times10^{13}\text{cm}^{-3}$;
(6) 1.58W/cm^2;(7) 1.18kW/cm^2

4.16 (1) $7.865\times10^{17}\text{cm}^{-3}$;(2) 261W/cm^3;
(3) $8.5\times10^2\text{W/cm}^2$

4.17 2W/cm^2

4.18 (1) $2.86\times10^{-15}\text{cm}^2$,$29.7\text{W/cm}^2$,$1.45\times10^{13}\text{cm}^{-3}$;
(2) 19 或 20 个;(3) $1.25\times10^{13}\text{cm}^{-3}$;(4) 42.9W/cm^2

4.19 (1) $5.91\times10^{-17}\text{cm}^2$;(2) $5.25\times10^{20}\text{cm}^{-3}\cdot\text{s}^{-1}$;

(3) $\Delta n = \dfrac{R_2\tau[1-(f_2/f_1)]}{1+(I/I_s)} = \dfrac{\Delta n^0}{1+(I/I_s)}$,

$g = \dfrac{\Delta n^0 \sigma_{21}}{1+(I/I_s)}$

式中 $\Delta n^0 = R_2\tau[1-(f_2/f_1)]$,$I_s = \dfrac{h\nu}{\sigma_{21}\tau}$

4.20 $a = \dfrac{T_\text{m}^2}{T_\text{t}-2T_\text{m}}$,$g_\text{m} = \dfrac{(T_\text{t}-T_\text{m})^2}{2l(T_\text{t}-2T_\text{m})}$

4.21 (1) 0.107;(2) 22.2W;(3) 略

4.22 (1) 187.2W;(2) 0.48;(3) 0.021,175W

4.23 3.27W/cm^2

4.24 (1) 6.93cm^{-1};(2) 36.3cm^{-1}

4.25 (1) $\dfrac{I_\text{out}}{I_\text{s}} = T_2\left[\dfrac{g^0 l_\text{g}}{L+T_2}-1\right]$ 其中 $L = \alpha l_\text{d} + \ln\dfrac{1}{r_1 r_2 r_4}$;

237

(2) $T_m = 0.396$

第 五 章

5.1 (1) $G = \dfrac{(1-r)^2 G_s}{(1-rG_s)^2 + 4rG_s \sin^2\left[\dfrac{2\pi l}{v}(\nu - \nu_c)\right]}$;

(2) $G_{max} = \dfrac{(1-r)^2 G_s}{(1-rG_s)^2}$; (3) $\delta\nu = \dfrac{v}{2\pi l}\dfrac{1-rG_s}{\sqrt{rG_s}}$;

(4) $r < \dfrac{1}{G_s}$;

(5) $\dfrac{G_{max}}{G_{min}} = \left(\dfrac{1+rG_s}{1-rG_s}\right)^2$

5.2 $< 7.56 \times 10^{-5}$

5.3 27.47

5.4 $5.1 \times 10^{18} cm^{-3}$

5.5 略

5.6 (1) 略;(2) $0.334\Delta\nu_H$

5.7 (1) $\delta\nu = \Delta\nu_H \sqrt{\dfrac{\ln T_m - \ln\left(\dfrac{T_m+1}{2}\right)}{\ln\left(\dfrac{T_m+1}{2}\right)}}$;(2) $1.06\Delta\nu_H$;

(3) $1.25\Delta\nu_H$

5.8 (1) 10;(2) $0.23 cm^{-1}$;(3) $16 \times 10^{18} cm^{-2} s^{-1}$;(4) 1.21

5.9 (1) $22.4 W/cm^2$;(2) $11.74 dB$;(3) $60.6 W/cm^2$;
(4) $10.6 W/cm^2$

5.10 (1) $2.8 \times 10^{10} Hz, 1 \times 10^9 Hz, 1.308 \times 10^9 Hz, 2.9 \times 10^{10} Hz$;
(2) $1.24 \times 10^2 cm^{-1}$;(3) $9.2 \times 10^5 W/cm^2$

5.11 (1) $\ln G + (G-1)\dfrac{I_0}{10} W/cm^2 = 2.3$ 或 $G = 10\exp$

$\left[-(G-1)\dfrac{I_0}{10}\text{W/cm}^2\right]$；(2) $\ln G + (G-1)\dfrac{I_0}{20}\text{W/cm}^2 = 1.15$ 或 $G = 3.16\exp\left[-(G-1)\dfrac{I_0}{20}\text{W/cm}^2\right]$；(3) 8.66W/cm^2

5.12　(1) 20.7W/cm^2；(2) 62W/cm^2

5.13　(1) 24.6dB；(2) 0.123kW/cm^2

5.14　(1) $P = \dfrac{1}{2}ATI_s(\nu)\left[\dfrac{2g_H^0(\nu)l}{T} - 1\right]$；

(2) $P = ATI_s(\nu)\left[\dfrac{g_H^0(\nu)l}{T} - 1\right]$；

(3) $P = \dfrac{1}{2}ATI_s(\nu)\left[\dfrac{g_H^0(\nu)l}{T} - 1\right]$

5.15　略

5.16　(1) $3.25 \times 10^{-4}\text{cm}^{-1}$；(2) 7.98dB；(3) 181W/cm^2

5.17　(1) $P_m = AI_s\left(\dfrac{g_m}{\alpha} - 1\right)$；(2) $P_m = AI_s\left[\left(\dfrac{g_m}{\alpha}\right)^2 - 1\right]$

5.18　略

5.19　25.56dB

5.20　(1) $\ln\dfrac{I_2}{I_1} + \dfrac{I_2 - I_1}{I_s} = \dfrac{g^0(0)}{\beta_p}(1 - e^{-\beta_p l})$

(2) $\dfrac{g^0(0)}{\beta_p}(1 - e^{-\beta_p l})I_s$

5.21　略

5.22　57.3J/cm^2

5.23　(1) 109.6mJ, 1.096；(2) 100%

5.24　(1) 413.46J；(2) 188.28J；(3) 63.3%

5.25　106.6mJ, 1.066, 68.75%

5.26　19.435J, 1.14, 4.87J, 50%

5.27　(1) 10^6W/cm^2, $5.49 \times 10^3\text{W/cm}^2$, 10^3 (30dB), 5.49

$(7.4dB)$;(2) $10^7 W/cm^2$,$1.15 \times 10^4 W/cm^2$,$10^3(30dB)$,1.15 $(0.61dB)$;(3) $10^8 W/cm^2$,$1 \times 10^5 W/cm^2$,$10^3(30dB)$,$1(0dB)$

5.28　$23.3 cm^{-1}$、$5.1dB$,$107 cm^{-1}$、$23.2dB$

5.29　(1)$10.47dB$;(2)$4.77mW$

5.30　(1)略;(2)$\delta\nu \approx \Delta\nu_H$;(3)$\delta\nu \approx \Delta\nu_H \sqrt{\dfrac{\ln 2}{g_m l}}$

5.31　(1)略;(2)$\delta\nu \approx \Delta\nu_D$;(3)$\delta\nu \approx \Delta\nu_D \sqrt{\dfrac{1}{g_m l}}$

5.32　$0.67 GHz$,$0.83 GHz$

第六章

6.1　小孔半径的范围　$1.35mm < a < 1.91mm$

6.2　平面镜端光阑直径 $D_{平} = 1.386mm$,凹面镜端光阑直径 $D_{凹} = 1.597mm$

6.3　小孔光阑直径 $d = 0.028mm$,小孔距凹面镜 $8cm$,与透镜距离 $10cm$

6.4　腔长 $L \approx 15.6 \mu m$,所以不能用短腔选单纵模。

6.5　$L \leqslant 3m$

6.6　每个小尖峰的平均能量 $\bar{E} = 2mJ$;脉冲功率 $= 4kW$

6.7　$d = 0.625cm$;$r \geqslant 0.8$

6.8　$F \geqslant 27.6$;$r \geqslant 0.9$

6.9　$d \leqslant 10cm$;$F \geqslant 5$

6.10　$\leqslant 10.83cm$

6.11　$\left|\dfrac{\Delta\nu}{\nu}\right|_{石} = 3 \times 10^{-7}$;$\left|\dfrac{\Delta\nu}{\nu}\right|_{玻} = 5 \times 10^{-6}$;用石英玻璃制作的二氧化碳激光器的稳定性好。

6.12　$\left|\dfrac{\Delta\nu}{\nu}\right| = 3.19 \times 10^{-6}$

6.13　$50V$

6.14　略

6.15　(1) 22.1kW;(2) 14.3kW;(3) 522MW;(4) 7.91J; (5) ≈15.2ns

6.16　767.7W;0.797;0.073mJ;95ns

6.17　略

6.18　(1) 9.54kW;(2) 16.4kW;(3) 573MW;(4) 7.505J; (5) 13.1ns

6.19　$\Delta n_{t_1}/\Delta n_{t_2} \approx 3$

6.20　$n_1 = 0.4 n_i$, $n_2 = 0.6 \Delta n_{t_i}$

6.21　$\dfrac{P_m(\nu)}{P_m(\nu_0)} = 0.122$, $\dfrac{E(\nu)}{E(\nu_0)} = 0.9$, $\dfrac{\Delta t(\nu)}{\Delta t(\nu_0)} \approx 7.38$

6.22　0.142

6.23　0.74ns

6.24　120W, 0.167ns, 6.67ns

6.25　(1) $\langle P(t) \rangle = P_0 \left(\dfrac{\pi}{4}\right)\dfrac{\Delta\omega}{\Omega}$; (2) $P_m = P_0 \dfrac{\pi^2}{4}\left(\dfrac{\Delta\omega}{\Omega}\right)^2$;

　　　(3) $\tau = \dfrac{0.2206}{\Delta\nu}$

6.26　(1) $\langle P \rangle = 2\left(\dfrac{\Delta\omega}{\Omega}\right)P_0 = 200\text{mW}$;

　　　(2) $P_m = \dfrac{\langle P \rangle \pi^2}{2}\dfrac{\Delta\omega}{\omega_0} = 9.87\text{W}$; (3) 0.179ns

6.27　0.5

6.28　(1) $\dfrac{x^2}{\eta_0^2} + \dfrac{y^2}{\eta_0^2} + \dfrac{z^2}{\eta_0^2} = 1$

$\dfrac{x^2}{\eta_0^2} + \dfrac{y^2}{\eta_0^2} + \dfrac{z^2}{\eta_0^2} + \dfrac{2}{\sqrt{3}}\gamma_{41}Exy + \dfrac{2}{\sqrt{3}}\gamma_{41}Eyz + \dfrac{2}{\sqrt{3}}\gamma_{41}Ezx = 1$

(2) $\begin{bmatrix} x' \\ y' \\ z' \end{bmatrix} = \begin{bmatrix} \dfrac{1}{\sqrt{6}} & \dfrac{1}{\sqrt{6}} & -\sqrt{\dfrac{2}{3}} \\ \dfrac{1}{\sqrt{2}} & -\dfrac{1}{\sqrt{2}} & 0 \\ \dfrac{1}{\sqrt{3}} & \dfrac{1}{\sqrt{3}} & \dfrac{1}{\sqrt{3}} \end{bmatrix} \begin{bmatrix} x \\ y \\ z \end{bmatrix}$

(3) $\eta_{x'} = \eta_0 + \dfrac{\eta_0^3 \gamma_{41} E}{2\sqrt{3}}$; $\eta_{y'} = \eta_0 + \dfrac{\eta_0^3 \gamma_{41} E}{2\sqrt{3}}$; $\eta_{z'} = \eta_0 - \dfrac{\eta_0^3 \gamma_{41} E}{\sqrt{3}}$

(4) $D_1 = \left[0, \dfrac{1}{\sqrt{2}}, \dfrac{1}{\sqrt{2}}\right]^{\mathrm{T}}$; $D_2 = \left[0, \dfrac{1}{\sqrt{2}}, -\dfrac{1}{\sqrt{2}}\right]^{\mathrm{T}}$

$\eta_1 = \eta_0 - \dfrac{\eta_0^3 \gamma_{41} E}{2\sqrt{3}}$; $\eta_2 = \eta_0 + \dfrac{\eta_0^3 \gamma_{41} E}{2\sqrt{3}}$

6.29   59.3 rad

6.30 $0.129 \mathrm{m}^{-1}$; $0.065 \mathrm{m}^{-1}$

附录 常用物理常数

物理常数	符号	数值
真空中的光速	c	$2.99792458 \times 10^8 \text{m/s}$
基本电荷	e	$1.6021892 \times 10^{-19} \text{C}$
普朗克常数	h $\hbar = h/2\pi$	$6.626176 \times 10^{-34} \text{J} \cdot \text{s}$ $1.0545887 \times 10^{-34} \text{J} \cdot \text{s}$
阿伏加德罗常数	N_A	$6.022045 \times 10^{23}/\text{mol}$
原子质量常数	m_u	$1.6605655 \times 10^{-27} \text{kg}$ u
电子静止质量	m_e	$9.109534 \times 10^{-31} \text{kg}$ $5.4858026 \times 10^{-4} \text{u}$
质子静止质量	m_p	$1.6726485 \times 10^{-27} \text{kg}$ 1.00727647u
气体常数	R	$8.31441 \text{J}/(\text{K} \cdot \text{mol})$
玻尔兹曼常数	k_b	$1.380662 \times 10^{-23} \text{J/K}$
真空介电常数	ε_0	$8.854187818 \times 10^{-12} \text{F/m}$
真空导电率	μ_0	$4\pi \times 10^{-7} \text{H/m}$

参 考 文 献

[1] 周炳琨,高以智,陈倜嵘,等. 激光原理[M]. 7版. 北京:国防工业出版社,2014.
[2] Siegman A E. Lasers[M]. California:University Science Book,1971.
[3] 朱大勇,等. 激光概要与习题[M]. 北京:电子工业出版社,1985.
[4] Verdeyen J T. Laser Electronics[M]. 3rd ed. New Jersey:Printice Hall Inc. ,1995.
[5] Svelto O. Principles of lasers[M]. 4th ed. [s. l.]: A division of Plenum Publishing Corporation,1998.